进出境动植物检疫实务

野生动物^篇

总策划◎韩 钢

总主编◎徐自忠

主 编◎简中友　副主编◎高振波

中国海关出版社有限公司

中国·北京

图书在版编目（CIP）数据

进出境动植物检疫实务. 野生动物篇/简中友主编；高振波副主编.
—北京：中国海关出版社有限公司，2024.3
ISBN 978－7－5175－0705－5

Ⅰ.①进… Ⅱ.①简… ②高… Ⅲ.①野生动物—动物检疫—
国境检疫—中国 Ⅳ.①S851.34 ②S41

中国国家版本馆 CIP 数据核字（2023）第 147626 号

进出境动植物检疫实务：野生动物篇

JINCHUJING DONGZHIWU JIANYI SHIWU：YESHENG DONGWU PIAN

总 策 划：韩 钢
主 编：简中友
副 主 编：高振波
责任编辑：叶 芳
出版发行：中国海关出版社有限公司
社 址：北京市朝阳区东四环南路甲 1 号 邮政编码：100023
网 址：www.hgcbs.com.cn
编 辑 部：01065194242-7527（电话）
发 行 部：01065194221/4238/4246/5127（电话）
社办书店：01065195616（电话）
https：//weidian.com/? userid=319526934（网址）
印 刷：北京联兴盛业印刷股份有限公司 经 销：新华书店
开 本：710mm×1000mm 1/16
印 张：16.25 字 数：275 千字
版 次：2024 年 3 月第 1 版
印 次：2024 年 3 月第 1 次印刷
书 号：ISBN 978－7－5175－0705－5
定 价：68.00 元

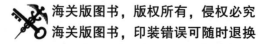

本书编委会

————◇————

总 策 划：韩 钢

总 主 编：徐自忠

主 　 编：简中友

副 主 编：高振波

编委会成员：(按姓氏笔画排序)

马树宝　王科珂　王振全　王春雨　王春霞

王晓洁　刘亚峰　刘思聪　李红超　李艳伍

邬迎辉　孙 博　陈立军　陈柏均　严 安

张兆平　周伟伟　俞 挺　荆 强　钱 科

徐 俊　高 雅　崔泽诚　曹 野　温书坤

韩乐濛

前　言

　　野生动物是人类重要的朋友，安全进口珍稀或濒危野生动物资源，不断丰富我国现有野生动物物种和种群，是建设生态文明和维护生态安全的必然要求，是繁殖、科研、教育和展览的客观需要。随着进境野生动物种类和数量的快速增加，疫病跨境传播的风险也不断增大。野生动物疫病具有人兽共患性、发生频率高、涉及范围广、病种复杂的特点，呈现出种类越来越多、变异越来越快、传播渠道越来越广、危害越来越大等新趋势。同时，野生动物检疫也存在采样难、诊断难、防控难等难点。促安全引进、保国门安全是海关义不容辞的责任。

　　长期以来，市场上缺少与野生动物贸易中的生物安全风险有关的系统性专业书籍。为保障野生动物的安全引进和监督管理，方便广大进口企业了解政策，共同贯彻《中华人民共和国生物安全法》，筑牢国门生物安全的第一道防线，海关总署组织大连、北京、天津、长春、哈尔滨、上海、南京、杭州、青岛、济南、郑州、广州、南宁、乌鲁木齐共 14 个直属海关的 25 名同志，搜集、整理、查阅了国内外野生动物领域与生物安全密切相关的大量文献、资料，结合海关管理和执法经验，编写了本书。

　　本书涉及的野生动物种类全，基本涵盖了过去几十年我国进口的各类野生动物，是相关从业者了解国外野生动物的一扇窗户。本书内容丰富，是在海关口岸长期从事野生动物检疫的人员的经验总结。通过本书，读者可以全面、系统地了解野生动物与国门生物安全的密切联系，监管者可以在野生动物领域更好地贯彻落实生物安全要求，从业者也能更加主动地做好野生动物保护、利用工作。

　　本书可作为海关系统从事野生动物查验、监管、检测等岗位关员的培训材料，也可用于野生动物保护部门、市场监管部门、动物园、进出口企业/代理公司及野生动物爱好者的学习参考。

　　本书在编写过程中得到了海关总署动植物检疫司和 14 个直属海关的大力支持和帮助，在此表示衷心的感谢！

　　野生动物种类繁多，且人类对野生动物疫病的认识和研究存在局限性。编者虽尽力完成，但由于时间和水平有限，本书难免有不当之处，欢迎广大读者指正。

编者

2023 年 12 月

CONTENTS
目录

207

第三章
进境野生动物生物安全风险管理措施

225
CHAPTER 4

第四章
野生动物保护

第一章
野生动物概述

CHAPTER 1

第一节
概　况

◇

一、资源

地球上已知的动物大约有 150 万种，其中，90% 以上为个体较小的无脊椎动物，脊椎动物个体较大但数量占比较小。脊椎动物有鱼类、两栖动物、爬行动物、鸟类和哺乳动物五大类群。其中，鱼类数量最多，共有 25000~30000 种；两栖动物有 2000 余种；爬行动物有 3000 余种；鸟类有 9000 余种；哺乳动物有 4500 余种。动物资源既是人类宝贵的自然财富，也是人类生存环境中不可或缺的重要组成部分，有的不仅具有很高的经济、药用、观赏和科学研究价值，而且直接造福于全球数十亿人，从为人类提供衣、食、行等基本资源，到平衡生态、赋值文化等服务于人类精神追求，不断满足人民对美好生活的向往。据测算，全世界有 15 亿人的食品、药物、衣服、能源等来源于野生动物，淡水、海洋渔业是全球约 12% 的人口的主要收入来源。野生哺乳动物曾是生活在乡村和城郊地区人类的主要蛋白来源，一些社会弱势群体的日常生活和特殊时期的生存依赖于野生动物。

我国地域辽阔，地貌复杂，河湖众多，气候多样。丰富的自然地理环境为动物生存提供了优越的条件，孕育了无数的珍稀野生动物。我国是世界上野生动物种类最为丰富的国家之一。根据 2023 年 5 月发布的《中国生物多样性红色名录——脊椎动物卷（2020）》，我国脊椎动物约有 4767 种，其中，哺乳动物约 700 种、鸟类约 1445 种、爬行类约 517 种、两栖类约 514 种、淡水鱼类约 1591 种。由于我国大部分地区未受到第三纪、第四纪大陆冰川的影响，大量的特有物种得以保存。约有 476 种陆栖脊椎动物为我国特有，如大熊猫、金丝猴、华南虎、藏羚羊、朱鹮、白鳍豚、扬子鳄等，占我国陆栖脊椎动物种类数的 19.4%。

人类对动物的喜爱由来已久。随着经济社会的发展，人们生活水平的提高，以野生动物为"噱头"的旅游活动备受青睐，把野生动物当作宠物的人越来越多，相关产业发展也十分迅猛。2020年，国际生态旅游协会的调查显示，在国际旅游人群中，约20%~40%是野生动物旅游者，人数多达1.06亿~2.12亿人次，每年创造价值830亿~1660亿美元，并正以每年10%的速度增长。我国野生动物园数量从1993年的1个增长到2018年的49个，年均增长约2个，2019年至2022年受新冠疫情影响没有增长，野生动物园的兴起促进了当地旅游经济的发展。世界动物保护协会的调查显示，每年有数百万只野生动物被捕获或通过人工繁殖后进入市场，鹦鹉、巴西龟、鬣蜥、球蟒等成为新兴宠物。此外，许多地区的文化、居民的生活方式也与野生动物密切相关。

二、分类

野生动物是自然界中最具活力的组成部分。山脉、河流、草原、丛林、沙漠、海洋等处，都可见到它们的踪迹，它们与地形、气候、水分、土壤、植物等要素相互依存、相互制约，融合成一个整体，在平衡生态系统结构和功能方面发挥重要作用。

日常生活中，我们接触的猪、马、牛、羊、鸡、鸭、鹅等，是经过人类长期驯化和选育，主要用于农业生产的，种群可在人工饲养条件下繁衍，具有一定群体规模，为人类提供肉、蛋、奶、毛皮、纤维等产品，或满足役用、运动等需要的动物，我们称之为家养动物。野生动物是指在自然环境下生长、繁殖且未被驯化的各种动物。学术界将野生动物界定为未经人工培育多代选择特定性状，且无人工干预能在自然界生存的动物。野外独立生存、拥有种群及排他性是野生动物的一般特征。世界动物卫生组织（WOAH）在《陆生动物卫生法典》中，将野生动物的范围界定为表型特征未因人类的选择而改变、不在人类的监督和控制下生活的动物，而在《水生动物卫生法典》中，把野生的或养殖的鱼、软体动物、甲壳动物和两栖动物统称为水生动物。世界动物卫生组织界定的野生动物与我们日常生活、生产密切相关，尤其是对人类健康影响较大，因此，野生动物是进出境动物检疫工作中应该关注的重点。

野生动物种类繁多，人们为了便于日常交流，常将野生动物进行分类。从管理学角度，可将野生动物分为濒危野生动物、有益野生动物、经济野生动物和有害野生动物 4 种。濒危野生动物是指由于物种自身的原因或者受到人类活动、自然灾害的影响而有灭绝危险的野生动物，广义上指珍贵、濒危或稀有的野生动物，狭义上指《濒危野生动植物种国际贸易公约》（CITES）附录所列动物，如大熊猫、东北虎等。有益野生动物指那些有益于农、林、牧业及卫生、保健事业的野生动物，如啄木鸟、青蛙等。经济野生动物指经济价值较高，可用于渔业、狩猎业的动物，如河豚、马鹿等。有害野生动物指对人类价值不大，甚至不利于人类健康的动物，如老鼠、蟑螂等。这种分类方式通俗易懂，广为使用，但是，分类的标准是以人类管理需要为中心的，许多专业人士有不同的看法。

科学家们根据自然界动物的形态、身体内部构造、胚胎发育特点、生理习性、栖息环境以及动物之间相同、相异的程度与亲缘关系的远近，使用不同等级特征，将动物逐级分类，建立动物分类系统，将特征相同或相似的动物归为一类并命名，由大而小依次分为界（Kingdom）、门（Phylum）、纲（Class）、目（Order）、科（Family）、属（Genus）、种（Species）7 个主要分类等级或分类阶元（Category）。任何一个已知的动物，均可归到这几个阶元之中，例如，虎归为动物界、脊索动物门、哺乳纲、食肉目、猫科、豹属、虎种。为了更精确地表达动物的分类地位，还可将上述界以下的阶元进一步细分，在阶元之间加入另外一些次阶元，如在原有阶元名称之前或之后加上总（Super-）或亚（Sub-），于是就有了总纲（Super-class）、亚纲（Sub-class）、总目（Super-order）、亚目（Sub-or-der）、总科（Super-family）、亚科（Sub-family）、亚属（Sub-genus）、亚种（Sub-species）等名称。

在上述分类系统所有的分类阶元中，种是最基本的单元，由占有一定空间、具有实际或潜在繁殖能力的种群组成，有自己相对稳定的明确界限，可以与别的物种相区别，而且与其他的群体在生殖上是隔离的。例如，生活在我国兴安岭地区的东北虎，明显区别于金丝猴、北极狼等动物，与生活在长江流域以南地区的华南虎相比，它们的生活空间有明确界限。两个不同的物种在自然条件下不交配或者无法产生可育后代的隔离机制，就是生殖隔离。由于分布地区不同，因此同一种动物的不同亚种间在自然条件下不存在基因交流，这就是生殖隔离中的地理隔离。除了地理隔离外，自然条件下的生殖隔离还包括：季节隔离（指两种动物的发情期不同）、生态隔离（指在同一地区生活的两种动物的生态位不同，比如野生虎和花豹之间只有猎杀和驱赶，没有交配）、机械隔离（指生殖器官差异太大，无法正常交配）、行为隔离（指需要通过鸣叫来吸引异性的动物，它们的鸣叫只有同类能听懂，自然就不会吸引其他动物前来交配）等。

我国对野生动物有相关界定。《中华人民共和国野生动物保护法》（简称《野生动物保护法》）界定的野生动物范围为珍贵、濒危的陆生、水生野生动物和有重要生态、科学、社会价值的陆生野生动物。我国重点保护的动物共 980 种、8 类，其中，国家一级保护野生动物 234 种、1 类，国家二级保护野生动物 746 种、7 类，具体种类名称列入《国家重点保护野生动物名录》中。农牧渔业部门在 2021 年 1 月公布的《国家畜禽遗传资源目录》中收录了畜禽地方品种、培育品种、引入品种及配套系共 948 个。未收录在《国家畜禽遗传资源目录》中的动物，国家相关职能部门一般视其为野生动物，并按野生动物有关要求进行管理。当前，我国海关在进出境动物检疫工作中，也按照《国家畜禽遗传资源目录》对野生动物进行归类管理。

三、命名

同一种动物在不同地区的名称不一样，一种动物可能有多个名称。只有给每种动物以规范的名称，并将其排以适当的位置，对动物的归类管理才能井然有序。

瑞典生物学家林奈（Linnaeus）创立的"双名法"规定：每一个动物都应有一个学名（scientific name），学名由该动物的属名和种名组成，分别用拉丁字母或拉丁化的文字来表示。属名使用主格单数名词，第一个字母要大写；种名使用形容词或名词，第一个字母不需要大写。例如，狼的学名为 *Canis lupus*，前面一个单词是该动物的属名，后面一个单词是它的种名。"双名法"的使用，便于生物学家相互交流，目前，这一命名法被国际上统一采用。

有时，在动物的学名之后还附加定名人的姓氏，例如，*Apis mellifera Linnaeus* 表示意大利蜂这个种是由林奈定名的。此外，在写亚种的学名时，通常在种名之后加上亚种名，这就构成了"三名法"。

四、分布

每种动物都有一个发生中心，由此通过走廊（corridor）、滤道（filter route）和偶然机会（sweepstake）等途径逐渐向周围地区扩散，占有一定的地理空间。这个地理空间就是动物分布区，适宜动物生长和发育、繁衍后代。分布区是地理概念，必须占有地球上的一定区域，而栖息地是生态学概念，是动物实际居住的场所。在一定的历史条件下，由于地理隔离和分布区的一致所形成的许多动物类型的总体称为动物区系（fauna），从动物地理学的角度看，动物区系可分为海洋动物区系和陆地动物区系。由于陆地本身的地理特征阻隔，因此各种动物在地球表面的分布并不平均，野生动物的组成结构也有巨大的差异。根据地球表面高山、大河等阻隔，科学家们将陆地动物区系进一步划分为大洋洲界（Australian realm）、新热带界（Neo-tropical realm）、热带界（Tropical realm）、东洋界（Oriental realm）、古北界（Palearctic realm）和新北界（Nearctic realm）6 个界（Fauna realm）。我国陆地动物区系可分为古北界和东洋界两大区系，大致以淮河、秦岭为界，以南属东洋界，以北属古北界。

通常，在一个环境适宜的地区同时居住着多种动物。居住在一个地区的所有动物组成动物群落，它们在特定生态系统中与环境和植物相互作用、相互影响，种群之间通过互利共生、竞争、寄生、捕食等种间关系形成有机整体。例如，一片森林中的植物为栖息其中的动物提供住处和食物，一些动物还可以猎食其他动物。世界上动物群落可细分为草原动物群、苔原动物群、荒漠动物群、热带雨林动物群、落叶林动物群、极地海洋动物群等多个类型，每个类型都有鲜明的特点。

草原动物群（Steppe fauna）主要分布于欧亚大陆、非洲和南美洲中部、北美洲的墨西哥、大洋洲的澳大利亚的东部和北部等地。这些地区夏暖冬寒，旱季、雨季明显，草本植物生长旺盛，植物生长有明显的季节特点。草原动物中，草食性啮齿类和大型有蹄类动物种类繁多，肉食动物种类也很丰富，草食和肉食动物多具有较强的奔跑或跳跃前进的能力，常见的动物有黄羊、美洲野牛、旱獭、黄鼠、长颈鹿、非洲象、犀、斑马、角马、狮、斑鬣狗等。

苔原动物群（Tundra fauna），又称冻原动物群，分布于欧亚大陆北部、北美洲及北冰洋各岛屿等针叶林带以北苔原地区。这些地区夏季短暂，冬季严寒而漫长，主要生长苔藓、地衣和矮小灌木，动物种类贫乏，生命活动的季相变化显著，如冬季绝大多数鸟类迁往温暖地方过冬，较大型哺乳动物迁到针叶林带，代表性动物有驯鹿、北极狐、白鼬、北极熊、雪兔和北极兔等。

荒漠动物群（Desert fauna）分布于亚洲中西部、北非撒哈拉沙漠地区、北美洲西部和大洋洲的澳大利亚中部等。这些地区气候干燥炎热，植被稀疏，缺少食物、水源和隐蔽条件，生态环境恶劣，动物群种类和数量均贫乏，脊椎动物中以啮齿类和有蹄类为主，鸟类以地栖类为多，代表性动物有骆驼、阿拉伯大羚羊、非洲野驴、沙狐、袋鼠、地鸦、沙蜥等。

热带雨林动物群（Tropical rainforest fauna）主要分布在东南亚、印度、非洲刚果河流域、中美洲以及南美洲的亚马孙河流域。这些地区常年高温、多雨，植物种类繁多，生长茂盛，为动物的生存和繁殖提供了充分条件。在热带雨林中，动物种类的分化达到高峰，每种动物的个体数少，优势种不明显，动物体色鲜亮或外形奇特，代表性动物有绿孔雀、蛛猴、树懒、小食蚁兽、南美貘、黑猩猩、蜂鸟、树蛙等。

落叶林动物群（Deciduous forest fauna）分布地区主要包括北美洲大西洋沿岸、西欧和中欧海洋性气候区以及亚洲东部温带季风区。温带落叶林地区冬夏温差大，雨量集中于夏季，植物生长有明显的季节性，夏旺冬衰，树种较针叶林带复杂，代表性动物有狍、野猪、獾、鼬、狐、姬鼠、麝、梅花鹿、黑熊、浣熊、椋鸟、杜鹃、斑啄木鸟、灰喜鹊、大山雀、鸳鸯、丹顶鹤等。落叶林动物群受人类活动影响极大，大型有蹄类和食肉类动物急剧减少，例如在欧洲，欧洲野牛、河狸、猞猁、野猫、狼、熊等已完全或濒临灭绝；在中国，梅花鹿、鸳鸯、丹顶鹤等数量稀少。

极地海洋动物群（Polar-marine fauna）主要分布于北冰洋、南极洲及其附近海域。这些地区水温低，常在0℃以下，终年被冰雪覆盖，动物种类贫乏，代表性动物有海豹、海象、白鲸、北极露脊鲸、独角鲸、企鹅以及各种海雀、潜鸟、象牙鸥等，沿岸地区有北极熊、北极狐等。

五、习性

野生动物是相对于家养动物而言的，它们生存于不同的自然环境中，在自然状态下自生自灭。野生动物种类繁多，长期的进化使其在形态学、生物学、生态学等方面形成了一些特征和习性，与家养动物有明显的差异性或特殊性。这决定了野生动物疫病的多样性、复杂性和特殊性以及疫病防控工作的困难性。

野生动物有相对固定的栖息地（habitat）。栖息地是动物生存和繁衍的地方，光线、温度、筑巢条件等适宜，能够提供食物和防御捕食者。栖息地的类型很多，雨林、沙漠、海洋、河流、湖泊、冻原、城市、洞穴等均可作为某种动物的栖息地。动物往往选择条件适宜的栖息地，如热带季风林是亚洲象、孟加拉虎等的栖息地，沙漠是骆驼、沙狐等的栖息地，冻原是美洲野牛、麝牛等的栖息地，极地是北极熊、企鹅等的栖息地。

野生动物的运动能力较强。运动是野生动物在自然界长期进化形成的本能，其通过运动可以获得食物，躲避敌害，寻找适于生存的环境，获得一些必要的生理机能。同时，运动可以减少种内竞争，调节种群密度和结构，保持种群在数量和结构上的合理性，促进种群和个体功能的发挥和协调，防止资源过度消耗。例如，非洲大草原上的角马、剑羚等有很强的奔跑能力，以躲避敌害或捕获食物；海洋中的白鲸、海豚等有很强的游泳能力，以捕获食物；天空中的大雁、绿头鸭等有很强的飞行能力，其迁徙地域可达数千千米，以寻找适宜的生长、繁殖环境。

野生动物的隐蔽能力强。隐蔽使动物能够适应其生理、形态结构及行为上长期进化所需要的生存环境。野生动物常常利用外部环境将自己隐蔽起来，从而使物种得以生存和繁衍。不同种类的野生动物，甚至同种野生动物在不同的时期对隐蔽有不同的要求。野生动物的隐蔽可分为越冬隐蔽、逃脱隐蔽、休息隐蔽、繁殖隐蔽、睡眠隐蔽等几种。例如，羚羊利用陡峭的山崖，鸟类利用巢穴和高大的树木，鼠、鼬等动物利用洞穴隐蔽。此外，一些野生动物通过身体颜色、形态等变化，与周边环境相协调，使自己生存下来，如变色龙的变色现象，既能保护自己，逃避天敌的猎食，又便于接近自己的猎物而不易被察觉。

野生动物的警惕性强。警惕性是指野生动物对其周围环境所表现出来的戒备状态，野生动物所处的环境复杂，处处存在危机，时时需要保持警惕。在自然界的食物链中，野生动物既是被猎食者也是捕食者。作为捕食者，野生动物在感到异常的情况下会表现出强烈的攻击性，此时的它们难以捕捉，在进境野生动物检疫过程中，工作人员应注意安全。

第二节
贸 易

————◇————

野生动物作为生物多样性的重要组成部分，具有极高的内在价值和利用价值。早期，野生动物为人类的衣、食、住、行等基本生活提供支持，如今，野生动物不仅为生物医药、保健品、高档工艺品等产业提供了大量的物质原料和研发资源，而且催生出野生动物旅游、野生动物伴侣等新兴业态。这些潜在价值，为野生动物贸易的开展创造了机会。从贸易量上看，可提供优质蛋白而作为人类传统食品的鱼、蟹、虾、贝等野生食用水生动物占主导地位；从关注度上看，海豚、鹦鹉、长颈鹿等濒危珍稀野生动物占有重要地位，往往能吸引更多公众和媒体关注。

我国珍稀野生动物贸易以进口为主。自 1981 年我国加入《濒危野生动植物种国际贸易公约》（CITES）以来，进口野生动物贸易逐渐增多。据统计，2019 年我国进口野生动物 740 批次、13229 头（只），极大地丰富了野生动物资源，满足了繁殖、科研、教育和展览的需要。我国进口野生动物来源国家或地区多达 50 个，集中在非洲、美洲和欧洲，主要包括圭亚那、南非、俄罗斯、苏里南、荷兰、坦桑尼亚、日本、智利、美国、澳大利亚、捷克等。进口野生动物种类以 CITES 附录Ⅱ中的物种为主，从数量上看，以鹦鹉科（*Psittacidae*）、猴科（*Cercopithecidae*）和猫科（*Felidae*）动物最多，占到总数的 27.45%；从品种上看，2019 年进口的野生动物种类多达 280 种，主要有鹦鹉、松鼠猴、食蟹猴、火烈鸟、袋鼠、细尾獴、长颈鹿、企鹅、珊瑚、海豚、海象、海豹、虎鲸、巨嘴鸟、耳廓狐、中华花龟、中美拟鳄龟、黄头侧颈龟、蛇鳄龟等。

新冠疫情出现之前，全球野生动物资源利用产业的发展十分迅猛，野生动物展览、演艺等文化交流活动频繁，国际化步伐快，公众参与度高，产业利润可观，野生动物进出口贸易数量持续增长。我国珍稀野生动物贸易以数量增长为主要趋势，尤其是在 1981 年我国加入 CITES 之后，由零星贸易迅速发展为规模贸易，年均增长率达到 10%。

新冠疫情出现之后，为控制传染源、切断传播途径，我国从多个方面入手，采取切实措施，严防疫情传播。2020 年 2 月，《全国人民代表大会常务委员会关于全面禁止非法野生动物交易、革除滥食野生动物陋习、切实保障人民群众生命健康安全的决定》发布，通过全面禁止和惩治非法野生动物交易行为，革除滥食野生动物的陋习，以维护生物安全和生态安全，有效防范重大公共卫生风险，切实保障人民群众生命健康安全，加强生态文明建设，促进人与自然和谐共生。2020 年 1 月，国家市场监督管理总局、农业农村部、国家林业和草原局联合发布了《关于禁止野生动物交易的公告》，旨在加强野生动物保护管理、打击滥捕滥食野生动物违法行为、提升公众自觉抵制滥食和非法交易野生动物意识等。随着新冠疫情形势变化及经济社会发展的需要，2022 年 5 月，国家市场监督管理总局、农业农村部、国家林业和草原局决定停止执行《关于禁止野生动物交易的公告》。

第三节
面临威胁

丰富的野生动物资源不仅为人类提供物质财富，而且在维持生态环境稳定、不断满足人类日益增长的精神需要方面发挥重要作用。然而，全球气候变化以及人类社会经济活动的影响和人类对自然无节制的开发利用，导致生态环境恶化、生物多样性丧失、野生动物可持续利用率降低等生态问题越来越突出。

有资料表明，在自然界中每形成一个脊椎动物新种大约需要 3000 年，同时,约每 3000 年有一种脊椎动物灭绝,物种形成和灭绝的速度相差不多,合乎自然规律。这种现象一直持续到 16 世纪。随着世界人口数量增多,科学技术快速发展,物种灭绝速度大大加快。根据《世界自然保护联盟濒危物种红色名录》(简称《濒危物种红色名录》)统计,20 世纪以来,全球每年都有一种动物灭绝,哺乳动物有 110 个种和亚种在地球上消失,鸟类有 139 个种和 39 个亚种灭绝,目前有将近 600 种动物濒临灭绝。根据《中国生物多样性保护战略与行动计划(2011—2030 年)》,我国有 233 种脊椎动物面临灭绝,约 44% 的野生动物的数量呈下降趋势,非国家重点保护野生动物种群下降趋势明显,野生动物濒危程度不断恶化。世界自然基金会(WWF)的报告显示,受人类活动影响,全球野生动物数量自 1970 年以来已锐减 58%。由多个动物保护组织组成的"零灭绝联盟"(Alliance for Zero Extinction)在一份濒危物种报告中指出,全球 595 个地点的近 800 种动物即将灭绝,包括中国的扬子鳄、马达加斯加狐猴和美国象牙喙啄木鸟。其中,素有"生态晴雨表"之称的两栖动物占三分之一。

一、气候变化的影响

气候系统是地球表层系统,由大气、海洋、陆地表面、冰雪覆盖层和生物圈组成,太阳辐射是这个系统的主要能量来源。在太阳辐射的作用下,气候系统内部经历一系列复杂过程,各个组成部分之间通过物质和能量交换,紧密地连接成一个开放系统。在地球运动的漫长历史中,气候在不断变化,其原因可概括为自然的气候波动和人为因素两大类。太阳辐射的变化、地球轨道的变化、火山活动、大气与海洋环流的变化等是造成全球气候变化的自然因素,而人类活动,特别是工业革命以来,人类使用大量化石燃料、毁林、开发土地资源等生产生活活动,排放了大量的二氧化碳等温室气体,这是影响全球气候变化的人为因素。根据美国橡树岭国家实验室的研究报告,自 1750 年以来,全球累计排放了 1 万多亿吨二氧化碳。温室气体浓度的大幅增加,使温室效应增强,全球气候发生以气温波动式上升、酸雨增加和臭氧层破坏等为主要特征的变化,灾害性气候事件频发,冰川和积雪融化加速,水资源分布失衡,温度和降水量逐渐超过物种历史上的耐受度,生物多样性受到威胁。根据《联合国气候变化框架公约》数据,由于气候变化,地球上大约 25% 的哺乳类动物以及 12% 的雀鸟有可能于几十年内灭绝。

二、人类活动的影响

野生动物是自然界赋予人类的一种资源，随着人类社会经济的发展，人类对野生动物的依赖程度下降，而野生动物作为药材、装饰品、毛皮羽制品、宠物等的需求却在增加。野生动物资源与煤、石油、天然气等资源不同，它具有再生性，只要合理、有计划地利用，不会枯竭。野生动物资源的再生能力（即可持续利用性）有一定的限度，一旦超过这个限度，野生动物会灭绝。然而，人类忽视了这一点，污染环境、破坏栖息地、滥捕乱杀等活动，正在影响野生动物资源的再生能力，加快一些动物的灭绝速度。

环境污染严重威胁野生动物生态。工业生产过程中产生的废烟、废水、废气、废渣等含有大量有害物质，这些进入环境后扩散、迁移、转化，增加了动物致癌、致畸、致突变等风险。农、林、牧、渔业生产过程中大量使用农药、兽药、化肥等化学物质，这些物质有些可安全降解，有些残留物进入自然界的物质和能量循环，通过食物链在野生动物中积累下来，轻者影响野生动物的繁殖能力，重者造成野生动物的大量死亡。例如，城市长期使用化学药剂来防治园林虫害，已使城市鸟类锐减。又如，海上开采石油发生泄漏，飘浮在海面上的油脂被鸟类羽毛粘着后，鸟类飞行能力受到影响而失去捕食、逃避敌害的能力，最终死亡。

破坏栖息地使野生动物丧失生存场所。沼泽、水域、草地和森林都是地球上维持生命最重要的自然生态环境，尤其是森林，其中栖息着多种多样的野生动物。自16世纪以来，人口数量增多，科学技术快速发展，人类活动范围不断扩大，大肆砍伐森林、开垦草原、围湖造田以及兴修码头、水库、道路等占用野生动物生存空间，使野生动物无处栖身，商船、战舰、游艇等频繁游弋于海洋、河流，汽车、火车、飞机等穿梭于崇山峻岭、原野深谷，巨大的噪声使野生动物无法安宁，野生动物的种类、数量急剧下降，有的濒临灭绝。例如，我国特产褐马鸡，原来广泛分布在中原和华北各地，由于森林大量被砍伐，现在褐马鸡仅存在于山西吕梁山脉中段和河北小五台山；海南岛有孔雀、孔雀雉、犀鸟等珍贵鸟类324种，由于热带雨林面积不断减少，这些鸟类的生存面临着危机。

滥捕乱杀直接干扰、破坏野生动物种群。人类在衣着上追求名贵裘皮、餐桌上追求山珍海味、玩赏上追求珍奇异兽，有的甚至将野生动物当作萌宠，这些使野生动物的价格不断上涨，一些人铤而走险，滥捕乱杀野生动物，如大象因牙出名而丧生，犀牛因角珍贵而毙命，类似案例不胜枚举。据统计，2019年，野生动物贸易额达数十亿美元，在全球交易的哺乳动物、两栖动物、爬行动物和陆生鸟类约有5670种。例如，一百年前，旅鸽有巨大的种群，曾覆盖了北美洲的天空，在21世纪初期因滥捕而绝迹；我国特产麋鹿，因过度捕猎，野生种群早已消失；我国青藏高原的藏羚羊，由于底绒非常珍贵，被不断地偷猎和走私，濒临灭绝。因利益驱动，人类对野生动物资源进行过度开发，超出其系统发育能力阈值，是野生动物数量减少的重要原因。

第二章
野生动物种类及生物安全风险

CHAPTER 2

　　野生动物尤其是温血野生动物不仅自身受到疫病的危害，而且是多种病原微生物宿主，是一个巨大的人畜共患病病原库。据世界动物卫生组织（WOAH）估计，60%的人类传染病来源于动物，每年新发生动物源性传染病5种、占人类新发传染病的75%以上，80%人畜共患病病原体具有潜在"生物恐怖"性质。野生动物疫病的不断发生，严重威胁人类和动物健康，制约经济发展，影响社会稳定和国家安全。

　　野生动物疫病种类众多，按照病原微生物的性质，可分为病毒病、细菌病、支原体病、衣原体病、立克次氏体病、真菌病、螺旋体病、放线菌病和寄生虫病等。其中，病毒病、细菌病、寄生虫病等病种数量大，如狂犬病、流行性乙型脑炎、埃博拉、裂谷热、非洲猪瘟、森林脑炎、小反刍兽疫、登革热、猴获得性免疫缺陷综合征等属于病毒病，结核病、炭疽、布鲁氏菌病、沙门氏菌病、鼠疫、破伤风、鼻疽、恶性水肿等属于细菌病，血吸虫病、包虫病、球虫病、美洲锥虫病、弓形虫病、旋毛虫病、带绦虫病等属于寄生虫病。可以感染多种动物的疫病被称为共患病，如口蹄疫可以感染猪、牛、羊等多种偶蹄动物，高致病性禽流感可以感染鸡、鸭、鹅、鸟等多种禽鸟。既能感染人，又可感染动物的疫病常被称为人畜共患病，如狂犬病、流行性乙型脑炎、布鲁氏菌病、结核病、旋毛虫病等。由蚊、蠓、蜱、虱子等节肢动物叮咬而引起的疫病被称为动物虫媒病，虫媒病病原体在节肢动物体内增殖，但对节肢动物不致病，如按蚊传播疟疾、伊蚊传播登革热、库蠓传播蓝舌病、蜱传播森林脑炎、虱传播流行性回归热等。截至2022年，全世界已发现546种虫媒病毒病，其中，143种为人畜共患病，30种可引起脑炎，并可随人群和动物的流动、宿主和媒介的迁移而跨地域、远距离传播，这类疫病分布广，危害大，在人或动物群体中暴发流行。

　　近年来，受全球气候变化和人类活动不断增多的影响，与野生动物有关的重大疫病问题越来越突出。据统计，过去20年全球发生了10多次全球性疫病流行，如非典型肺炎（SARS）、甲型H1N1流感、新型冠状病毒感染、登革热、寨卡病毒病、埃博拉、莱姆病、高致病性禽流感、非洲猪瘟等。其中，甲型H1N1流感、埃博拉、寨卡病毒病、野生型脊髓灰质炎和新型冠状病毒感染等疫情先后被世界卫生组织定义为"国际关注的突发公共卫生事件"（PHEIC）。有研究表明，对人具有致病性的传染病病原体有 472 个属、1415 个种，其中，人畜共患病病原体 317 个属、868 个种，新发传染病病原体 96 个属、175 个种。据统计，在与哺乳动物有关的病毒性人畜共患病中，大约 60% 来自鼠类、30% 来自蝙蝠、23% 来自灵长类、21% 来自反刍类、21% 来自食肉类。这些疫病传播速度快、流行范围广、危害严重，多与野生动物有关，发病率呈急剧上升趋势，在无免疫力、又无有效的治疗和预防办法时，对人类健康、禽畜养殖业、珍稀濒危动物保护等构成重大威胁。

动物疫病由特定病原微生物引起，具有一定的潜伏期和临床表现，且具有传染性。疫病在动物之间或动物与人之间传播，需具备 3 个条件，即传染源、传播途径和易感动物，这 3 个条件也被称为动物疫病流行的 3 个基本环节。传染源是指机体内有病原体寄居、生长、繁殖，并能将病原体排出体外的动物。传染源排出病原体的过程被称为传染期，患病动物和病原携带者是最常见的传染源，处于前驱期和症状明显期的患病动物排出病原体的数量大、次数多、传染性强，是重要的传染源；无症状、症状不典型或处于康复期的感染动物排出的病原体数量较少，但病原体的排出具有长期性和隐蔽性，不易被发现，是危险的传染源。病原体由传染源排出后，通过一定方式再侵入其他易感动物的途径被称为传播途径。传播途径分为水平传播和垂直传播两大类，前者指疫病在群体之间或个体之间的横向传播，后者指从母体到其后代之间的传播。易感动物直接与传染源接触而引起的传播被称为直接接触传播，这种传播不需要外界环境的参与，如狂犬病只有被发病动物直接咬伤后才可能发病；病原体在外界环境因素的影响下，通过传播媒介使易感动物发生传染的方式被称为间接接触传播，这些参与的外界环境因素叫作传播媒介，传播媒介可以是人、昆虫、鸟、鼠等生物媒介，也可以是空气、土壤、饲料、水、饲养器具、运输工具等非生物媒介。直接接触传播和间接接触传播均属水平传播，只通过直接接触传播的疫病很少，而且不会蔓延，大多数疫病以间接接触传播为主，也可通过直接接触传播，这些疫病叫作接触性疫病。易感动物指的是对某种病原体缺乏免疫抵抗力、容易感染该病原体的动物。动物对某种病原体感受性的敏锐程度叫作易感性，动物易感性的高低由动物机体的遗传特征、特异性免疫状态等因素决定，与病原体的种类和毒力强弱有关。病原体只有侵入有易感性的动物，才能引起疫病。疫病在动物群体中发生和发展的过程叫作流行。一定时间内，疫病在动物群体中发病率的高低和传染范围的大小被称为流行强度。按照流行强度，可将疫病流行的表现形式由弱到强依次分为散发、地方流行性、流行性、暴发和大流行 5 种。

有传染源以及被传染源污染的地方为疫源地。根据疫源地范围的大小，可将其分为疫区或疫点，视传染源的分布和污染的具体情况而定，与病原体的性质及传播媒介、传播途径和传播所需的其他条件有关。在野生动物中长期循环，并可在特定条件下传给人和家畜的疫病被称为自然疫源性疾病，这类疫病在自然条件下，既可传给人和家畜，也可通过媒介感染野生动物宿主导致流行，并长期在特定区域循环延续。存在自然疫源性疾病的地域被称为自然疫源地，它是特定景观中由病原体、传播媒介和宿主动物共同构成的特殊生态系统区域。自然疫源地不会因为人或家畜偶然进入而消失，相反，进入该地区的人和家畜可将病原体带出，使这种疫病在人和家畜中形成新的疫源地。野生动物是许多病原体的贮存宿主，是天然储存库，一般情况下，病原体在野生动物体内不会发病，一旦野生动物生存环境发生变化，疾病就有可能暴发。野生动物疫病除了符合疫病流行基本规律外，还有一些其他显著特征。

自然疫源性疾病种类多，自然疫源地分布广。南非克鲁格国家公园地区的口蹄疫、澳大利亚北部的蓝舌病及我国东北、华北北部和西北地区的鼠疫、森林脑炎和莱姆病等，每种特定类型的自然景观，几乎都存在一种或多种野生动物自然疫源性疾病。在多种生态类型之中，遍布着 20 余种自然疫源性疾病的自然疫源地。此外，人类围湖（海）造田（地）、毁林垦荒、探险旅游、野生动物贸易等活动破坏或改变原来的生物群落，使病原体赖以生存、循环的宿主和媒介的生存环境发生了改变，从而导致自然疫源性疾病增多、减少或消失，对自然环境的干扰和破坏可能会导致原有自然疫源地消失或形成新的自然疫源地，助推自然疫源性疾病的扩展和蔓延。

野生动物疫源流动性强。野生动物所携带的病毒、细菌、寄生虫等病原体极其复杂，形成了一个庞大的天然病原体库。野生动物通过扩散、归巢、迁出、迁入及迁徙等运动，在捕食、寻找适于生存的环境、躲避敌害、形成某些生理机能等的同时，也将病原体传播到远方，造成疫源的流动。一些野生哺乳动物和鸟类有季节性迁徙的习性，其中，鸟类的迁徙距离可达数千千米，中途停歇数次，增加了控制疫病传播的难度。2005年～2006年，世界上有几十个国家和地区先后发生候鸟高致病性禽流感疫情，发病疫点数和死亡数量为历年之最，分析其原因，均与野鸟迁徙等活动有一定关系。

野生动物疫病传播途径多。传播方式包括自然传播和人为传播，其中，自然传播是人畜共患病的主要传播途径，人为传播是不可忽视的传播途径。通过撕咬、捕食、嬉戏、繁殖等直接接触方式传播，以及通过接触空气、饮水、尸体、排泄物、昆虫叮咬等间接方式传播均属于自然传播；通过人类有意或无意的活动，如猎捕、食用野生动物，开展野生动物及其产品的贸易，以不安全方式处置疫情等造成的疫病传播扩散，属人为传播。以前68%的人类传染病病原来自动物，目前，这一比例上升到72%。

野生动物疫病是新发、突发疫病的源头。有资料表明，许多畜禽和人类疫病，如口蹄疫、尼帕病、西尼罗热、登革热、狂犬病、禽流感、新城疫、鼠疫、艾滋病等都来源于野生动物，或其主要宿主和传播媒介是野生动物，而存在于野生动物中但至今尚未发现的人畜共患病病原体的种类和数量更是难以估测。由于自然因素和人类活动等，新发传染病出现的频率明显加快，人的传染病来自野生动物的比例明显增高，过去5年～10年才出现一种新型传染病，现在1年～2年就出现一种新型传染病，如近年来出现的亨德拉、尼帕病、西尼罗热、疯牛病、高致病性禽流感、猴痘、SARS等。这些疫病中，病毒性疫病尤其是容易发生变异的RNA病毒引起的疫病占比较大，病毒变异还能突破种间屏障，造成跨种传播，如人类SARS病毒与果子狸中分离到的SARS病毒高度同源。野生动物疫病的频繁暴发，不仅对人类公共卫生造成严重危害，而且对世界经济造成严重影响。

野生动物疫病防控难度大。一般动物疫病的主要防控措施是控制传染源、切断传播途径、定期对易感动物进行免疫接种。对于家养动物，疫情出现后一旦发现患病动物或疑似患病动物，可以采取隔离、封锁、紧急接种疫苗、扑杀、彻底消毒等方法控制疫情，而对于野生动物，无法做到消灭传染源、完全切断传播途径，或者对易感野生动物进行全部免疫接种。鉴于野生动物疫病在客观上存在免疫难、治疗难、扑杀难等特殊性，有效防控野生动物疫病的难度极高。

第一节
反刍动物

一、生物学特征

（一）分类

反刍动物（*Ruminantia*）属于偶蹄目（*Artiodactyla*）的反刍亚目（*Ruminantia*）和胼足亚目（*Tylopoda*），是一类植食性陆生哺乳动物。反刍亚目包括鼷鹿科（*Tragulidae*）、长颈鹿科（*Giraffidae*）、麝科（*Moschidae*）、叉角羚科（*Atilocapridae*）、鹿科（*Cervidae*）和牛科（*Bovidae*）6个科，胼足亚目仅有骆驼科（*Camelidae*）。

鼷鹿科是反刍亚目下最原始的成员之一，分类上介于骆驼科与鹿科之间，分为斑水鼷鹿属和鼷鹿属2个属，共4个种，代表动物是鼷鹿。长颈鹿科是偶蹄目中最独特的一类，现存2个种、8~12个亚种。麝又称香獐，是现存最原始的鹿类，与鼷鹿非常接近，麝科有1个属，共7个种，分别是原麝、林麝、黑麝、喜马拉雅麝、安徽麝、白腹麝和克什米尔麝。叉角羚科是北美洲特有的有蹄类，现在仅存叉角羚（*Antilocapra americana*）1个种。鹿科分为鹿亚科（*Cervinae*）、獐亚科（*Hydropotinae*）、麂亚科（*Muntiacinae*）和空齿鹿亚科（*Odocoileinae*）4个亚科，有16个属约43个种，代表动物有梅花鹿、马鹿、驯鹿、狍、獐、麂等。牛科中的动物种类繁多，其科以下的分类争议也多，大致可以分成9个亚科、52个属、142个种，代表动物有家牛、野牛、水牛、牦牛、绵羊、山羊、角马、跳羚、瞪羚、侏羚、犬羚、四角羚、剑羚、旋角羚、麝牛、盘羊、岩羊等，牛科除了牛亚科的牛族统称为牛，羊亚科的羊族统称为羊外，其他多统称为羚羊。骆驼科仅有3个属、6~7个种，分为骆驼族（*Camelini*）和羊驼族（*Lamini*）2个族群，骆驼族体形大，有驼峰，现存单峰驼、双峰驼和野骆驼；羊驼族体形较小，无驼峰，代表动物包括大羊驼、小羊驼、骆马等。

（二）形态特点

反刍动物因胃多室，有反刍能力而得名，对植食性高度适应，是最先进、最繁盛的有蹄类动物。反刍动物采食比较匆忙，大部分食物未经充分咀嚼就经吞咽进入瘤胃，经过瘤胃浸泡、软化一段时间后，食物经逆呕重新回到口腔，经过咀嚼、再次混入唾液并经吞咽进入瘤胃。

鼷鹿科动物外貌似鹿，无角，上犬齿发达，伸于唇外；吻尖而窄，鼻孔似裂缝，无颜面腺和足腺，脚长面细，每足具 4 趾；胃分 3 室，第三室退化；性格温顺，怕人，不结群，夜间单独活动，行动敏捷，奔跑时似兔，由于体小，极易隐蔽。其通常在每年 6 月~7 月交配，妊娠期 120 天~155 天，每胎产 1~2 仔。

长颈鹿科是现存最高的动物，站立时由脚至头可达 6 米~8 米，刚出生的幼仔就有 1.5 米高；头的额部宽，吻部较尖，耳大竖立，头顶有 1 对骨质短角，角外包覆皮肤和茸毛；颈特别长，颈背有一行鬃毛；体较短，四肢高而强健，前肢略长于后肢，蹄阔大；尾短小，尾端为黑色簇毛；牙齿为原始的低冠齿，不能以草为主食，只能以树叶为主食；舌较长，可以用于取食；花纹颜色因产地而异，有斑点型、网纹型、星状型、参差不齐型和污点型。

麝科动物后肢明显长于前肢，蹄窄而尖，无角。多在拂晓或黄昏后活动，白昼静卧灌丛下或僻静阴暗处，听觉、嗅觉均发达，颇警觉；独居生活，行动敏捷，喜跳跃。冬季发情交配，怀孕期半年，夏初产仔，每胎 1~2 仔，幼麝 1.5 岁即达性成熟。雄麝在脐部和生殖器之间有香囊，在雌麝产仔育仔期，雄麝泌香，泌香期持续约 1 周。

鹿科动物腿细长善奔跑、游泳，眼窝凹陷，有颜面腺、足腺，无胆囊，胃 4 室。多数种类具角，初长出的角叫茸，1 岁~2 岁生出的初角几乎是直的，之后角的分叉逐年增多，成年后定型；毛色冬深夏浅，多数幼鹿有白色斑点。足有 4 趾，第三趾和第四趾发达，第二趾和第五趾退化变小。温带鹿于晚秋至冬季交配，每胎产 1~2 仔，多达 3~4 仔。典型的草食性动物，吃草、树皮、嫩枝和幼树苗。

叉角羚能跑善跳善游泳，最高时速达 80 千米，一次跳跃可达 3.5 米~6 米。背面为红褐色，颈部有黑色鬃毛，腹部和臀部为白色，颊面部和颈部两侧有黑色块斑。雌雄均具永久性的角，角为骨质，不具空腔，亦不分叉。群居，性机警，视觉敏锐，遇险时臀部的白色毛能立起，向同伴示警，1 年多次迁徙。

牛科动物体格强壮，脚有 4 趾，善奔跑。门牙和犬齿均退化，前臼齿和臼齿为高冠，适于吃草。胃有 4 室，反刍功能完善。成年雌雄皆具洞角，不分叉，外被可脱落的角质套，角上无神经和血管，洞角被去掉后，不能再生长。原牛、水牛、牦牛、绵羊、家山羊等家畜是常见的牛科动物。

骆驼科动物多体形较大，颈细长，腿较细。头小而长，头颅平、长，没有角。上唇裂开，鼻孔可以关闭。每边只有一枚犬牙状上门齿，六枚铲状的下门牙，向前突出，鼻吻部分分裂形成兔唇。第二趾和第五趾缺失，而第三趾和第四趾末端膨大为一个宽阔的足垫，没有蹄，适宜在沙地和岩石上运动。

（三）种群分布

野生反刍动物的地理分布非常广泛，除南极洲外，在其他各洲均有分布，特别是在广袤无垠的非洲热带大草原上，角马、羚羊、瞪羚、长颈鹿等聚集成世界最大的野生动物群落。每年 6 月左右，坦桑尼亚大草原上的食物变得越来越少，草原上数以百万计的野生反刍动物会长途跋涉 3000多千米，上演地球上最壮观的动物大迁徙场面。

鼷鹿主要生活在东南亚的老挝、柬埔寨、越南、泰国、马来西亚、印度尼西亚和缅甸等及其附近岛屿的丛林深草中。鹿多生活于欧亚大陆、北美洲、南美洲的南纬 40 度以北，非洲西南部等的苔原、林区、荒漠、灌丛和沼泽。长颈鹿栖息于非洲的热带、亚热带稀树草原、灌木丛、开放的合欢林地和树木稀少的半沙漠地带。叉角羚生活于北美洲西部开阔的草原和荒漠地带。牛科动物遍布于非洲、欧洲、亚洲、北美洲、大洋洲和南美洲，现存物种大多数在开阔的草原上生活，特别是那些经驯化的物种，被广泛饲养于农场中。骆驼科动物分布于南美洲、非洲和亚洲等比较干燥的沙漠地区。麝主要栖居于山林中，最北可到达西伯利亚南部，向南到达缅甸，向西到达尼泊尔和我国西藏。

二、贸易与保护

（一）贸易

近年来，随着我国农业的发展，国内市场对肉、奶等产品的需求不断增长，以种用、繁殖为目的，每年从大洋洲、南美洲引进牛羊等家畜20万~30万头，为我国改良家畜种质资源、丰富种质资源、推动繁殖育种、加快畜牧业发展起到了积极作用。与此同时，我国对羊驼、长颈鹿、鹿等野生反刍动物的需求也在快速增长，原因主要有以下几个方面。首先，随着国内旅游市场快速发展，各地大量新建野生动物园，野生反刍动物是野生动物园的主力军，其需求量不断攀升；其次，野生反刍动物物种丰富，有的物种仍保留远古时期的体貌特征，有的则展现着该物种基因进化的历程，这些物种为基因研究提供了巨大样品库，对自然科学、生物学等都具有非常重要的研究价值；再次，野生反刍动物习性鲜明、形态各异，能够启发艺术创作的灵感，很多精彩绝伦的摄影作品，其拍摄对象就是自然状态下的野生反刍动物；最后，野生反刍动物的标本与活体展示，能够加深人们对野生反刍动物的了解，增强人们保护野生动物的意识，开展野生动物保护、生物多样性等宣传培训活动，野生反刍动物是其中的重要角色之一。智利、荷兰、南非、澳大利亚、新西兰等是我国野生反刍动物的主要贸易来源国家，野生反刍动物的正常贸易，为推动社会、经济、人文、科技等多个领域发展发挥了重要作用。

（二）保护要求

反刍动物是进化程度最高的陆生偶蹄目动物，也是偶蹄目中最繁盛的一类，是畜牧业和农业的重要组成部分，上万年来都是人类最主要的肉、乳、毛皮制品来源，还被广泛用于役使和娱乐活动，全世界几乎所有的人类文明里都有反刍动物的身影，它们对人类有极其重要的意义。但是，由于栖息地遭到破坏、滥猎乱捕等原因，有些野生反刍动物的生存受到冲击，种群存续面临着不同程度的威胁。麋鹿属于我国国家一级保护野生动物，也被列入《濒危物种红色名录》（ver 3.1）"濒危（EN）"、被列入CITES附录 I。长颈鹿科尔多凡亚种、指名亚种、索马里亚种3个亚种被世界自然保护联盟（IUCN）列入《濒危物种红色名录》（ver 3.1）"极危（CR）"，马赛亚种被列入"濒危（EN）"，赞比亚亚种、西非亚种被列入"易危（VU）"。目前，我国麝类动物资源的总蕴藏量约有60万头，仅为20世纪50年代的五分之一，各种麝类动物已经成为濒危物种，我国将它们从国家二级保护野生动物升级为国家一级保护野生动物。鹿科中的梅花鹿、黑麂是我国国家一级保护野生动物。牛科动物除家牛、家羊和家

牦牛外，全部被世界自然保护联盟（IUCN）列入《濒危物种红色名录》
（ver 3.1），在我国，被列入《国家重点保护野生动物名录》国家一级保护
野生动物的有 16 种、国家二级保护野生动物的有 14 种。

三、检疫风险

（一）口蹄疫

口蹄疫（Foot and mouth disease，FMD）是由口蹄疫病毒（Foot and
mouth disease virus，FMDV）引起的偶蹄动物的一种急性高度接触性传染
病，以发热及在口腔黏膜、蹄部和乳房皮肤出现水泡和溃烂为主要特征。
口蹄疫被 WOAH 列入须通报的动物疫病名录，是《中华人民共和国进境动
物检疫疫病名录》及我国《一、二、三类动物疫病病种名录》中的一类动
物疫病。

1. 病原

FMDV 是小 RNA 病毒科（*Picornaviridae*）、口蹄疫病毒属（*Aphthovirus*）
的唯一成员，易变异，分 O、A、C、SAT 1、SAT 2、SAT 3 和 Asia 1 型 7 个
血清型，已发现的亚型有 60 多个。7 个血清型可用核酸杂交分成两群，O、
A、C 和 Asia 1 型为一群，南非的 SAT 1、SAT 2 和 SAT 3 型为另一群。群
内各型核酸同源性达 60%~70%，但两群之间仅为 25%~40%。血清型间无
血清学交叉反应和交叉免疫现象，同一血清型内不同病毒的抗原性也有变
化。FMDV 对温度、湿度敏感，2%氢氧化钠、4%碳酸钠、0.2%柠檬酸可
杀灭该病毒。FMDV 对苯酚、乙醚、三氯甲烷等有机溶剂具有抵抗力。

2. 流行特点

在七大洲中，只有南极洲没有出现过口蹄疫。目前，口蹄疫在世界上
传播广泛，一般相隔 10 年左右就会发生一次较大的疫情。

口蹄疫的自然易感动物是偶蹄兽，但不同偶蹄兽的易感性差别较大。
牛最易感，发病率几乎达 100%，其次是猪，再次是绵羊、山羊及 20 多个
科的 70 多个种的野生动物，如黄羊、驼鹿、马鹿、长颈鹿、扁角鹿、野
猪、瘤牛、驼羊、羚羊、岩羚羊、跳羚。尽管野生动物对口蹄疫易感性相
对较低，但也有感染的情况。例如，1938 年，巴黎有 250 只野生动物出现
口蹄疫，包括野牛、鹿、野猪、羚羊、疣猪等；1937 年，一只纰角鹿出现
口蹄疫，并从病料中分离到南非型口蹄疫病毒毒株；1974 年，白尾鹿出现

口蹄疫，从病料中分离到一株口蹄疫病毒。

口蹄疫的传播途径多样，可通过直接接触、间接接触和气源传播等多种方式迅速传播。直接接触传播发生于同群动物之间，包括圈舍、牧场、集贸市场、运输车辆中动物的直接接触。间接接触传播是通过畜产品，以及受污染的场地、设备、器具、草料、粪便、废弃物、泔水等。

处于潜伏期和正在发病的动物是最重要的传染源，动物感染后在出现临床症状前即向外排毒，牛感染后9个小时至11天为排毒期，猪也大致如此。病毒主要通过呼出的气体、破裂的水泡、唾液、乳汁、精液和粪尿等分泌物和排泄物释放于环境中。

3. 临床症状与病理变化

口蹄疫的潜伏期为14天。临床症状主要是发热，精神委顿，食欲减退，口腔、鼻黏膜、蹄冠、乳房出现水泡并很快（24小时后）破裂，流涎，跛行等。剖检时，除见口腔、蹄部和皮肤表面的水泡结痂、瘢痕外，可在反刍动物食管、前胃、瘤胃柱和瓣胃黏膜上见到水泡烂斑或痂块。幼畜心肌上可出现灰黄色或灰白色条纹、斑块，特别是在心室肌肉和室中隔的切面上，此种病变称为"虎斑心"或"虎纹心"，成年动物的恶性病例也可见到这种变化。

4. 检疫诊断与预防

通过临床表现和病理变化可作出初步诊断。实验室诊断包括病原分离与鉴定和血清学试验，可用鼠或牛甲状腺细胞、犊牛肾细胞、羔羊肾细胞，或者BHK-21、IB-RS-2细胞系分离病毒，用酶联免疫吸附试验（ELISA）、补体结合试验或分子生物学方法鉴定。血清学试验主要有病毒中和试验和阻断ELISA，琼脂扩散试验多用来检测病毒非结构蛋白抗体。

发生口蹄疫时，应立即限制疫区动物的流动，及时扑杀所有易感动物，销毁病、死动物死体，对疫点农场的畜舍、场地、道路、器具、车辆和衣物等进行彻底消毒。禁止无口蹄疫地区从疫区引进动物和可能传播病毒的动物产品，强化对来自疫区的车辆、船舶、飞机等运输工具，以及运输工具上的垃圾、生活用品、泔水等的检疫处理工作。当前有些国家（地区）使用灭活疫苗预防口蹄疫，接种两次可产生4个月~6个月的免疫期。需要注意的是，免疫的动物仍可能感染病毒，并成为病毒携带者，因此，即使从非疫区引进偶蹄动物及其产品，也应根据实际情况分别制定检疫监管措施。

（二）小反刍兽疫

小反刍兽疫（Peste des Petits Ruminants，PPR）俗称羊瘟，又名肺肠炎，是由小反刍兽疫病毒（Peste des Petits Ruminants virus，PPRV）引起的一种严重的烈性接触性传染病，以发热、口炎、腹泻和肺炎为特征。PPR 是世界动物卫生组织（WOAH）规定须通报的动物疫病，也是《中华人民共和国进境动物检疫疫病名录》及我国《一、二、三类动物疫病病种名录》中的一类动物疫病。

1. 病原

PPRV 属于副粘病毒科、麻疹病毒属，PPRV 只有一个血清型，与同属中的牛瘟病毒（RPV）抗原关系最为密切，存在血清学交叉反应。根据基因特点可将 PPRV 分为Ⅰ系、Ⅱ系、Ⅲ系和Ⅳ系 4 个不同的血清群，Ⅰ系分布在西非，Ⅱ系主要分布在尼日利亚、喀麦隆等北非地区，Ⅲ系主要分布在东非，而Ⅳ系主要在中东等地流行。PPRV 对酒精、醚、苯酚、2%氢氧化钠等大多数消毒药敏感，紫外线可迅速杀灭该病毒。

2. 流行特点

小反刍兽疫自然发病主要见于绵羊和山羊，不同品种的羊易感性不同。山羊比绵羊易感，欧洲品系山羊易感性更高，山羊中小型品种更易感。幼龄动物比成年动物易感，但哺乳期的幼畜抵抗力强。瞪羚、野山羊、长角大羚羊、东方盘羊、北山羊、鹿、努比亚野山羊、骆驼、美洲白色长尾鹿等许多野生反刍动物对小反刍兽疫易感。小反刍兽疫主要以直接接触方式传播，间接或其他方式亦可传播。病畜的眼、鼻和口腔分泌物以及粪便都带有病毒，当病畜咳嗽或打喷嚏时，病毒被释放到空气中，其他动物吸入后就会感染。处于潜伏期的感染动物，也是非常重要、非常危险的传染源。

我国于 2007 年 7 月在西藏阿里地区首次发现该病。野生动物迁徙、非法交易、牧民跨境放牧等活动促使小反刍兽疫跨境传播。

3. 临床症状与病理变化

潜伏期 4 天~6 天。山羊临床症状比较典型，绵羊症状一般较轻微，表现为突然发热，持续 3 天左右。病初有水样鼻液，之后变成大量的黏脓性卡他样鼻液，阻塞鼻孔造成呼吸困难。眼分泌物增多，遮住眼睑，出现结膜炎。口腔内膜轻度充血，继而出现糜烂，下齿龈周围出现小面积坏死，坏死组织脱落形成不规则的浅糜烂斑。多数病羊严重腹泻或下痢，脱水和体重迅速下降，怀孕母羊可流产。特急性病例发热后突然死亡，无其他症状，在剖检时可见支气管炎和回盲肠瓣充血。

4. 检疫诊断与预防

根据发病的流行病学和临床症状可作出初步诊断，但须注意与牛瘟、蓝舌病和口蹄疫的区别。实验室诊断主要有病毒分离与鉴定、中和试验、竞争 ELISA 等。

小反刍兽疫的防治主要以扑杀和免疫接种相结合的方式进行。严禁从疫区引进相关动物。一旦出现小反刍兽疫，应采取紧急、强制性的控制和扑灭措施，扑杀患病和同群动物，对疫区及受威胁区的动物进行紧急预防接种。WOAH 指定的 PPRV 疫苗株为 Nigeria 75/1 株，我国所用的疫苗株也为此毒株。

（三）牛瘟

牛瘟（Rinderpest）是由牛瘟病毒（Rinderpest virus）引起的一种牛的急性高度接触性传染病，以突然发病、高热和消化道黏膜发炎、出血、糜烂、坏死为特征，病程短，致死率很高。主要在水牛之间传染，其他野生反刍动物也有发病记录。世界动物卫生组织（WOAH）将该病列为须通报的动物疫病，我国《一、二、三类动物疫病病种名录》将其列为一类动物疫病。

1. 病原

牛瘟病毒属于副粘病毒科、麻疹病毒属，只有一个血清型，不同毒株的致病力有差异。该病毒抵抗力不强，自然条件下，日光或干燥环境使病毒很快失去感染力，紫外线也能快速灭活病毒；该病毒在腐败物内不易存活，排泄物内的病毒一般于 36 小时内死亡；该病毒对苯酚、氢氧化钠等大多数常用消毒药敏感。

2. 流行特点

牛瘟曾遍及欧洲、亚洲和非洲，是一种古老的家畜传染病，危害极大。18~19 世纪在欧洲大规模流行，1920 年的流行促使世界动物卫生组织（WOAH）成立。牛瘟于 1889 年传入非洲，此后的 7 年间，一场大流行使非洲 90% 的偶蹄动物死亡，其中，包括无数的野生动物。近年来牛瘟得到了很好的控制，除了 1992 年也门瞪羚、1994 年肯尼亚和北坦桑尼亚小捻角羚羊、1995 年北巴基斯坦家山羊发病外，鲜有暴发报道。联合国粮食及农业组织（FAO）2010 年 10 月 14 日宣布，2001 年在肯尼亚发现的牛瘟是最后一例病例，牛瘟在全球已经被消灭。我国于 1956 年已宣布消灭了该病。

牛、水牛、绵羊、山羊、骆驼、猪和非洲水牛、羚羊、野猪、疣猪、长颈鹿等多种野生偶蹄动物易感，感染与动物的年龄和性别无关。患病和潜伏期的动物是传染源，病毒存在于所有分泌物中，感染动物的尿、粪、鼻分泌物、眼分泌物、唾液含有大量病毒，精液、奶中也含有病毒。通过直接接触或紧密的间接接触传播，上呼吸道是病毒主要的入侵门户，经消化道也可传播。

3. 临床症状和病理变化

潜伏期一般为 2 天~15 天，受动物品种、病毒毒株的致病力、感染剂量等因素的影响，《国际动物卫生法典》认为最长为 21 天。病牛一般表现为神经症状、稽留高热、精神极度委顿、心力衰竭、呼吸困难和全身严重的代谢障碍。病势严重的，多在症状出现后 4 天~7 天内死亡，病畜痊愈要 2 周~3 周。病毒主要破坏上皮细胞，大部分器官和组织呈严重的点状出血，消化道的黏膜发生炎症和坏死性变化，特别是口腔、第四胃和大肠黏膜损害显著。组织病理变化以淋巴细胞和上皮细胞坏死为特征。

4. 检疫诊断与预防

根据发病的流行病学和临床症状可对该病作出初步诊断。确诊可采用病毒分离和鉴定、血清学诊断技术（如中和试验、竞争 ELISA）等实验室诊断技术。

防治牛瘟应采用综合性生物安全措施。如果发生牛瘟，应隔离并扑杀患病动物和与其接触的动物，禁止疫区内的动物移动，对可能污染的环境、器物进行消毒处理，对动物尸体做无害化处理。与流行地区接壤的危险地区，易感动物应接种疫苗。禁止从流行地区输入易感动物和危险性动物产品。牛瘟康复后可获得至少 5 年的免疫力甚至终身免疫。

（四）牛结节性皮肤病

牛结节性皮肤病（Lumpy skin disease，LSD）又称牛结节疹，是由牛结节性皮肤病毒（Lumpy skin disease virus，LSDV）引起的牛全身性感染传染病，临床症状以皮肤出现结节为特征。该病不传染人，不是人畜共患病。LSD是世界动物卫生组织（WOAH）规定须通报动物疫病、《中华人民共和国进境动物检疫疫病名录》中的一类动物疫病、我国《一、二、三类动物疫病病种名录》中的二类动物疫病。

1. 病原

牛结节性皮肤病毒属于痘病毒科（*Poxviridae*）、山羊痘病毒属（*Capripoxvirus*）。双链DNA病毒，基因组序列长为145~152千碱基对，无发卡结构，包含一个核心编码区和两个连接的相同的反向末端重复序列区（ITR），有156个开放式阅读框（ORFs）。对热敏感，55℃经2小时或65℃经30分钟条件下就能灭活，不耐强酸强碱，对12%乙醚、1%福尔马林、三氯甲烷等敏感。

2. 流行特点

该病的自然宿主是牛，牛不分年龄和性别，都对该病易感。水牛、绵羊、山羊以及长角羚羊、长颈鹿、黑斑羚等野生反刍动物也能感染。感染动物是传染源，病毒广泛存在于皮肤、真皮损伤部位、结痂、唾液、鼻汁、牛乳、精液、肌肉、脾脏、淋巴结等处。该病毒主要通过吸血昆虫叮咬传播，在自然界没有媒介昆虫的情况下，其很难接触传播。病死率为3%~85%，同一条件下，动物临床上表现为隐性感染、出现典型症状甚至死亡的差异，可能与传播媒介的状况有关。有报道，在自然条件下，津巴布韦长颈鹿曾有牛结节性皮肤病临床症状。

3. 临床症状

潜伏期7天~14天。病牛常表现为呼吸困难、食欲不振、精神委顿、流涎，从鼻内流出黏脓性鼻液等症状。有临床症状的通常发病急、病程短，初期发热达41℃，持续1周左右；鼻内膜炎、结膜炎，在头、颈、乳房、会阴处产生直径约2厘米~5厘米的结节，深达真皮，2周后浆液性坏死，结痂；由于蚊虫的叮咬和摩擦，结痂脱落，形成空洞；眼结膜、口腔黏膜、鼻黏膜、气管、消化道、直肠黏膜、乳房、外生殖器发生溃疡，尤其是皱胃和肺脏。乳牛产乳量急骤下降，患病母畜流产，公牛暂时或永久不育，还可以损坏皮张，对经济影响重大。

4. 检疫诊断与预防

根据流行病学和临床症状可对该病作出初步诊断，但该病临床上与牛疱疹性乳头炎、嗜皮菌病、牛丘疹性口炎、荨麻疹和皮肤结核等有相似症状，需认真鉴别。实验室用透射电子显微镜检查是最直接、最快捷的诊断方法之一，PCR 方法和荧光 PCR 方法可用于检测活体或组织培养中的 LSDV。间接荧光抗体试验、琼脂扩散试验、病毒中和试验和 ELISA 等是常用有效的血清学诊断技术，鉴于 LSDV 感染主要引起细胞免疫，对于中和抗体水平低的动物，用血清学试验较难确诊，且不能鉴别山羊痘病毒、绵羊痘病毒等与 LSDV 有抗原交叉反应的病毒感染。

预防该病应加强饲养卫生管理，采取综合性生物安全措施。有病牛存在的地区，建议在吸血昆虫滋生季节接种弱毒疫苗来预防，免疫或康复的动物可产生高滴度中和抗体，并可持续数年，可有效预防感染。对患病牛已破溃的结节可彻底清创，用 1% 明矾溶液、0.1% 高锰酸钾溶液冲洗，再在溃疡面涂擦碘甘油，为了防止继发感染，可使用抗生素和磺胺类药物。

（五）蓝舌病

蓝舌病（Blue tongue，BT）又名绵羊卡他热、绵羊鼻镜肿痛，是由蓝舌病病毒（Blue tongue virus，BTV）引起的绵羊、山羊、牛等多种野生反刍兽的传染病。该病以库蠓（Culicoides）为传播媒介，以发热、白细胞减少、颊黏膜和胃肠道黏膜严重卡他性炎症为主要特征。该病最早发现于南非的绵羊中，我国于 1980 年在云南发现。世界动物卫生组织（WOAH）将该病列为须通报的动物疫病，《中华人民共和国进境动物检疫疫病名录》将其列为一类传染病，我国《一、二、三类动物疫病病种名录》将其列为二类动物疫病。

1. 病原

蓝舌病病毒（Blue tongue virus，BTV）是呼肠孤病毒科（Reoviridae）、环形病毒属（Orbiviruses）中的成员，基因组为双股 RNA，由 10 个片段组成。病毒呈圆形颗粒，呈对称的二十面体，病毒颗粒为病毒粒子（virion）、核芯（core）和亚核芯（sub-core）3 种存在形式。BTV 有 24 个血清型，有血凝素，可凝集绵羊及人的 O 型红细胞。BTV 在有蛋白质存在的情况下有较强的抵抗力，血清内保存的蓝舌病毒在室温条件下放置 25 年后仍具有感染性。BTV 对乙醚、三氯甲烷等脂溶剂和曲拉通 X-100 等非离子去污剂不敏感，但用含有酸、碱、次氯酸钠、吲哚的消毒剂很容易杀灭。

2. 流行特点

蓝舌病病毒主要感染绵羊。牛也易感，以隐性感染为主，只有部分牛表现出体温升高等症状；山羊和鹿、麋、沙漠大角羊等野生反刍动物也可感染蓝舌病病毒，但一般无临床症状。蓝舌病是一种虫媒病毒病，库蠓是其生物学传播媒介，它的发生、传播与环境因素和放牧方式有很大关系，温暖季节，在适宜库蠓生长的河谷、水坝、沼泽地等湿润地区放牧，动物更易感染和发病。库蠓吮吸动物的带毒血液后，病毒在库蠓唾液腺内增殖，8小时内浓度就急剧升高，6天~8天达到高峰，高峰期病毒的浓度可达初始量的8000倍，且可维持很长时间，使库蠓终身具有感染性。病毒血症期动物的精液、胚胎带毒，可使受体动物发生感染。

3. 临床症状与病理变化

潜伏期一般为5天~12天。临床症状的严重程度与光照有直接联系，在光照时间长、紫外线强的季节，症状比较严重。感染后动物表现为体温升高，持续6天~8天，精神委顿，食欲丧失，大量流涎；口、鼻、嘴唇和口腔黏膜充血，有出血点或浅表性糜烂；嘴唇、面部、眼睑、耳水肿，水肿可延伸到颈部和腋下；舌头充血、点状出血、肿大，严重的病例舌头发绀，表现出蓝舌病的典型症状。蹄部病变一般出现在体温消退期，蹄冠带充血，蹄外膜下点状出血，患畜因疼痛而不愿站立、行走，有些动物蹄壳脱落。动物的死亡率一般为2%~30%，在阴冷、湿润的深秋季节感染，死亡率更高。

4. 检疫诊断与预防

根据临床症状和流行病学资料可进行初步诊断。在媒介昆虫活动的季节，绵羊出现典型蓝舌病病例，一般可作出诊断；但恢复期病例体温正常，只表现出跛行和不同程度的口腔病变，诊断比较困难。多数羊对BTV传染有抵抗力，牛和其他反刍动物经常是亚临床感染，缺乏典型的临床症状，很难作出临床诊断，因此，BTV的确诊主要依靠实验室诊断。蓝舌病实验室诊断方法主要有病毒的分离鉴定、抗原捕获ELISA、PCR、免疫荧光、定性微量中和试验、空斑及空斑抑制定型试验等，琼脂扩散试验和竞争ELISA用于抗体的检测。国际通用的蓝舌病定性试验方法是琼脂扩散试验和ELISA，血清中和试验用于蓝舌病的定量分析。我国采用鸡胚静脉接种法分离病毒，用免疫荧光试验进行定性鉴定，用病毒中和试验进行分型鉴定，此法敏感、实用。

目前，无有效的治疗方法，在非疫区预防蓝舌病的发生应采取综合性生物安全措施。定期对本地动物实施血清学监测，及时发现和剔除带毒动物；从外地外场引进动物时，应选择昆虫媒介活动不频繁的季节，并进行隔离检疫，确证健康后再引进；认真做好虫媒防治工作；做好经常性厩舍的清洁卫生和消毒工作，提倡自繁自养，尽量避免散养。

已研制出的用于预防 BTV 感染的疫苗有弱毒疫苗、灭活疫苗、重组亚单位疫苗、重组痘病毒载体疫苗，在防治蓝舌病实践中，弱毒疫苗和灭活疫苗应用较多。免疫接种前应确定当地流行的病毒血清型，选用相应血清型的疫苗才能收到满意的免疫效果，当一个地区不只有一个血清型时，还应选用二价或多价疫苗。目前，各国或地区普遍应用自制疫苗预防蓝舌病，尚未有统一使用的疫苗。

（六）绵羊痘和山羊痘

绵羊痘和山羊痘（Sheep pox and Goat pox）是由羊痘病毒属（*Capripox virus*）的羊痘病毒引起的羊的一种以全身皮肤、呼吸道、消化道黏膜出现痘疹为特征的高度接触性、发热性传染病。有人感染羊痘病毒的报道。世界动物卫生组织（WOAH）将该病列为须通报的动物疫病，《中华人民共和国进境动物检疫疫病名录》将其列为一类传染病，我国《一、二、三类动物疫病病种名录》将其列为二类动物疫病。

1. 病原

羊痘病毒是痘病毒科（*Poxviridae*）、羊痘病毒属（*Capripox virus*）的成员，无血凝素，其形态与正痘病毒相似。羊痘病毒属包括绵羊痘病毒、山羊痘病毒和牛结节性皮肤病病毒，这 3 种痘病毒的核酸存在广泛的同一性，在血清学上有明显的交叉反应。病毒有囊膜，双股 DNA，病毒在透射电镜下为卵圆形或砖形的粒子，大小约为 194 纳米~300 纳米，其中央为两面凹陷的核心，两个侧体分别位于凹陷内。病毒对外界环境的抵抗力较强，在室温下可耐干燥几个月；对热敏感，60℃经 2 分钟即可灭活；对常用的消毒剂具有较强抵抗力，但 70% 酒精和 0.01% 高锰酸钾 1 小时可使其灭活。

2. 流行特点

绵羊痘于 1275 年首次出现在英格兰，曾在欧洲东南部、非洲北部、亚洲中西部等大面积流行，造成大批羊死亡。目前，绵羊痘仅在欧洲东南部流行，英国、美国、德国、日本、荷兰等许多发达国家或地区已消灭绵羊痘。山羊痘最早发现于公元前 200 年，现主要分布在西亚、南亚、北非和中非地区。

各种年龄、品种、性别的羊均易感，1 月龄以下的羔羊最为易感，其死亡率常为 100%。妊娠母羊感染后易流产，成年羊发病率一般为 50%~80%，死亡率为 20%~75%。病羊和处于潜伏期的感染羊是该病主要的传染源，主要通过脱落的痂皮及分泌物向外排毒。在自然情况下，羊痘是通过直接接触或气溶胶传播，皮肤和黏膜的损伤易于传播该病。饲养管理人员、护理用具、皮毛产品、饲料、垫草、吸血昆虫等，都可以成为该病传播的媒介。该病无明显季节性，一年四季均可发生。

3. 临床症状

潜伏期平均为 8 天~13 天。病初体温升高，达 41℃~42℃，呼吸加快，结膜潮红肿胀，流黏脓性鼻液。经 1 天~4 天进入发痘期，痘疹多见于眼睑、嘴唇、鼻部、腋下、尾根以及公羊阴鞘、母羊阴唇等无毛部位或被毛稀少部位，先呈红斑，1 天~2 天后形成丘疹，突出皮肤表面，随后形成水疱，此时体温略有下降，经 2 天~3 天，由于白细胞集聚，水疱变为脓疱，体温再度上升，持续 2 天~3 天。在发痘过程中，如无其他病菌继发感染，脓疱破溃后干燥形成痂皮，即为结痂期，痂皮脱落后痊愈。

4. 检疫诊断与预防

根据流行病学资料和临床症状可对该病作出初步诊断。实验室常用的诊断技术包括病毒分离培养法、组织学方法（电镜观察、动物接种）、血清学方法（荧光抗体试验、琼脂凝胶试验、酶联免疫吸附试验）、核酸检测方法（PCR）等。

免疫接种是预防和控制山羊痘和绵羊痘的重要措施。目前，用于山羊痘和绵羊痘的疫苗主要有灭活疫苗和弱毒疫苗两种。灭活疫苗可用于各种年龄和品种的羊，但免疫效果不佳，免疫期一般不超过 6 个月；弱毒疫苗有较高的免疫力，保护力达 1 年以上甚至可终身免疫，但接种后会刺激痘疹反应，严重时还会引起已患其他疾病的动物死亡。通常，同源的标准疫苗混合当地流行的山羊痘和绵羊痘的弱毒株，可更有效地预防羊痘病。

（七）其他重要疫病

野生反刍动物进化程度较高、种类繁多、种群数量大，易感病原体的种类繁多。由于生活习性、生存环境不同，疫源具广泛性、多样性、流动性等特征。除了感染上述疫病外，还有很多疫病，例如牛传染性胸膜肺炎、牛海绵状脑病、痒病、炭疽、魏氏梭菌感染、副结核病、钩端螺旋体病、施马伦贝格病、裂谷热、结核病、Q 热、巴氏杆菌病、牛传染性鼻气管炎、牛恶性卡他热、牛白血病、牛无浆体病、牛生殖道弯曲杆菌病、牛病毒性腹泻/黏膜病、赤羽病、牛皮蝇蛆病、牛巴贝斯虫病、出血性败血症、泰勒虫病、山羊关节炎/脑炎、梅迪-维斯纳病、边界病、羊传染性脓疱皮炎等数十种疫病，严重威胁野生反刍动物的健康。这些疫病均为《中华人民共和国进境动物检疫疫病名录》一类或二类动物疫病，不仅对人类生命健康和畜牧业经济发展构成巨大的潜在威胁，还直接影响到生物多样性保护，对生态安全构成严重威胁，在进境野生反刍动物检疫工作中，应分别制定针对性检疫措施。

四、危害

在反刍动物易患疫病中，口蹄疫、牛传染性胸膜肺炎、牛海绵状脑病、痒病、蓝舌病、小反刍兽疫、绵羊痘和山羊痘等，因传播范围广难以防治，或危害严重等，被收录在《中华人民共和国进境动物检疫疫病名录》一类动物疫病中。野生反刍动物种类多、数量大、活动范围广，是这些疫病病原微生物的重要贮存宿主，在疫病传播过程中起着重要作用，一旦将疫病传播到牛、羊、猪等家畜，不仅会引起家养动物大量死亡，造成肉、奶、皮、毛等生产供应紧张，推动物价上涨，影响社会稳定，也会导致相关产品出口遭受限制，影响贸易发展。此外，在易患疫病中，结核病、布鲁氏菌病等是人畜共患传染病，给人体健康带来巨大潜在威胁。

第二节
猪科动物

◇

一、生物学特性

（一）分类

猪科（*Suidae*）是哺乳纲（*Mammalia*）偶蹄目（*Artiodactyla*）猪形亚目（*Suina*）的一科，是猪形亚目中现存种类最多、分布最广的一科，是非反刍有蹄动物的典型代表。分为鹿豚亚科（*Babyrousinae*）、疣猪亚科（*Phacochoerinae*）和猪亚科（*Suinae*）3个亚科，共有6个属20个种，即鹿豚属（*Babyrousa*）3个种、大林猪属（*Hylochoerus*）3个种、疣猪属2个种（*Phacochoerus*）、姬猪属（又称侏儒猪，*Porcula*）1个种、非洲野猪属（*Potamochoerus*）2个种和猪属（*Sus*）9个种，现存5个属19个种，代表动物有鹿豚、巨林猪、疣猪、姬猪、非洲野猪和家猪等。目前，野生猪科动物在我国仅有1个属1个种，即野猪，全国有喜马拉雅亚种、台湾亚种、川陕亚种、新疆亚种、东北亚种、印支亚种和华南亚种7个亚种。

（二）形态特点

猪科动物为中等体形的非反刍动物。毛粗硬而稀疏，有些种类脊背有鬃毛。头长，吻部伸出，前端为裸露的鼻盘，嗅觉极发达。四肢粗短，每足有4趾，仅中间2趾着地。犬齿发达，雄性上犬齿外露并向上弯曲，形成獠牙。胃不分化，仅1室，有盲肠，杂食性，以植食物为主，也吃动物性食物。群栖，有时可集成50头的大群。繁殖力强，每胎产4~6崽，多者可达12~14崽。适应性强，分布广，见于各种类型森林、草原和农业区。

（三）分布与栖息地

猪科动物集中分布于非洲和亚洲热带地区，只有野猪可在欧亚大陆和非洲北部的广大地区见到。鹿豚仅分布于印度尼西亚的苏拉威西岛及近海的一些岛屿，栖息于高地森林和山地丘陵，数量稀少。大林猪主要生活在非洲赤道森林中和裂谷西部的草原上。疣猪主要分布于非洲，喜欢生活在温暖的森林、灌木丛、凉爽的山地草原和沙漠地带。姬猪仅分布于印度北部，喜欢生活在河流两侧不受干扰的草丛中。非洲野猪主要分布在非洲中部和南部，栖息于林地及潮湿草原。野猪虽然在很早以前就驯化成了家畜，但现存野生种群仍然很繁盛，是驯化成家畜的野生动物中唯一一个野生种群仍然繁盛的物种，也是现存欧亚大陆最常见的大型野生动物之一。

二、贸易与保护

（一）贸易

我国有数千年的养猪史，是全球最大的猪肉生产国和消费国，生产量和消费量约占世界的一半，但我国疫病防控、家畜繁育、品种改良等产业技术相对滞后，很多优质种猪资源靠进口。受非洲猪瘟疫情影响，我国二元母猪存栏量骤降，供应短缺现象加剧，进口需求急剧增加，仅2020年进口种猪超过3万头，创历史新高。主要贸易国家为丹麦、法国、美国等。从贸易目的来看，均为种用、繁殖，且绝大多数为改良家猪。

因观赏价值、物种保护等原因限制，进境野生猪科动物较少。

（二）保护要求

猪科动物虽然繁殖力、适应性强，但由于非法猎捕、破坏栖息地等，有些种类的猪科动物数量大幅减少、种群存续受到威胁，亟需采取保护措施，以维系生物多样性，保持自然界生态平衡。例如，鹿豚曾是印度尼西亚土著人的重要肉食来源，猎捕造成其数量锐减，同时，大量砍伐森林又导致其栖息地大量减少，鹿豚数量日渐稀少，现存数量在4000头左右。世界自然保护联盟（IUCN）将3种鹿豚中的2种列入《濒危物种红色名录》（ver 3.1）"易危（VU）"，1种列入"濒危（EN）"；而CITES将3种鹿豚全部列入附录Ⅰ级进行管制。又如，仅生活在印度北部的姬猪，因受人类居住区扩张、农业侵占、旱季焚烧、牲畜放牧、林地商业化和防洪计划造成的栖息地减少和退化等威胁，只有少数孤立的小种群存在于野外，成熟个体总数少于250个，正处于灭绝的边缘，IUCN将其列入《濒危物种红色名录》（ver 3.1）"濒危（EN）"，CITES也将其列入附录Ⅰ级。

三、检疫风险

（一）非洲猪瘟

非洲猪瘟（African swine fever，ASF）又称疣猪病（Warthog Disease）、蒙哥马利病（Montgomery Disease），是由非洲猪瘟病毒（African Swine fever virus，ASFV）感染家猪和各种野猪而引起的一种以呼吸障碍、皮肤和内脏器官严重出血为主要特征的急性传染病。非洲猪瘟是世界养猪业最重视的动物疫病，强毒株感染导致的发病率和死亡率高达 100%，是世界动物卫生组织（WOAH）规定须通报的动物疫病，也是《中华人民共和国进境动物检疫疫病名录》及我国《一、二、三类动物疫病病种名录》中的一类动物疫病。

1. 病原

ASFV 是非洲猪瘟病毒科（Asfarviridae）、非洲猪瘟病毒属（Asfivirus）中的唯一成员，也是目前已知的唯一一种虫媒性 DNA 动物病毒。病毒基因组为双股线性 DNA，有囊膜，目前发现 23 个基因型，通常认为只有一个血清型，成熟的病毒粒子直径约 200 纳米，由多层结构组成，包括二十面体对称的衣壳、含有类脂的囊膜、病毒粒子内膜和核衣壳。ASFV 基因组很大，是蓝耳病病毒的 12 倍、猪瘟病毒的 15 倍、口蹄疫病毒的 24 倍，可编码 150~200 种病毒蛋白，包括结构蛋白、基因转录和 RNA 加工所需的酶，这些蛋白是构成病毒粒子结构的主要成分，对病毒粒子的再次感染有着重要作用。ASFV 变异频繁，基因组中央是长约 125 千碱基对的保守区，左端 48 千碱基对和右端 22 千碱基对中间区域存在差异，是可变区，这也是不同分离株的基因组长度存在差异的主要原因。ASFV 对环境因素具有很强的耐受性，对温度有较好的耐受性，56℃经 70 分钟或 60℃经 20 分钟才能使其灭活；对乙醚和三氯甲烷敏感，能被氢氧化钠、次氯酸盐、福尔马林、戊二醛、苯基苯酚和碘化合物等消毒剂灭活。

2. 流行特点

所有猪科动物都易感，家猪高度易感，无明显的品种、年龄和性别差异，但仅对家养猪、野生家猪以及它们的近亲欧洲野猪致病。病猪和无症状感染猪是传染源，家猪感染 ASFV 后，在临床症状出现之前的 24 小时~48 小时内向体外排毒，在疾病的急性期，病猪的组织、血液以及所有排泄物和分泌物均含有大量的病毒。在自然条件下，钝缘软蜱、非洲野生猪科动物都是 ASFV 的天然贮存宿主，直接接触染疫病猪或接触污染的饲料、饮水、运输工具、设备、衣物等均可发生感染。非洲猪瘟病毒能在钝缘软蜱体内繁殖，通过媒介生物叮咬传播是非洲猪瘟传播的重要方式；此外，其亦可通过精液传播。

非洲猪瘟于 1921 年首次发现于非洲的肯尼亚，此后在东非和南非地区呈地方流行趋势。1957 年，由于跨洲航运，非洲猪瘟疫情传入葡萄牙、西班牙等欧洲国家。2007 年以来，非洲猪瘟再次呈现全球扩散趋势，在欧洲、亚洲的多个国家（地区）频繁暴发。欧洲的非洲猪瘟传播主要通过野猪，而亚洲的非洲猪瘟主要通过污染的肉类、人员、动物、车辆等传入其他未感染的地区。2018 年 8 月，我国首次确诊非洲猪瘟，随后其迅速扩散到全国各地，严重冲击了我国生猪产业。

3. 临床症状与病理变化

非洲猪瘟自然感染的潜伏期约为 4 天~19 天，在实验条件下，潜伏期可以缩短为 2 天~5 天。病猪临床表现差异较大，通常主要有以下几种或全部典型症状，包括高热、呕吐、腹泻或便秘，有的便血、虚弱、难以站立，耳、鼻、腹、臀等部位体表皮肤呈红色、紫色或蓝色，有的咳嗽、呼吸困难，母猪流产、产死胎或弱胎。依临床症状程度不同，可分为超急性型、急性型、亚急性型和慢性型。急性型主要病变在血管和淋巴器官，脾充血性肿大，为正常体积的 3~6 倍，边缘为圆形，质地易碎，为黑紫色；胃、肝和肾等部位的淋巴结出血、肿大，质地变脆，呈现大理石花斑；肾脏皮质和肾盂通常出现瘀血点。病猪呈现严重的肺水，胃底部瘀血，胆囊充盈。其他非典型病理变化还包括膀胱、心内膜、心外膜和胸膜有出血点，发生腹泻或便血的病猪可见出血性肠炎。

4. 检疫诊断与预防

非洲猪瘟与猪瘟等其他出血性疾病的症状和病变相似，亚急性型、慢性型病例在临床上难以区分，因而必须用实验室方法才能鉴别。实验室常用的病原学检测技术有病毒分离与鉴定、荧光抗体试验以及 PCR，常用的血清学诊断技术包括酶联免疫吸附试验、间接免疫荧光抗体试验、免疫印迹（斑点）试验、对流免疫电泳试验等。

目前，尚无有效疫苗预防非洲猪瘟。高温、消毒剂可以有效杀灭病毒，做好养殖场生物安全防护是防控非洲猪瘟的关键。严格控制人员、车辆和易感动物进入养殖场，出入要严格落实消毒等措施；提倡封闭饲养生猪，采取隔离防护措施，尽量避免与野猪、钝缘软蜱接触；严禁使用泔水或餐余垃圾饲喂生猪；对进口种猪及猪产品实施严格的检疫，禁止从非洲猪瘟疫区国家（地区）直接或间接进口猪或猪产品；积极开展疫病监测排查，特别是发生猪瘟疫苗免疫失败、不明原因死亡等现象，应及时上报当地兽医部门；一旦发生疫情，坚决扑杀销毁，并对污染场所、器具、相关产品等彻底进行无害化处理。

（二）猪瘟

猪瘟（Classical swine fever，CSF），也称古典猪瘟、猪霍乱、烂肠瘟，是由猪瘟病毒（Classical swine fever virus，CSFV）引起的一种猪的急性高度传染性疫病。猪瘟以实质器官出血、坏死和梗死急性败血性变化为特征，具有较高的发病率和致死率，是世界范围内最具经济破坏性的疫病之一。该病是世界动物卫生组织（WOAH）规定须通报的动物疫病、《中华人民共和国进境动物检疫疫病名录》一类传染病、我国《一、二、三类动物疫病病种名录》中的二类动物疫病。

1. 病原

猪瘟病毒属于黄病毒科、瘟病毒属，是具有囊膜的单股正链 RNA 病毒。病毒粒子的直径为 40 纳米~55 纳米，核衣壳的直径约为 27 纳米。猪瘟病毒囊膜包裹着呈立体对称的核心，表面有 6 纳米~8 纳米的类似穗样的糖蛋白纤突。病毒的 RNA 具有感染性。一般认为，猪瘟病毒没有明确的型和亚型的差别，但猪瘟病毒具有较高的变异性，存在病原性、毒力和血清学特性不同的毒株，特别是野外的猪瘟病毒毒力和致病性差别更大。强毒株引起急性或慢性感染，死亡率高，而中等毒力的毒株通常诱发亚急性感染。猪瘟病毒对乙醚、三氯甲烷、脱氧胆酸盐和皂角素等脂溶剂去污剂敏感，能被迅速灭活，2%氢氧化钠也有非常好的杀毒效果。

2. 流行特点

自然条件下该病只感染猪，不同年龄、性别、品种的猪和野猪都易感。感染猪是猪瘟病毒的主要贮存宿主。病猪是主要传染源，其排泄物、分泌物、血、肉、内脏和污染的饲料、饮水都可散播病毒。猪瘟主要通过接触传播，经消化道感染；患病和弱毒株感染的母猪可经胎盘垂直感染胎儿，产生弱仔猪、死胎、木乃伊胎等；试验条件下，猪瘟病毒也可通过口、鼻、呼吸道、结膜、生殖道等途径感染猪；吸血节肢动物在一定条件下也会传播猪瘟。猪瘟发病无明显季节性，一年四季均可发生。

近年来，猪瘟的流行特点已发生了很大的变化，流行形式已从频繁发生的大流行转为周期性、波浪式的地区性、散发性流行，通常 3 年~4 年为一个周期。

3. 临床症状与病理变化

潜伏期一般为 5 天~7 天。急性期病猪典型症状是精神委顿，发热，体温在 40℃~42℃之间，出现稽留热，喜卧、弓背、寒战及行走摇晃。食欲减退或废绝，喜欢饮水，有的发生呕吐。结膜发炎，流脓性分泌物将上下眼睑粘住，使眼不能张开，鼻流脓性鼻液。初期便秘，干硬的粪球表面附有大量白色的肠黏液，后期腹泻，粪便恶臭，带有黏液或血液，病猪的鼻端、耳后根、腹部及四肢内侧的皮肤及齿龈、唇内、肛门等处黏膜出现针尖状出血点，指压不褪色，腹股沟淋巴结肿大。公猪包皮发炎，阴鞘积尿，用手挤压时有恶臭浑浊液体流出。

全身皮肤、浆膜、黏膜和内脏器官有不同程度的出血。淋巴结肿胀、多汁、充血、出血、外表呈现紫黑色，切面如大理石状，肾脏色淡，皮质有针尖至小米状的出血点，脾脏有梗死燥，以边缘多见，呈黑色小紫块，喉头黏膜及扁桃体出血。膀胱黏膜有散在的出血点。胃、肠黏膜呈卡他性炎症。大肠的回盲瓣处形成纽扣状溃疡。

4. 检疫诊断与预防

可根据流行病学、临床症状和病理变化进行初诊。特征性病变包括全身各种器官和组织泛发性细小点状出血，脾边缘出血梗死，回盲瓣出现纽扣状溃疡，淋巴结、脾脏和脑血管周围形成管套等。实验室诊断猪瘟常用的方法包括免疫荧光试验、免疫酶组化染色法、琼脂扩散试验、ELISA、动物接种试验等。

猪瘟可采取免疫接种措施进行预防，结合日常严格落实生物安全措施，能够取得较好的效果。严格控制人员、车辆和易感动物进入养殖场，出入要认真落实防疫消毒等措施；封闭饲养生猪，采取隔离防护措施；应从无疫区引进猪，并实施严格的检疫；提倡自繁自养，按照规定做好预防接种；强化饲养管理，严禁使用泔水或餐余垃圾饲喂猪，经常清理猪舍，定期进行消毒；发生疫情后要实行紧急措施，对发病猪及可疑病猪要立即隔离或扑杀。

猪出现临床症状，可使用如双黄连、盐酸吗啉呱等抗病毒的中成药和黄芪多糖等调节免疫功能的药物，经肌肉注射或口服进行初步治疗，同时，可考虑注射或口服抗生素及抗菌药物预防或治疗混合感染。

（三）尼帕病毒性脑炎

尼帕病毒性脑炎（Nipah virus encephalitis）简称尼帕病，是一种新发的、人畜共患的病毒性传染病，可引起多种动物和人类严重脑炎和呼吸系统疾病，发病率和死亡率高。世界动物卫生组织（WOAH）将尼帕病列为须通报的动物疫病，其也是《中华人民共和国进境动物检疫疫病名录》及我国《一、二、三类动物疫病病种名录》中的一类动物疫病。

1. 病原

尼帕病毒（Nipah virus，NV）是副粘病毒科、副粘病毒亚科中第4属即亨德拉病毒属的成员，是单链RNA病毒，绝大多数为负链，也有正链。病毒呈圆形或多型性，病毒粒子大小差异较大。中心为核糖核酸和呈螺旋形排列的核衣壳，核衣壳聚集物通常位于感染细胞的胞质边缘。病毒有囊膜，表面有突起，电镜下在细胞膜上偶见有通过出芽生长的病毒粒子。病毒在体外不稳定，对温度、消毒剂及清洁剂敏感，56℃经30分钟即可被破坏，常用消毒剂和一般清洁剂即可使其灭活。

2. 流行特点

该病于1997年在马来西亚首次被发现，1998年10月至1999年5月期间在马来西亚猪群和人群中大规模暴发，致使265名养猪工人发病、105人死亡、116万头猪被扑杀。近年来，尼帕病在东南亚与南亚一些国家（地区）频频出现，危害十分严重。

尼帕病毒的自然宿主十分广泛，包括猪、马、山羊、猎犬、猫、果蝠、鼠以及人，果蝠和野猪是主要传染源。该病可通过直接接触患病动物的分泌物、排泄物及其污染物进行传播，咳嗽形成的飞沫、共用针头、人工授精等方式也可传播，此外，蝙蝠、鼠、椋鸟、野猪等野生动物也是该病传播的重要媒介。人感染尼帕病毒与密切接触患病动物有关，猪场的兽医、饲养人员、污物处理人员及屠宰场工人为尼帕病多发人群。

3. 临床症状与病理变化

尼帕病的潜伏期大约7天~14天。不同年龄的猪临床症状有所不同，主要表现为神经症状和呼吸道症状，发病率高，死亡率低。病猪通常有急性高热、呼吸困难以及震颤、肌肉痉挛和抽搐等神经症状。病毒嗜血管内皮细胞可侵害猪中枢神经系统和呼吸系统，损害脑、心、肾和肺，但不损害生殖系统，具体表现为肺脏膈叶硬变、小叶间结缔组织增生，支气管的横断面有渗出的黏液，肾脏的皮质和髓质充血，非化脓性脑膜脑炎等。

4. 检疫诊断与预防

确诊尼帕病需采用实验室诊断方法。病毒分离与鉴定是最重要、最基本的诊断技术，免疫组化、免疫电镜、血清中和试验、ELISA、RT-PCR等试验方法也是常用的诊断方法。

目前，尚无有效预防尼帕病的疫苗可用。预防该病应采取综合性防控措施。定期用次氯酸钠或其他洗涤剂清洁养猪场可有效预防感染；尼帕病发生后，立即扑杀销毁病猪和疑似感染猪群，并对感染猪场彻底消毒；实施封闭饲养，采取隔离防护措施，尽量避免与野生动物接触；做好养殖场防鸟、灭鼠、灭蚊工作；工作人员与动物接触时须做好个人防护等。

（四）猪水疱病

猪水疱病（Swine vesicular disease，SVD）又称猪传染性水疱病，是由猪水疱病病毒（Swine vesicular disease virus，SVDV）引起的一种急性、热性、接触性传染病。其特征是病猪的蹄部、口腔、鼻端和母猪乳头周围发生水疱，与猪口蹄疫极其相似。该病首次发现于 1966 年，常流行，对养猪业的危害较大，世界动物卫生组织（WOAH）将其列为须通报的动物疫病，《中华人民共和国进境动物检疫疫病名录》和我国《一、二、三类动物疫病病种名录》将其列为一类动物疫病。

1. 病原

SVDV 为小 RNA 病毒科、肠道病毒属的成员，呈球形、二十面体对称。病毒基因组为单股正链、不分节段 RNA，无囊膜。病毒只有一个血清型，不能凝集人和豚鼠、绵羊、鸡等动物的红细胞。对环境和消毒药有较强的抵抗力，病毒在污染的猪舍内可存活 8 周以上；对热敏感，60℃经 30 分钟和 80℃经 1 分钟可灭活，5%氨水、10%漂白粉液、3%福尔马林和 3%的热氢氧化钠溶液等消毒药对其的杀灭效果较好。

2. 流行特点

猪科动物易感，各种年龄、品种、性别的猪都可感染。牛、羊等家畜也可感染并短期带毒，但不发病；人类也有一定易感性。病猪、潜伏期的猪和病愈带毒猪是主要传染源，通过粪、尿、水疱液及奶排出病毒。该病主要通过直接接触和消化道传播，病毒通过受伤的蹄部、鼻端皮肤、消化道黏膜进入动物或人体内，被病毒污染的饲料、垫草、用具以及接触该病的饲养员等也能造成该病的传播。猪水疱病发病无季节性，一年四季均可发病。

3. 临床症状与病理变化

猪水疱病潜伏期为 2 天~4 天，有的可延长至 7 天~8 天。病初体温升高至 40℃~42℃，在蹄冠、趾间、蹄踵出现一个或几个黄豆至蚕豆大的水疱，继而水疱融合扩大，充满水疱液，经 1 天~2 天后，水疱破裂形成溃疡，真皮暴露，颜色鲜红。由于蹄部损害，病猪出现跛行，严重时爬行。环绕蹄冠皮肤与蹄壳之间裂开，病变严重时蹄壳脱落。蹄部出现水疱时，有的病猪鼻端、口腔和母猪乳头周围也出现水疱。

猪水疱病造成的组织学变化为非化脓性脑膜炎和脑脊髓炎，大脑中部病变较背部严重。脑膜含有大量淋巴细胞，多数为网状组织细胞，少数为淋巴细胞和嗜伊红细胞。脑灰质和白质出现软化病灶，套细胞内和神经束细胞内有酸碱两性染色的核内包涵体。

4. 检疫诊断与预防

根据临床症状和病理变化很难将猪水疱病与口蹄疫、猪水疱性口炎、猪水疱性疹等区分，必须进行实验室诊断加以鉴别。接种小鼠试验常用于猪水疱病与口蹄疫的区别；免疫荧光抗体试验可检出病猪淋巴结冰冻切片中的感染细胞，也可检出水疱皮和肌肉中的病毒；中和试验、反向间接红细胞凝集试验、补体结合试验、ELISA 等也常用于猪水疱病诊断。

日常生物安全措施是预防猪水疱病的关键。在引进猪时，必须严格进行检疫；做好日常消毒工作，对猪舍、环境、运输工具等彻底消毒；在该病流行地区可注射疫苗进行免疫预防，用猪水疱病高免血清进行被动免疫，免疫期达 1 个月以上；及时报告疫情，坚决扑杀病猪并进行无害处理，对可疑病猪进行隔离，对污染的场所、用具严格消毒，对粪便、垫草等进行堆积发酵消毒。与病猪接触的人或从事该病研究的人员，应当注意个人防护，以免受到感染。

(五) 猪繁殖与呼吸综合征

猪繁殖与呼吸综合征（Porcine reproductive and respiratory syndrome, PRRS），又称"猪蓝耳病"，是由猪繁殖与呼吸综合征病毒（PRRS virus, PRRSV）引起的一种猪的急性、高度传染性疫病，其临床特征主要为怀孕母猪的早产、流产、死胎及仔猪的呼吸困难。世界动物卫生组织（WOAH）将 PRRS 列为须报告的动物疫病，其也被列入《中华人民共和国进境动物检疫疫病名录》及我国《一、二、三类动物疫病病种名录》中的二类动物疫病。

1. 病原

PRRSV 属动脉炎病毒科、动脉炎病毒属的成员，是一种在巨噬细胞内生长的、有囊膜的单股正链 RNA 病毒。病毒粒子呈球形，直径为 55 纳米 ~60 纳米，有美洲型和欧洲型 2 个血清型，无血凝活性，不凝集哺乳动物或禽类红细胞。该病毒对酸、碱都较敏感，尤其不耐碱，对三氯甲烷等有机溶剂也十分敏感，常用消毒剂对其都有作用，但在空气中，其感染力可以保持 3 周左右。

2. 流行特点

猪繁殖与呼吸综合征于 1987 年首次发现于美国，之后在北美洲、欧洲、亚洲的养猪国家（地区）流行。1995 年底，我国华北地区首次出现该病。

在自然条件下，不同年龄、品种、性别的猪均可感染 PRRSV，仔猪比成猪更易感，其他动物未见发病。该病主要经呼吸道感染，也可经接触、精液传播，病猪、带毒猪及被污染的环境、用具、饲料等都是重要的传染源。卫生条件差、气候恶劣、频繁调运、饲养密度大，会导致猪繁殖与呼吸综合征的流行。老鼠可能是猪繁殖与呼吸综合征病原的携带者和传播者。

3. 临床症状与病理变化

猪繁殖与呼吸综合征的潜伏期一般为 4 天~7 天，最长可达数周。不同年龄的猪发病后大多数有呼吸困难症状，但具体症状不完全相同。临床症状主要为体温明显升高，可达 41℃ 以上；眼结膜炎、眼睑水肿；咳嗽、气喘等呼吸道症状；后躯无力、不能站立或共济失调等神经症状；仔猪发病率可达 100%、死亡率可达 50% 以上，母猪流产率可达 30% 以上；成年猪也可发病死亡。主要病变为脾脏边缘或表面出现梗死灶，显微镜下见出血性梗死；肾脏呈土黄色，表面可见针尖至小米粒大出血点；皮下、扁桃体、心脏、膀胱、肝脏和胃肠道均可见出血点和出血斑。显微镜下可见肾间质性炎，心脏、肝脏和膀胱出血性、渗出性炎等病变。

4. 检疫诊断与预防

根据流行病学调查、临床症状及剖检特点可作出初步诊断，但要注意与症状相似的一些病毒性传染病相鉴别，如流感、细小病毒病、流行性腹泻等。确诊猪繁殖与呼吸综合征必须进行实验室诊断，常用的检测方法有病毒学方法（如病毒分离与鉴定、反转录-聚合酶链反应）、血清学方法（如免疫过氧化物酶单层细胞试验、间接免疫荧光抗体技术、酶联免疫吸附试验、血清中和试验、免疫胶体金技术）。

　　该病临床上没有特效药物，只能采取对症治疗的办法加以控制。综合性生物安全措施对预防该病效果良好。严格控制进出养殖场及其生产区的人员、车辆、物品等，并认真落实消毒措施；坚持自繁自养，须引种时应严格检疫，避免引入带毒猪；及时扑杀销毁患病猪，对死胎、木乃伊胎、胎衣、死猪等应进行无害化处理，用热水清洗空栏后再彻底消毒，消灭传染源，切断传播途径；科学制订猪群免疫计划，及时注射疫苗；加强饲养管理，适当提高日粮中矿物质、维生素、生物素、氨基酸等的含量，增强猪群的抗病力。

（六）水疱性口炎

　　水疱性口炎（Vesicular Stomatitis，VS）又名鼻疮、口疮、伪口疮、烂舌症，由水疱性口炎病毒引起的一种急性、热性、高度接触性人畜共患病。以患病动物的口腔黏膜、舌、唇、乳头、蹄冠部和趾间皮肤上发生水疱为特征。WOAH 将其列为须通报的动物疾病，其也是《中华人民共和国进境动物检疫疫病名录》中的二类传染病。

1. 病原

　　水疱性口炎病毒（Vesicular Stomatitis virus，VSV）属于弹状病毒科（*Rhabdoviridae*）、水疱病毒属（*Vesiculovirus*）。病毒粒子呈子弹状或圆柱状，一端为半球形，一端直截。有囊膜，基因组为单股 RNA 病毒。应用中和试验和补体结合试验，可将水疱性口炎病毒分为 2 个血清型，其代表株分别为印第安纳株和新泽西株，两者无交叉免疫，前者又可分为 3 个亚型。病毒对脂溶剂敏感，58℃加热 30 分钟可被灭活，在阳光直射和紫外线照射下很快死亡。

2. 流行特点

　　水疱性口炎主要发生于美洲国家（地区），近年来在美国多次发生。该病能侵害多种动物，猪、牛、马、猴、雪貂、豚鼠、仓鼠、小鼠、大鼠和鸡等动物易感，幼龄猪比成年猪更易感，野羊、鹿、野猪、浣熊等野生动物可感染，人接触病畜也可感染。病畜和患病的野生动物是主要传染源。接触是主要的传播方式，病毒从带毒动物的水疱液、唾液中排出，通过损伤的皮肤和黏膜传播，也可通过污染的饲料和饮水经消化道传播，还可以双翅目的昆虫叮咬为媒介传播。该病有明显的季节性，多见于夏季及秋初，秋末则趋于平息。

3. 临床症状

水疱性口炎潜伏期一般为 3 天~4 天，最长为 21 天。病初动物体温升高至 40℃~41℃，精神委顿，食欲减退，病猪鼻部、唇部、舌、口腔黏膜出现水疱，不久即破溃而形成痂块；蹄部水疱多发生于蹄叉部，少见于蹄冠部，内含黄色透明液体，水疱破溃后露出溃疡面，病猪站立困难、跛行，有的蹄部溃疡病灶扩大，可使蹄壳脱落，露出鲜红色出血面。病猪若无继发感染，多为良性经过，病期约为两周，康复后病灶不留痕迹。该病的发病率和病死率较低。

4. 检疫诊断与预防

水疱性口炎症状与口蹄疫、猪水疱病和猪水疱性疹相似，临床上不易区分，如要确诊，必须通过实验室诊断。诊断方法很多，常用的有病毒分离培养、电镜观察、琼脂扩散试验、对流免疫电泳实验、酶联免疫吸附试验、补体结合试验、病毒中和试验、聚合酶链式反应等。

该病最主要的防治措施是严禁将感染动物、被污染的物品以及工器具等带入养殖场，进出养殖场及其生产区的人员、车辆、物品要严格落实消毒等措施。发生该病时，应及时隔离病畜及可疑病畜，严格封锁疫区，一切用器具和环境必须彻底消毒。预防该病，可用当地病畜的组织、脏器、血液等制备疫苗进行免疫接种。该病转好后，只要加强护理即可治愈，蹄部病变可对症治疗。

（七）流行性乙型脑炎

流行性乙型脑炎（Epidemic encephalitis B），又称日本脑炎（Japanese Encephalitis Virus，JEV），是由日本脑炎病毒引起的严重威胁人畜健康的一种中枢神经系统的急性传染病，主要引起脑炎，以马、猪和人最为严重，猪被认为是流行性乙型脑炎病毒最重要的自然宿主。该病是世界动物卫生组织（WOAH）规定须通报的动物疫病，也是《中华人民共和国进境动物检疫疫病名录》及我国《一、二、三类动物疫病病种名录》中的二类动物疫病。

1. 病原

日本脑炎病毒属于黄病毒科（*Flaviridae*）、黄病毒属（*Flavivirus*）、节肢动物病毒乙组（*Arbovirus group B*）的一型。病毒颗粒呈球形，为二十面体结构，有囊膜，外层为含糖蛋白的纤突。基因组是线状正链单股 RNA。日本脑炎病毒在 pH 6.4~6.8 条件下能凝集雏鸡、鸽、鹅、绵羊等动物的红细胞。日本脑炎病毒抗原比较稳定，与西尼罗病毒（West Nile virus）、墨瑞谷脑炎病毒（Murray Valley encephalitis virus）、圣路易脑炎病毒（St. Louis encephalitis virus）有交叉关系。日本脑炎病毒对外界抵抗力不强，对温度很敏感，加热至56℃经30分钟或100℃经2分钟即可灭活。对乙醚、酒精、丙酮、三氯甲烷、甲醛等脂溶性物质敏感，易被灭活但其抗原性比较稳定。

2. 流行特点

日本脑炎可以感染多种动物，猪、马、驴、骡、牛、山羊、绵羊、猴和家禽等都很易感染，兔、大鼠、鸽、犬、鸭、野禽和爬行类也易感。日本脑炎主要通过蚊虫叮咬传播，蚊类是主要传播媒介和贮存宿主，库蚊、伊蚊和按蚊都能传播该病。蚊感染病毒后在体内复制，终身带毒，通过叮咬使猪、牛、羊、马等动物感染，进而产生病毒血症。猪、鸟是日本脑炎病毒的重要贮存、扩增宿主，也是日本脑炎的主要传染源。日本脑炎发病具有明显的季节性，多发生于蚊虫较多的夏秋季节。亚洲大部分地区有该病，西太平洋地区也有此病发生。

3. 临床症状

潜伏期为3天~4天。家畜感染日本脑炎的临床症状大多相似，发病时体温升高，呈现以沉郁或兴奋为主的神经症状，食欲减退、便秘、肠音低沉，心音初期亢进，后期心力衰竭。猪感染日本脑炎病毒后，常突然发病，体温升高至40℃~41℃，呈稽留热；精神委顿、嗜睡；粪便干燥呈球状，表面附有灰白色黏液，尿呈深黄色；有的后肢轻度麻痹，步态不稳、跛行；妊娠母猪主要表现为流产，产出大小不等的死胎、畸形胎、木乃伊胎，流产后一般不影响下次配种；公猪单侧或两侧性睾丸肿大，肿胀消退后逐渐萎缩变硬，精液品质不良、不育。

4. 检疫诊断和预防

根据临床症状和流行病学特点，可作出初诊。确诊需采用实验室诊断，常用的检疫技术包括病原分离和鉴定、病毒中和试验、血凝抑制试验、间接免疫荧光试验、补体结合试验等。

蚊虫是日本脑炎病毒的主要传播媒介，防蚊灭蚊是预防日本脑炎的重要措施。在疫病流行区域，免疫接种是最有效的预防措施，可选用灭活疫苗或弱毒疫苗。

(八) 其他重要疫病

猪是最早被驯化的动物之一，与人类社会活动密切相关。猪携带的疫病种类繁多，与人类、偶蹄动物等之间的多种共患疫病，均能造成重大危害。除了上述几种重要疫病外，还有很多疫病不容忽视，如口蹄疫、伪狂犬病、狂犬病、猪萎缩性鼻炎、猪传染性胃肠炎、细小病毒感染、炭疽、猪肺疫、猪丹毒、布鲁氏杆菌病、结核病、链球菌病、线虫病、绦虫病、旋毛虫病等数十种。尽管这些疫病以集约养殖家猪发病为主，野生猪科动物感染的不多，但是，一旦传播开来，造成的经济损失不可估量。在进境野生猪科动物时，应当综合考虑产地疫情状况、进口种类等因素，全面进行风险分析，制定针对性检疫措施。

四、生态风险

(一) 破坏农业生产

野猪可对生态环境和人类生产生活造成诸多危害。野猪以拱地方式寻找食物，会破坏田地、草场、森林等，增加土壤的侵蚀率，降低植物的再生能力。此外，野猪有泥浴嗜好，经常在农田中打滚，使庄稼成片遭到破坏，其中，受害最为严重的是玉米和大豆等作物，野猪对农作物的取食和践踏是世界范围内人与野猪冲突的主要原因。一般情况下，野猪并不会主动袭击人类，但当受到惊吓或受伤时情况会发生变化，也有研究表明，野猪会捕食家畜。

(二) 冲击本地种群

引进的野猪或自然迁入的野猪对国内野猪种群的冲击也不可小视。总体而言，我国的绝大部分土地处在温暖湿润的北温带，非常适宜猪科动物的繁衍生息，由于我国野生环境中缺少野猪的天敌和竞争对手，境外野猪种群一旦在我国定殖，将进一步挤压本土野猪种群的生存空间。

(三) 产生基因污染

野猪与家猪进行杂交是不容忽视的风险。由于通过纯种野公猪与家母猪杂交获得的杂交后代，既能保持野猪瘦肉率高、抗病力强、适应性广、耐粗饲、成本低等特点，又能克服野猪产仔少、繁殖率低、生长速度慢和不易饲养管理的缺点，其肉质营养丰富，脂肪含量比家猪低，富含多种氨基酸和亚油酸，能降低血液胆固醇，预防动脉粥样硬化等疾病，因此倍受人们关注，近年来，野猪与家猪杂交养殖，作为一种特色养殖项目，有着广阔的发展前景。然而，民众和养殖户对杂交过程中可能产生的种群污染、疫病传播等风险的认识不足，一旦大量培育，将对本土家猪品种的存续造成重大威胁。

五、危害

猪科动物对非洲猪瘟、古典猪瘟、猪水疱病、口蹄疫等多种烈性传染病具有易感性，这些烈性传染病一旦流行，既会引起动物重大伤亡，生猪存栏量骤然减少，猪肉产能下降，对养猪业造成毁灭性打击，又会影响相关产品对外出口，对社会和经济产生显著影响。这些疫病，多数是世界动物卫生组织（WOAH）列入须通报的动物疫病，也是《中华人民共和国进境动物检疫疫病名录》和我国《一、二、三类动物疫病病种名录》中重要的动物疫病，其防控难度大、成本高，在动物卫生领域地位重要，影响极大。此外，还有很多是与人类和其他动物共患病，如流行性乙型脑炎、布鲁氏菌病、结核等，一旦出现疫情，会对人类生产生活甚至人类健康造成严重影响。

第三节
犬科动物

一、生物学特性

（一）分类

犬科（*Canidae*）属于食肉目（*Carnivora*），分为犬亚科、薮犬亚科和狐亚科 3 个亚科，全球共有 13 个属、36 个种。犬亚科有 3 个属，即小耳犬属、犬属、鬃狼属，共 9 个种，代表动物有小耳犬、郊狼、灰狼、红狼、鬃狼等；薮犬亚科有豺属、南美胡狼属、非洲野犬属、薮犬属 4 个属，共 4 个种，代表动物为豺、非洲野犬、薮犬等；狐亚科有 6 个属，即狐属、大耳狐属、灰狐属、貉属、食蟹狐属、伪狐属，共23个种，代表动物有北极狐、草原狐、沙狐、耳廓狐、大耳狐、灰狐、貉、食蟹狐等。

（二）形态特点

体形中等、匀称，四肢修长，趾行性，头腭尖形，颜面部长，鼻端突出，耳尖且直立，尾较粗长，尾毛一般浓密蓬松。毛被丰密，毛色单一或稍有斑点，少数属有变色情况（如白狐属冬毛纯白色，夏毛青灰色）。豺和灰狐的皮毛有一些鲜艳的颜色，貉面毛为黑色，非洲野犬体上有黑色、黄色和白色的斑点，大多数物种的腹部颜色较浅。沙漠物种的耳朵是尖的、直立，而且通常相当大。犬齿及裂齿发达，上臼齿具明显齿尖，下臼齿内侧具一小齿尖及后跟尖，臼齿齿冠直径大于外侧门齿高度。前足4~5趾，后足一般4趾；爪粗而钝，不能或略能伸缩。

（三）生活习性

犬科动物往往生活在开放或草原地区。南美洲稀有的薮犬仅限在森林和湿稀树草原；貉通常栖息在树洞中，入口接近地面。灰狐喜欢树木繁茂的地区，并会攀树，而红狐倾向于占据草地和农田。狐亚科动物栖息于森林、灌丛、草原、荒漠、丘陵、山地、苔原等地，喜欢居住在土穴、树洞或岩石缝中，有时也占据兔、獾等动物的巢穴，冬季洞口有水气冒出，并有明显的结霜现象，以及散乱的足迹、尿迹和粪便等，夏季洞口周围有挖出的新土，上面有明显的足迹，还有非常浓烈的狐臭气味。多数种昼夜活动，少数种晨昏活动，仅貉属有冬眠习性。多喜群居，大部分食肉，以食草动物及啮齿动物等为食；有些食腐肉、植物或杂食。嗅觉敏锐，机警。

（四）种群分布

犬科是食肉目中分布最广泛的一科，除了少数岛屿、南极洲外，几乎遍布全球。其中，鬃狼属、小耳犬属和南美胡狼属（已灭绝）分布于南美洲；薮犬亚科分布于亚洲北部、南亚及东南亚的陆地，我国见于大部分山区。

二、贸易与保护

（一）贸易

近年来，随着旅游业的蓬勃发展，一批野生动物园乘势兴起，对观赏用野生动物的需求逐渐增加，表现在进口数量大、品种多样化上。与此同时，我国加大了野生动物物种资源保护和利用力度，这也间接促进了进口野生动物需求的增加。我国进口野生犬科动物的数量不多，2014 年至 2022年，共进口黑胡背狼、北极狼等约 150 只，主要来源于南非、捷克等地；共进口耳廓狐、北极狐等 500 余只，主要来源于丹麦、捷克等地。野生动物园是引进犬科动物的"主力"，引进的目的是让公众进一步了解犬科动物的生物特征、生活习性等，增强野生动物保护意识，从而合理进行开发利用。

（二）保护要求

犬科动物虽然分布广泛，但数量不多，由于人类猎捕、生存环境遭到破坏等，有些犬科动物种群已经灭绝，有些濒临灭绝，需要采取措施予以保护，以维持生态系统中的生物多样性。例如，南美胡狼已于 19 世纪初"野外灭绝（EW）"；草原胡狼和红狼均为 IUCN "极危（CR）"；非洲野犬仅剩 25 个种群，约有 3000 只，均被列入 IUNC "濒危（EN）"；薮犬（丛林犬）由于栖息地环境的急剧改变而大量减少，被列入 CITES 附录Ⅰ、IUNC "易危（VU）"；豺被列入 CITES 附录Ⅱ、IUNC "易危（VU）"、我国国家二级保护野生动物；耳廓狐被列入 CITES 附录Ⅱ。

三、检疫风险

（一）狂犬病

狂犬病（Rabies）又名恐水症，是狂犬病毒（Rabies virus，RV）感染人或动物所致的传染性疫病，多见于犬、狼、猫等肉食动物，临床特征性症状为恐水、怕风、咽肌痉挛、进行性瘫痪等。目前，全球有 150 多个国家和地区受到狂犬病的威胁。据报道，全世界每年因狂犬病死亡的人数约为 6 万，绝大多数病例发生在发展中国家（地区），从区域上看主要是亚洲。我国是狂犬病的高发地区，发病和死亡人数仅次于印度，居世界第二位。该病为世界动物卫生组织（WOAH）规定须通报的动物疫病，也是《中华人民共和国进境动物检疫疫病名录》及我国《一、二、三类动物疫病病种名录》中的二类动物疫病，其防制具有重要公共卫生意义。

1. 病原

狂犬病毒属于单股负链病毒目（*Mononegaviruses*）、弹状病毒科（*Rhabdoviridae*）、狂犬病毒属（*Lyssa virus*）。病毒分为 4 个血清型，Ⅰ型是主要血清型，包括最常见的"街毒"，以及森林毒、蝙蝠毒等；Ⅱ型为拉各斯蝙蝠毒（Lagos bat virus）；Ⅲ型为莫可拉毒（Mokala virus）；Ⅳ型为杜文海格毒（Duvenhage virus）。狂犬病毒有一个 12 千碱基对长、不分节段的负极性 RNA 基因组，编码核蛋白 N、磷蛋白 P、基质蛋白 M、糖蛋白 G 和多聚酶 L 共 5 种病毒蛋白。狂犬病毒有典型的弹状病毒特征，长 100 纳米~300 纳米，直径 75 纳米。有囊膜，囊膜表面密布棘状纤突，长约 6 纳米~7 纳米，具有免疫原性和血凝性。可在细胞、鸡胚或鸭胚上增殖。狂犬病毒在外环境中较稳定，能抵抗组织的自溶及腐烂，冻干条件下长期存活，反复冻融可使病毒灭活。对紫外线敏感，易被强酸、强碱、去污剂和氧化型消毒剂灭活，1∶500稀释的季铵盐、45%~70%的乙酸，1%的肥皂水和 5%~7%的碘伏喷洒，均可在 1 分钟内杀灭狂犬病毒。

2. 流行特点

所有温血动物对狂犬病均易感，都可能成为狂犬病的传染源。不同国家和地区狂犬病毒的野生动物贮存宿主差异很大，非洲大陆以狼、猫鼬、豺、狐、非洲野狗为主要宿主，亚洲以狐、獾、猫鼬、豺、黄鼬等为主要宿主，欧洲则以红狐、貉等野生动物为主要宿主，而北美洲以灰狐、郊狼、浣熊等为主要宿主。自然条件下，能有效传播狂犬病的是发病后攻击性明显的犬科、猫科及其他食肉动物。被带毒动物咬伤或抓伤是该病最主要的传播途径，未破损的皮肤接触病毒一般不会导致感染。狂犬病的流行无明显季节性，一年四季均可发生，但在动物集中发情的时节，动物因争夺配偶、领地等原因，个体间接触机会增多，该病感染和传播的机会也会大幅增加。

3. 临床症状与病理变化

自然感染潜伏期一般为 1 个月~3 个月。不同动物感染后症状基本相似，前驱期 1 天~2 天，主要为急性行为改变，厌食、嗜睡、发热、吞咽困难、呕吐、尿频等，但不具备示病性或种群特异性，此时野生动物丧失警惕性，可能离开栖息场所。随后进入神经症状期，表现为狂躁和沉郁两种类型，狂躁型表现为兴奋性增强，听觉、视觉或触觉过于敏感，肌肉震颤，并出现攻击行为；沉郁型则完全缺乏攻击性，以麻痹为主要症状。

病理变化主要为急性弥漫性脑脊髓炎，尤以与咬伤部位相当的背根节及脊髓段、大脑的海马体以及延髓、脑桥、小脑等处为重。狂犬病的特征性病变是在感染的神经细胞胞质中可发现一种嗜酸性包涵体，其被称为内基氏小体（Negribody）。内基氏小体是狂犬病毒的包涵体，呈圆形或椭圆形，直径约 3 纳米～10 纳米，边缘整齐，内有 1～2 个似细胞核的小点，最常见于海马及小脑浦肯野组织的神经细胞中；亦可在大脑皮层的锥细胞层、脊髓神经细胞、后角神经节、视网膜神经细胞层、交感神经节等处检出。

4. 检疫诊断与预防

根据流行病学、临床症状和病理变化可以作出初诊。由于狂犬病的致病作用特殊，在其潜伏期难以作出确定性诊断，只有通过实验室检测以及对脑组织的镜检才能确诊。常用的病原学诊断方法有病毒分离与鉴定、荧光抗体试验、小鼠接种实验和细胞接种试验，血清中和试验和酶联免疫吸附试验是常用的血清学诊断方法，分子生物学诊断多用 RT-PCR 方法。

狂犬病的临床病程较短，绝大多数患病动物最终因全身衰绝而死，人感染后如不及时救治，直接危及生命，因此，有必要做好防范工作。从全球防控狂犬病的经验来看，免疫接种是预防控制狂犬病的最主要、最有效的措施。对犬、猫等宠物应严加管理，定期进行疫苗注射；人被动物咬伤，应立即清洗伤口，可用20%肥皂水、去垢剂、含胺化合物或清水充分洗涤，并尽快注射狂犬病毒免疫血清；尽量避免家畜与野生动物接触等。

（二）犬瘟热

犬瘟热（Canine distemper，CD）是由犬瘟热病毒（Canine distemper virus，CDV）引起的一种急性、高度接触性传染病，临诊以双相热型、黏膜卡他、中枢神经症状及足垫肿胀为主要特征。CDV 致病性强，发病率高，临床症状多样，患病动物康复后还易留麻痹、抽搐、癫痫样发作等后遗症。犬瘟热是《中华人民共和国进境动物检疫疫病名录》中的二类动物疫病、我国《一、二、三类动物疫病病种名录》中的三类动物疫病。

1. 病原

CDV 属于副粘病毒科、麻疹病毒属，在分类学上与麻疹病毒、牛瘟病毒、小反刍兽瘟疫病毒等同属，基因组为负链单股不分节的 RNA。病毒粒子呈圆形或不规则形，直径为 120 纳米～300 纳米，主要由核衣壳蛋白、磷蛋白、基质膜蛋白、融合蛋白、血凝蛋白和大蛋白 6 种结构蛋白组成。CDV 抵抗力不强，对热、干燥、紫外线和有机溶剂敏感，易为日光、酒精、乙醚、甲醛和煤酚皂等灭活。经 0.1% 甲醛灭活后，CDV 仍能保留其抗原性。

2. 流行特点

能够自然感染 CDV 的动物很多，包括食肉目的 8 个科、偶蹄目猪科、灵长目的猕猴属和鳍足目海豹科等，其中，犬科、鼬科及浣熊科呈高度易感性，雪貂最为易感，实验感染可100%发病死亡。CD的传染源主要是病犬、带毒犬及患CD的其他动物和带毒动物。CDV存在于肝、脾、肺、脑、肾和淋巴结等多种器官与组织中，通过眼泪、鼻汁、唾液、尿液以及呼出空气等排出病毒，传播的途径主要是呼吸道、消化道，通过飞沫、食物或不洁用具，经眼结膜、口腔、鼻黏膜以及阴道、直肠黏膜而感染。CD多发生在寒冷季节，有2年~3年流行一次的周期性。

3. 临床症状与病理变化

潜伏期一般为3天~6天。临床症状依病毒的毒株、环境情况、动物的年龄和免疫状态的不同而有差别。典型的临床症状主要是病初出现双相热，眼、鼻有水样分泌物，体温升高至40℃左右，持续2天~3天，后经1天~2天的无热潜伏期或低温期，精神、食欲有所好转，这时如果加强护理和及时进行抗感染等全身治疗，则染病动物预后良好。随着病情发展，可出现呼吸系统、消化系统、神经系统、皮肤等症状。剖检病变主要集中在呼吸系统、消化系统和神经系统，气管中有大量黏液，胃、小肠、大肠腔内均有黏液，黏膜充血，有时可见散在的小出血点，脑出现不同程度的萎缩等。镜检可在多种细胞和胞质中发现圆形或卵圆形嗜酸性病毒包涵体。

4. 检疫诊断与预防

根据临床症状、流行病学资料和病理变化可作出初步诊断，辅助诊断可采样检查包涵体。确诊需通过实验室诊断技术，常用的方法有病毒学诊断（如病毒分离与鉴定）、血清学诊断（如夹心酶联免疫吸附试验、琼脂扩散试验、病毒中和试验等）和分子生物学诊断（如RT-PCR、核酸探针、原位杂交、基因序列分析等）。

主要通过免疫预防控制该病，常见的疫苗包括灭活疫苗、减毒疫苗和基因工程疫苗（如：重组活疫苗、病毒亚单位疫苗、核酸疫苗）等多种。目前，市场常用多联弱毒疫苗，即同时防治犬瘟热、狂犬病、犬传染性肝炎、犬细小病毒病、犬副流感等多种疫病的疫苗。

（三）犬细小病毒病

犬细小病毒病（Canine parvovirus infection，CPI）是由犬细小病毒（Canine parvovirus，CPV）感染引起的一种接触性传染病，以剧烈的呕吐、出血性肠炎和白细胞显著减少为主要特征，并可引起犬急性心肌炎。该病发病率为 50%~100%、死亡率为 0~50%，是危害严重的犬科动物传染病之一。犬细小病毒病是《中华人民共和国进境动物检疫疫病名录》中的二类传染病、我国《一、二、三类动物疫病病种名录》中的三类动物疫病。

1. 病原

CPV 属于细小病毒科（*Parvoviridae*）细小病毒属（*Parvovirus*）。其基因组为单股负链 DNA，有两个开放阅读框架，主要编码为 VP1、VP2 两种结构蛋白和 NS1、NS2 两种非结构蛋白。病毒粒子为等轴对称的二十面体，外观呈圆形或六边形，无囊膜，直径为 21 纳米~24 纳米。只有一个抗原型，但不同毒株间抗原性有差异。CPV 具有较强的血凝活性，能凝集恒河猴、猪、仓鼠、猫和马的红细胞。病毒抵抗力较强，对酒精、乙醚、三氯甲烷有抵抗性，但对福尔马林、丙内酯、次氯酸钠、氧化剂等消毒剂敏感，紫外线也能快速使其灭活。

2. 流行特点

CPV 主要感染犬、食蟹狐、狼、丛林狼、南美狗、亚洲狸等犬科和鼬鼬科动物。各种年龄和品种的犬均易感，纯种犬易感性极高。2 月龄~4 月龄幼犬易感性最强，病死率也最高，老龄犬发病率低。病犬和带毒犬是主要的传染源，在感染的第 3 天~第 4 天即可通过粪便、呕吐物、唾液向外界排毒，此时病毒呈单个散在，传染性也最强。病毒随污染的饲料和饮用水，经消化道进入机体。有些病犬康复后，仍可长期通过粪便排毒，成为该病的重要隐性传染源。人、虱、苍蝇、蟑螂等可成为 CPV 的携带者，未严格消毒的车辆、用具，甚至饲养员和医疗人员的衣、鞋、器具等，也可成为散播该病的物理媒介。该病一年四季均可发生，在天气寒冷的冬春季多发。

3. 临床症状与病理变化

自然感染的潜伏期为 7 天~14 天。临床上以急性出血性肠炎和心肌炎为特征。以肠炎型最为常见，主要出现在 3 月龄~6 月龄的幼犬中，病初表现为发热（40℃以上）、精神委顿、不食、呕吐，发病 1 天左右开始腹泻，随着脱水加剧，体温降至常温或常温以下，多预后不良，病程为 3 天~5 天。心肌炎型多见于流行的初期及未注射疫苗的幼犬，症状为突然发病，肌肉震颤，四肢末端和耳鼻发凉，可视黏膜发绀，呼吸困难，体温升高，心率在 200 次/分以上，频频呕吐，继之腹泻、脱水、衰竭、死亡，病程一般不超过 24 小时，剖检可见肺表面水肿、出血，心脏扩张，肌纤维变性坏死。肠炎型剖检可见小肠中后段浆膜下充血、肠内容物水样并混有血液和黏液。

4. 检疫诊断与预防

根据临床症状和流行病学特点可作出初步诊断，确诊需进行实验室诊断。常用的实验室诊断技术包括病原学检测法（如电镜观察、病毒分离与鉴定、胶体金检测等）、血清学检测法（血凝试验、血凝抑制试验、琼脂扩散试验、ELISA 等）和分子生物学检测法（如 PCR、核酸探针等）。

该病可进行免疫接种，国内主要采用 CPV 灭活疫苗和犬五联弱毒疫苗进行免疫。临床上主要是对症治疗，早期配合注射高免血清和单克隆抗体效果比较理想。成犬治愈率高，幼犬预后谨慎。

（四）犬传染性肝炎

犬传染性肝炎（Infectious Canine hepatitis，ICH）是由犬腺病毒（Canine adenovirus type 1，CAV-1）引起的犬科动物的一种急性败血性传染病，主要症状为肝炎和眼睛疾患，在狐狸中则表现为脑炎。该病是《中华人民共和国进境动物检疫疫病名录》中的二类传染病、我国《一、二、三类动物疫病病种名录》中的三类动物疫病。

1. 病原

CAV 在分类上属腺病毒科、哺乳动物腺病毒属。CAV 包括 CAV-1 和 CAV-2 两个型，两个型具有共同的补体结合抗原，但其生化特性和核酸同源性有差异，可用血凝抑制试验、中和试验予以区别。CAV 在形态特征上与其他哺乳动物腺病毒相似，呈二十面体立体对称，直径为 70 纳米~90 纳米，有衣壳，无囊膜。基因组为线状、双股 DNA。CAV 能凝集人的 "O" 型、豚鼠和鸡的红细胞，可在原代犬、猪、雪貂、豚鼠、浣熊的肾和睾丸细胞以及犬肾细胞（MDCK）上增殖。对乙醚、三氯甲烷有抵抗力，对 1%~3% 次氯酸钠、碘酚和氢氧化钠敏感。

2. 流行特点

CAV-1 宿主广泛，主要发生于犬，也可见于狼、貉、臭鼬和熊等动物，其他食肉动物可感染，但无临床症状。犬不分年龄、性别、品种均可发病，多发于 1 岁以内的幼犬，且死亡率高，可达 25%~40%，成年犬较少出现临床症状。病犬和康复带毒犬是主要传染源，康复犬尿液排毒可达 180 天~270 天，是造成感染的重要疫源。健康动物通过直接接触病犬唾液、呼吸道分泌物、尿、粪以及接触污染的用具均可感染，也可发生胎内感染使新生幼犬死亡。

3. 临床症状和病理变化

自然感染潜伏期为 6 天~9 天。最急性病例在呕吐、腹痛和腹泻等症状出现后数小时内死亡。急性病例体温升高到 39.4℃~41.1℃，畏冷、精神抑郁、食欲废绝、渴欲增加、呕吐、腹泻、粪中带血。亚急性病例症状较轻微，咽炎、喉炎致扁桃体肿大，颈淋巴结发炎可致头颈部水肿。特征性症状在眼睛上，出现角膜水肿、混浊、角膜变蓝，临床上也称"蓝眼病"。眼睛半闭，畏光流泪，有大量浆液性分泌物流出。角膜混浊，特征是由角膜中心向四周扩展，重者可导致角膜穿孔。恢复期时，混浊由角膜四周向中心缓慢消退，混浊消退的犬大多可自愈，可视黏膜有不同程度的黄疸。形成全身性败血症变化，实质器官、浆膜、黏膜上可见大小、数量不等的出血斑点。

4. 检疫诊断和预防

早期症状与犬瘟热等疾病相似，有时还与这些疾病混合发生，因此，根据流行病学、临床症状和病理学变化仅可作出初步诊断。确诊可以采用实验室诊断技术，常用的诊断方法包括病毒分离与鉴定、血凝和血凝抑制试验、免疫荧光试验、琼脂扩散试验、补体结合试验、中和试验和酶联免疫吸附试验等。

防止该病发生最好的办法是定期进行免疫接种。免疫可以使用灭活疫苗或弱毒疫苗，一般常与犬瘟热疫苗联用。引进的犬科动物应接种过犬传染性肝炎疫苗且处于疫苗保护期内，引入时应用季铵盐或 1%~3% 次氯酸钠对装载容器进行消毒。

5. 其他重要疫病

犬科动物除了对上述疫病易感外，还可以感染布氏杆菌病、伪狂犬病、伪旋毛虫病、钩端螺旋体病、东部马脑炎等多种疫病。在犬科动物各类疫病中，狂犬病、布氏杆菌病、伪旋毛虫病和钩端螺旋体病都属于人畜共患病，其中以狂犬病最为严重。世界卫生组织（WHO）、世界动物卫生组织（WOAH）、联合国粮食及农业组织（FAO）和全球狂犬病控制联盟建立了"联合抗击狂犬病"全球合作，为实现"到 2030 年人类狂犬病零死亡"共同提出策略。感染伪旋毛虫病和钩端螺旋体病等人畜共患寄生虫病的案例也多有报道，2020 年 10 月，研究人员从意大利中部的一只狼肌肉组织中提取的幼虫分子鉴定为伪旋毛虫（*T. pseudospiralis*），这是首次从狼身上检测到伪旋毛虫。2021 年，研究人员从在意大利北部被扑杀的一批狼中检测出致病性钩端螺旋体。这些人畜共患病一旦在进境检疫工作中漏检，极有可能传播给其他动物或者饲养人员，产生极大的公共卫生安全威胁，影响畜牧业和人类社会健康发展。

四、生态风险

犬科动物多数具有极强的种群恢复能力，喜食肉，在某个区域环境中数量过多，不仅会对其他野生动物种群带来威胁，而且将影响草原生态系统。例如，狼的怀孕期为 62 天~75 天，幼崽大多数出生于夏季，每胎平均会有 5~6 个幼崽，幼狼 1 岁时可以独立生活，到 2 岁时完全成熟，这时如果狼群中狼的数量较少，需要增加群体数量，那么幼狼会留下来，壮大群体；如果狼群中狼的数量较多，自然条件苛刻，则幼狼会被狼王、狼后驱逐出狼群。随着狼的种群恢复和再引入，狼与人类和其他动物的冲突也会不断增加。由于狼处于食物链的顶端，成狼一般每天需要 2.5 千克~5 千克食物，饥饿状态下一次进食量最多可达 10 千克以上，狼群一旦泛滥，既威胁区域环境中其他野生动物尤其是食草类有蹄类野生动物种群数量，也会破坏生物链，影响草原生态系统，而且当狼的食物不足时，还会袭击人类和家畜。

例如，澳大利亚曾因引进赤狐导致生态失衡。澳大利亚曾在 1833 年、1845 年两次引进赤狐，比穴兔的引进还要早些，这两种动物在澳大利亚的第一个据点都是东南部，赤狐是穴兔的重要天敌，正因为有了穴兔这个充足的"储备粮"，赤狐才能够在澳大利亚泛滥，有兔灾才有狐灾。而作为"报答"，赤狐消灭了本土大量有袋动物，帮穴兔进一步扫除了竞争对手，于是兔灾更严重了。根据澳大利亚官方信息，赤狐至少导致了 10 种当地本土有袋动物灭绝，它直接导致了鼠袋鼠科的衰退和荒漠袋鼠属的灭绝；引起多种中型地栖有袋类动物分布锐减，包括草原袋鼠、短尾袋鼠、兔耳袋狸和袋食蚁兽；在有的地区，狐狸还学会了爬上树捕杀考拉和袋貂。

除此之外，各种野外放生、给野生犬科动物投食行为，也造成了一定的生态系统危害。例如，在某地山里发现数百只狐狸和貉咬死大量家禽，当地公安部门确认这些狐、貉系人为放生；有人大量放生松鼠，导致松鼠繁殖成灾，造成当地核桃减产一半以上；有业主向进入小区的貉投食，造成貉数量激增，群体密度大影响它们的激素水平，使它们一直处于紧张状态，侵略性增强，频繁争斗，甚至攻击人类。同时，犬科动物局部密度过高，也极容易发生疫病。

五、危害

犬科动物中，狐、貉、狗等多个种类已被成功驯化、繁殖、饲养，已成为人类生活中衣、食等用品以及宠物的重要来源。从检疫角度看，多种疫病影响这些动物的健康，有的疫病只对某一种或某一类动物造成伤害，有的为多种动物和人类共患传染病，对人和动物生命安全造成极大威胁。例如，狂犬病是一种古老的自然疫源性人畜共患病，易感宿主多，传染来源广，已有 3000 多年历史，至今仍在世界 80 多个国家和地区发生、流行。人的狂犬病主要由染毒的犬、猫等动物所传染，一旦发病，死亡率几乎为 100%，全世界每年因感染狂犬病而死亡的人数约为 6 万人，因狂犬病暴露后而接受预防性治疗的有 300 万~600 万人，可见，狂犬病对人类健康的威胁极大。

第四节
猫科动物

一、生物学特性

（一）分类

猫科动物（*Felidae*）属哺乳纲、食肉目、猫科，分为 2 个亚科，即猫亚科、豹亚科，现共有 14 个属 40 个种。猫亚科动物体形一般较小，不发出吼声，共有 11 个属，常见动物有猎豹、猫、兔狲、豹猫、薮猫、金猫、虎猫、狞猫、猞猁等；豹亚科一般体形较大，爪能伸缩，能发出吼声，有 3 个属，常见动物有云豹、狮子、美洲豹、花豹、虎、雪豹等。

（二）形态特点

猫科动物躯体均匀，尾一般较发达，四肢中长，趾行性。头大而圆，吻部较短，视、听、嗅觉均很发达。犬齿及裂齿极发达，上裂齿具 3 齿尖，下裂齿具 2 齿尖；臼齿较退化，齿冠直径小于外侧门齿高度。皮毛柔软，常具明显花纹和斑点。前足 5 趾，后足 4 趾。爪锋利，可伸缩（猎豹属爪不能完全缩回）。猫亚科动物体形一般较小，豹亚科动物体形中、大。

世界上体形最大的猫科动物是虎，除了庞大的体形与有力的肌肉之外，其最显著的特征，是在白色到橘黄色的毛皮上有黑色垂直的条纹，这有助于其在捕猎时隐蔽自身。东北虎体长可达 380 厘米（包括尾巴），重量可超过 350 千克。

体形第二大的猫科动物是狮。鬃毛是雄狮的特征之一，最大的非洲狮肩高可超过 110 厘米，长度能超过 300 厘米（包括尾巴），体重最大能够达到 300 千克，它们是草原上的王者。

豹的体形次于虎和狮。不同亚种的豹毛色不同，主要有浅黄色、金黄色、黄褐色等，因为全身布满圆形斑纹，所以豹又名金钱豹或花豹。花豹有时会有黑化现象，即为黑豹，其皮肤及毛发上出现大量黑色素，但仍可隐约见到斑点。

（三）生活习性

猫科动物是食肉目中肉食性最突出的哺乳动物，多数善攀缘及跳跃，喜独居，常以伏击方式捕杀其他温血动物。它们在适应环境方面各有特点。虎会泅水，有敏锐的听力和夜视力、可自由伸缩的尖爪以及粗壮的犬齿，是名副其实的万兽之王。豹除了会泅水之外，还会爬树，动作敏捷，不逊猿猴。猎豹是陆上奔跑速度最快的动物，全速奔驰的猎豹，时速可以超过 110 千米。猞猁最明显的特征是耳尖生有黑色耸立簇毛，喜寒，独居，长于攀爬及游泳，耐饥性强。狞猫最显著的特征是长且浓厚的黑色耳朵，它的耳朵由 20 条不同的肌肉来控制，以帮助它寻找猎物。渔猫极擅长游泳和潜水，是所有猫科动物中最擅长游泳的，它可以自由自在地在水中捕鱼，技巧甚至可与许多半水生的动物相媲美。

（四）种群分布

除了大洋洲、南极洲、日本、马来半岛东部、马达加斯加岛、加勒比群岛等地无野生猫科动物自然分布外，世界各地均可见到野生猫科动物。现存野生猫科动物种类最多的国家是印度，多达 15 种，分别是狞猫、雪豹、虎、兔狲、欧亚猞猁、狮、野猫、豹、渔猫、亚洲金猫、丛林猫、豹猫、云猫（石纹猫）、云豹、锈斑豹猫，印度是唯一同时拥有野生狮、虎、豹的国家。我国野生猫科动物有 12 种，种类仅次于印度，分别是云豹、云猫、欧亚猞猁、野猫（非流浪猫）、雪豹、兔狲、虎、亚洲金猫、丛林猫、豹、豹猫、荒漠猫（我国特有）。非洲的野生猫科动物有沙丘猫、猎豹、野猫、黑足猫、非洲金猫、狮、狞猫、薮猫、豹9种，其中，最有名的当属狮和猎豹，其中黑足猫、非洲金猫、薮猫是非洲特有的。美洲野生猫科动物有加拿大猞猁、短尾猫、虎猫、细腰猫、美洲狮（美洲金猫）、美洲豹（美洲虎）等，其中，美洲豹是美洲最大的猫科动物，美洲的野生猫科动物均为美洲独有。作为猫科动物发源地的欧洲，目前野生猫科动物仅存西班牙猞猁、野猫、欧亚猞猁、豹（波斯豹）4种。

二、贸易与保护

（一）贸易概况

野生猫科动物在长久的进化过程中一直处于食物链的顶端，外表威猛，有很高的观赏价值；此外，野生猫科动物还具有一定的文化和精神属性。有很多企业将猫科动物作为商标，如 Jaguar（美洲豹）是著名的汽车品牌，Puma（美洲狮）是著名的体育用品品牌。企业把猫科动物作为商标，赋予了其文化属性。因此，猫科动物是国内动物园必备的观赏动物。近年来，我国先后从日本、德国、俄罗斯、英国、古巴、加拿大、津巴布韦、南非等国家（地区）引进野生猫科动物，如美洲狮、非洲狮、虎、猎豹、薮猫等。

（二）保护要求

20世纪以来，猫科动物的野外数量急剧减少，主要原因是人类砍伐森林破坏了猫科动物赖以生存的家园，缩小了其栖息地，以及为得到它们那漂亮的毛皮而进行大规模偷猎活动，尤其是在一些边远地区，偷猎和走私活动一直没有被有效地制止。因此，CITES将野生猫科动物列入附录Ⅰ或Ⅱ，对其贸易进行管控，以达到保护的目的。世界上大多数国家（地区）颁布了野生动物保护法律法规、设立自然保护区，将野生猫科动物纳入保护范围。例如，华南虎（中国虎）是中国特有的猫科动物，其在野外已灭绝，现存数量约为120只，均为人工饲养，被列为国家一级保护野生动物。

三、检疫风险

（一）猫泛白细胞减少症

猫泛白细胞减少症（Feline Panleucopenia）又称猫传染性肠炎（Feline

Infectious Enteritis）或猫瘟热（Feline Distemper），是由猫细小病毒
（Feline Parvovirus，FPV）引起的一种高度接触性急性传染病，以突发双相
型高热、呕吐、腹泻、脱水、明显的白细胞减少及出血性肠炎为特征，是
猫科动物最重要的传染病之一。该病是《中华人民共和国进境动物检疫疫
病名录》中的二类传染病、我国《一、二、三类动物疫病病种名录》中的
三类动物疫病。

1. 病原

FPV 属细小病毒属成员。病毒粒子无囊膜，核酸由单股 DNA 组成。
病毒只有一个血清型，与犬细小病毒（CPV）和水貂肠炎病毒（MEV）都
有抗原相关性。在 4℃（pH 6.0~6.4）和 37℃对猪的红细胞都有凝集性。
对外界因素具有强大的抵抗力，能耐受 66℃经 30 分钟加热处理，对乙醚、
三氯甲烷等脂溶剂和胰蛋白酶等具有一定抵抗力，对 0.5% 福尔马林和次
氯酸敏感。

2. 流行特点

虎、豹、狮、野猫、山猫、豹猫、小灵猫、家猫等几乎所有猫科动物
均对猫泛白细胞减少症易感，尤以幼兽最易感。各种年龄的动物都可感染
发病，1 岁以下的幼猫感染后死亡率可达 50%~60%，有时达 90%~100%。
患病和康复带毒动物是主要的传染源，其分泌物和排泄物中含大量病毒，
污染环境。易感动物接触被病毒污染的物品后即可被传染；病兽在病毒血
症期间（急性期），蚤、虱、螨等吸血昆虫可成为该病的传播媒介。妊娠
母猫感染后还可经胎盘垂直将该病传染给胎儿。野生动物的自然传染主要
因直接或间接接触所致。该病多发于冬末和春季，特别是每年 12 月至次年
3 月。

3. 临床症状与病理变化

潜伏期为 2 天~9 天。该病症状与动物年龄及病毒毒力有关。最急性
型病猫会突然死亡，急性型病猫仅有一些前驱症状，于 24 小时内死亡。亚
急性型病猫体温呈明显的双相热型，精神委顿，呕吐和腹泻，粪便水样，
内含血液，迅速脱水，病程 3 天~6 天。妊娠母猫感染后可出现胚胎吸收、
死胎、流产、早产或产小脑发育不全的畸形胎儿。发病后，病猫血液中的
白细胞明显减少，且以淋巴细胞和嗜中性白细胞减少为主。剖检可见空
肠、回肠内有灰红或黄绿色纤维素性坏死性假膜，肠壁增厚呈乳胶管状，
肠黏膜肿胀、充血、出血，严重的呈伪膜性炎症变化，肠系膜淋巴结，

肝、肺等肿胀、充血、出血。野生动物如金猫、虎、云豹、狮等的病变主要为小肠出血性炎症，肠内常充满粉红色水样物；胃黏膜脱落，有出血斑，胃内有黄色液状内容物；肝大，表面有针尖大出血点。

4. 检疫诊断与预防

根据流行病学、临诊症状和病理变化的特点以及血液学检查，可发现病猫白细胞减少，可以作出初步诊断。确诊则需做病毒分离鉴定和血清学试验。

该病目前尚无有效治疗方法，主要依靠接种疫苗预防。猫通常在感染后 8 天产生中和抗体，30 天达到高峰，幸存猫可获得良好免疫力，且在自然条件下很少发生二次感染。目前，国内外许多国家（地区）均通过生产灭活疫苗和弱毒疫苗来预防该病。

（二）弓形虫病

弓形虫病（Toxoplasmosis）是原生动物寄生虫刚地弓形虫（*Toxoplasma gondii*）引起的人畜共患传染病，可引起绵羊、山羊和猪流产。该病在全世界范围内广泛存在和流行，猫科动物在其传播过程中起着重要作用。该病是《中华人民共和国进境动物检疫疫病名录》中的二类寄生虫病，也是我国《一、二、三类动物疫病病种名录》中的三类动物疫病。

1. 病原

弓形虫也叫三尸虫，属于原生动物界、孢子虫纲、真球虫目、弓形虫科，弓形虫是一种专性细胞内原生动物寄生虫，是一种重要的机会致病性原虫。弓形虫在普通培养基上不能生长繁殖，只在鸡胚、组织细胞及实验动物体内生长繁殖，并能引起组织细胞（如猴肾、猪肾等）病变。世界各地人和动物的弓形虫在主要特征上无显著差别，是单一种、单一血清型。弓形虫的繁殖过程由无性和有性两部分组成，无性繁殖阶段发生于绝大部分温血动物，即其中间宿主，有性繁殖阶段发生于猫科动物（终末宿主）的上皮细胞，在此阶段产生卵囊。在最初感染几天内猫在粪中排出卵囊；在此后的 1 天~5 天，卵囊在外界环境中形成孢子（取决于通风和温度条件），这时卵囊具有传染性。卵囊抵抗力很强，在外界环境中可保持感染性一年或更长时间。形成孢子的卵囊直径为 11 微米×13 微米，每个卵囊含有 4 个孢子体，包在两个孢子囊中。当易感动物摄取形成孢子的卵囊后，孢子体就会穿透肠内壁，变为速生孢子而形成感染。

2. 流行特点

人、畜、禽和多种野生动物对弓形虫病均具有易感性，其中，包括

200 余种哺乳动物、70 种鸟类、5 种变温动物和一些节肢动物。动物感染弓形虫病的现象很普遍，多数为隐性感染。人群的平均感染率为 25% ~ 50%，有人推算，全世界至少约 5 亿人感染弓形虫病。传染源主要为病畜和带虫动物，病畜的唾液、痰、粪、尿、乳汁、腹腔液、眼分泌物、肉、内脏、淋巴结以及急性病例的血液中都可能含有速殖子，如果外界条件适宜就可能成为传染来源。弓形虫在猫科动物肠内发育为裂殖体、配子体和卵囊，卵囊随猫粪便排出体外，在适宜的温度、湿度和充足氧气等外界条件下，2 天~4 天发育为感染性卵囊。经口感染是该病最主要的感染途径，人和动物摄入带速殖子、包囊或卵囊的肉、脏器、乳、卵等污染食物，都能引起感染。该病也可经胎盘、损伤皮肤和黏膜、飞沫以及节肢动物等途径感染。

3. 临床症状与病理变化

不同动物和人感染弓形虫病后症状不同。猫感染此病后，通常无明显症状，个别有体温升高、下痢、呼吸困难和肺炎等症状。剖检可见其脑有组织学变化，包括脑膜炎、毛细血管周围淋巴细胞浸润和坏死灶。怀孕母猪感染的表现为高热、废食、精神委顿和昏睡，数天后可产出死胎或流产，即使产出活仔，活仔也可发生急性死亡、发育不全、不会吃奶或畸形。羊患弓形虫病的临床症状以流产为主。

先天性弓形虫病是经胎盘传播的，在怀孕 3 个月内感染的症状较严重，常见的有脑积水、小脑畸形、脑钙化灶、精神障碍、小眼球畸形、脉络膜视网膜炎和肝脾肿大合并黄疸等，幸存者常因脑部先天性损害而遗留智力发育不全或癫痫等症状。

4. 检疫诊断与预防

确诊该病应进行实验室诊断，常用检测技术有病原学检查（如镜检、动物接种、组织培养法等）和血清学检查（如间接血凝试验、酶联免疫吸附试验等）。该病可采用磺胺类药物进行治疗，磺胺类药物和抗菌增效剂联合使用疗效更好。在发病初期应及时用药，用药较晚虽可使临床症状消失，但不能抑制虫体进入组织形成包囊，使病畜成为带虫者。但磺胺类药物不能杀死包囊内的慢殖子，使用磺胺类药物首次剂量应加倍。

（三）狂犬病

狂犬病（Rabies）已有 3000 多年历史，是一种古老的自然疫源性人畜共患病，染毒的狐、狼和浣熊等贮毒宿主为该病的自然疫源。该病易感宿主多，所有温血动物，包括猫科动物对狂犬病易感。人的狂犬病主要由染毒的犬、猫等动物所传染。狂犬病的传播方式是由患病（或带毒）动物咬伤而感染，健康动物皮肤黏膜有损伤时接触病畜的唾液也可能感染，摄食染病动物的尸体是可能的感染途径之一。鼻腔暴露可能较口腔更容易导致感染，经气雾（经呼吸道）也可能引发感染。一旦出现临床症状，几乎100%致命。该病是猫科动物常见的主要疫病之一，至今仍在世界80多个国家和地区发生、流行。

（四）其他重要疫病

除上述疫病外，还有很多疫病应引起重视。例如，《中华人民共和国进境动物检疫疫病名录》中涉及野生猫科动物的疫病还有高致病性禽流感、钩端螺旋体病、结核病、犬瘟热、丝虫病等。狂犬病、结核病、弓形虫病、钩端螺旋体病等被列入《人畜共患传染病名录》。此外，猫科动物也能够感染新型冠状病毒、莱姆病，猫病毒性鼻气管炎和猫传染性鼻结膜炎是猫科动物常见的两种呼吸道传染病。对于这些疫病，在进境野生猫科动物检疫时应予以关注。

四、生态风险

野生猫科动物独来独往，有着自己相对孤立的领地，极少群居，只有在繁殖季节雌雄才在一起生活，多在山林间游荡觅食。在数万年的进化中，猫科动物在食物链中处于金字塔的最高级，以王者的身份存在，生存十分依赖该地区哺乳动物的基础数量，如果数量不够大，则猫科动物很难填饱肚子。在人类与猫科动物的竞争中，人类先是为保护自己和家畜猎杀猫科动物，后又垂涎于其美丽的毛皮、骨、牙等。高速发展的社会一步步侵占野生猫科动物的家园，导致其数量急剧减少，生物多样性受到威胁，生态平衡受到影响。为了野生猫科动物的繁衍和族群扩大，世界各地已经行动起来，倡议并积极推动野生动物包括猫科动物的保护，对贸易进行管控，打击非法猎捕行为，建立保护区等。在我国建立的474个国家级自然保护区中，至少有95处含有虎豹重要栖息地；国家批准设立的首批5个国家公园中，东北虎豹国家公园主要用于保护大型猫科动物。

五、危害

野生猫科动物是多种人畜共患病的传染源，也能够传播多种动物疫病，例如，被列入《人畜共患传染病名录》的狂犬病、结核病、弓形虫病、钩端螺旋体病等。在疫病传播过程中，猫科动物发挥了重要作用，尤其是人的狂犬病，由猫科动物传染的比例仅次于犬科动物，因此，防制猫科动物疫病具有重要公共卫生意义。

第五节
獴科动物

一、生物学特性

（一）分类

獴（*Herpestes*）是脊索动物门（*Chordata*）、脊椎动物亚门（*Vertebrata*）、哺乳纲（*Mammalia*）、真兽亚纲（*Eutheria*）、食肉目（*Carnivora*）、獴科（*Herpestidae*）动物，外形较像猫，又称猫鼬。獴科包括獴亚科、缟獴亚科 2 个亚科，共有沼泽獴属、臭獴属、长毛獴属、笔尾獴属、草原獴属、貂獴属、侏獴属、獴属、白尾獴属、库氏獴属、缟獴属、梅氏獴属和细尾獴属 13 个属 24 个种 61 个亚种。此外，环尾獴属、宽尾獴属、窄纹獴属和纯色獴属过去归为獴科，现在被分入食蚁狸科。

（二）生活习性

獴是身长、尾长而四肢短的动物，体重一般不超过 3 千克。尾基粗大而尾尖渐细，针毛粗长蓬松，全身无显著斑点或条纹。繁殖无严格的季节性，妊娠期为 130 天左右，一年可繁殖两次，每胎产 6~8 仔。食性比较复杂，以猎食各种小型动物为主，包括蛇、蛙、鱼、鸟、鼠、蟹、蜥蜴、昆虫及其他小哺乳动物，对农林有益。獴是蛇的天敌，它们不仅有与蛇搏斗的本领，而且自身也对毒液有抵抗力。獴喜栖于山林沟谷及溪水旁，多利用树洞、岩隙作窝。日间活动，早晨或黄昏出洞觅食，中午较少外出觅食。嗅觉异常灵敏，当发现有蚯蚓、昆虫幼虫时，立即用前爪和吻鼻端拱土挖掘。春天时常到翻耕过的田地里寻食，冬季则到草堆中搜猎，可在浅水区域捕食蛙、蟹、鱼等，亦能爬树采食鸟及其卵。

獴是非常社会化的动物，经常雌雄相伴，有互相救助的习性。细尾獴（狐獴）居住在南非、纳米比亚及安哥拉西南部的卡拉哈里沙漠，每个细尾獴种群通常由2~50只细尾獴组成，其是非洲群栖性最强的哺乳动物之一。细尾獴的日常生活十分丰富，有时会开展摔跤、赛跑类活动，有时还会真假嗓音变化着唱歌。细尾獴生性警惕，为了保护家族的安全，当其他细尾獴在觅食或嬉戏时，会有细尾獴主动站出来，肩负起放哨的任务，而当危险来临时，"哨兵"就会"鸣笛示警"，让伙伴们躲进地下，有时面对面冲突时，它们会挺直腰板恐吓敌人或一拥而上，把敌人吓跑。

(三) 种群分布

主要分布于热带和温带地区，亚洲和非洲种类较多，其中，非洲集中了半数以上的獴类，仅马达加斯加岛上就有9种獴，在非洲的撒哈拉沙漠以南地区、中西非的雨林地区，南非、加纳、科特迪瓦、刚果（金）、莫桑比克、马拉维、塞拉利昂、安哥拉、博茨瓦纳、赞比亚、纳米比亚和津巴布韦等地的半沙漠灌木地区和草原均有獴出没，东南亚的雨林、印度半岛、斯里兰卡山林、尼泊尔、缅甸、阿拉伯半岛等地也有獴。中国有2种獴，即食蟹獴和红颊獴，其中，食蟹獴相对常见，主要分布在江苏、浙江、安徽、福建、江西、湖北、湖南、广东、广西、海南、四川、贵州、云南、台湾、香港等地。

二、贸易与保护

(一) 贸易

獴为小型哺乳动物，外形小巧可爱，尤其是细尾獴，是广为人知的卡通形象"丁满"的原型，其呆萌可爱的形象广受儿童喜爱，因此，为增加动物的多样性及观赏性，动物园常从非洲引进该物种。近年来，我国仅从南非就引进了细尾獴数百只，在一定程度上满足了人们观赏野生动物的需求。

(二) 保护要求

由于獴的分布范围广、栖息地类型多，栖息地的变化、狩猎对其种群的影响都十分有限，而且已经确定没有其他的威胁会导致该物种数量显著下降，因此，獴属于低危物种。食蟹獴被列入 CITES 附录Ⅲ、《濒危物种红色名录》"无危（LC）"、《中国物种红色名录》"近危（NT）"；红颊獴（又称爪哇獴）被列入 CITES 附录Ⅲ、列入《濒危物种红色名录》"无危（LC）"、《中国物种红色名录》"易危（VU）"。

三、检疫风险

（一）钩端螺旋体病

钩端螺旋体病（Leptospirosis）简称钩体病，是由致病性钩端螺旋体引起的一种人畜共患自然疫源性传染病。该病在世界各地人和动物中广泛流行，可对人畜造成不同程度的危害，《中华人民共和国进境动物检疫疫病名录》将其列为二类动物传染病，我国《一、二、三类动物疫病病种名录》将其列为三类动物疫病。

1. 病原

血清型多，全世界已经发现 26 种血清群和至少 269 种血清型，且不断发现新的血清型。其中，对家畜影响较大的是犬群、黄疸出血群、波摩那群和塔拉索群。钩端螺旋体为需氧菌，对营养基的成分要求并不苛刻。在暗视野或相差显微镜下，钩端螺旋体呈细长的丝状、圆柱状，螺纹细密而有规则，菌体两端弯曲成钩状，通常呈"C"或"S"形弯曲。有鞭毛和外膜。革兰氏染色为阴性，较难着色；姬姆萨染色呈淡紫红色，镀银染色为黑色或棕褐色。对外界抵抗力颇强，能在河沟及水田中存活数日至月余。对干燥、热、酸、碱和消毒剂敏感，苯酚、煤酚、乙醇、高锰酸钾等消毒剂均可将其杀死。

2. 流行特点

易感动物多，几乎所有温血动物都可感染，爬行动物、两栖动物、节肢动物、软体动物和蠕虫等亦可自然感染钩端螺旋体，其中，啮齿目的鼠类是最重要的贮存宿主。该病以间接接触传播为主，也可经胎盘垂直传播。主要通过皮肤，特别是破损皮肤、黏膜及消化道感染，动物自然交配、人工授精和在菌血症期间通过血吸昆虫如蜱、虻、蝇等也可感染。各种带菌动物主要通过尿液向外排菌，从而污染水源、土壤、植物、食物及用具，接触这些被污染的环境或物体就可被感染，其对水的污染更为严重。

3. 临床症状

潜伏期一般为 2 天~20 天。不同血清型的钩端螺旋体对动物的致病性有差异，不同动物对钩端螺旋体的特异性和非特异性抵抗力也有差异。在多种复杂因素影响下，动物感染钩端螺旋体后的表现是多种多样的，总的来说，其传染率高，发病率低，幼龄动物比成年动物发病率高，症状轻的多、重的少。该病感染初期无临床症状，极不易觉察，发病时出现虚弱无力、呕吐、高烧、无食欲、贫血、尿血等症状，如不及时治疗，可造成胃、肝、肾等脏器损伤。据报道，猫鼬感染钩端螺旋体的后果可能是致命的，且很容易传染给人类。

4. 检疫诊断与预防

根据临床诊断症状、病理变化及流行病学分析，可对该病作出初步判断。取发病动物肝触片，用姬姆萨氏染色后在暗视野下观察，若发现有一端或两端弯曲呈钩状并以扭曲或波浪式向前运动的菌体，则可作出初步诊断。经病原分离、培养和动物实验可作出最后的诊断。目前，市场上也有钩端螺旋体的荧光 PCR 试剂盒、IgG 抗体 ELISA 试剂盒等商品试剂，可用于诊断该病。

制订并实施防鼠、防鸟、防虫、防蚊蝇计划，定期对动物圈舍四周、地面、垫草、饮水和用具进行消毒，以消灭传染源，切断传播途径，是控制该病的关键环节。加强饲养管理，搞好环境及圈舍卫生，提高动物免疫功能和抗病能力，能有效降低疫病影响。在钩端螺旋体流行地区，可用灭活普通菌苗和浓缩菌苗进行预防接种，也可用链霉素和土霉素等四环素类抗生素进行预防或治疗。

（二）狂犬病

獴科动物对狂犬病中度易感，易感性受性别、年龄等宿主个体因素影响程度较低。自然界中，许多陆生动物既是贮存宿主，又是传播媒介，在世界范围内维系并传播着狂犬病。獴科动物与狗、蝙蝠、浣熊、臭鼬、狐狸均是国际公认的狂犬病主要贮存宿主和传播媒介。潜伏期与伤口距中枢神经的距离、侵入病毒的毒力和数量有关。獴科动物感染后的症状与犬科动物相似，狂躁型狂犬病以剧烈震颤和攻击倾向为主要特征，沉郁型以麻痹为主要临床表现，同时还会出现进行性厌食，唾液分泌多等表现。一旦发病，死亡率几乎为100%。

四、危害

　　獴外形乖巧，萌态十足，深受小朋友们喜爱，但性情凶残，猎食范围广泛，且潜存多种检疫风险。狂犬病、钩端螺旋体等人畜共患病对獴威胁巨大，同时，也威胁其他动物和人类的健康，与之接触时要做好个人防护，避免被抓伤、咬伤。红颊獴曾是人类刻意引入农田以防治鼠害的物种，但獴亦捕食蛙、鸟类及其蛋等，獴对部分地区的生态环境带来严重威胁，被国际自然保护联盟物种存续委员会的入侵物种专家小组（ISSG）列为世界百大外来入侵物种。

第六节
鼬科及臭鼬科动物

◆

一、生物学特性

（一）分类

　　鼬科（*Mustelidae*）又名貂科，在分类上属于哺乳纲、食肉目，是八大食肉动物家族之一。鼬科动物的肛门附近都长着可以分泌刺鼻气味的腺体，这些气味用来确定领地，相互沟通或防御敌人。现存的鼬科动物共有22个属和62个种，传统的分类学将它分为5个亚科，即水獭亚科、獾亚科、蜜獾亚科、美洲獾亚科和鼬亚科，其中，水獭亚科有7个属14个种，代表动物有水獭、海獭、巨獭等；獾亚科有3个属9个种，代表动物有猪獾、獾、白鼻狸等；蜜獾亚科和美洲獾亚科各有1个属1个种；鼬亚科有10个属38个种，代表动物有水貂、黄鼬、大巢鼬等。

　　臭鼬科（*Mephitidae*）曾是鼬科的一个亚科，因与鼬科动物基因关系不是特别大，故独立为一科。臭鼬科分獾臭鼬属、臭鼬属和斑臭鼬属3个属，共11个种，其中，獾臭鼬属有5个种，代表动物有白背獾臭鼬、智利獾臭鼬等；臭鼬属有2个种，代表动物有加拿大臭鼬、冠臭鼬等；斑臭鼬属有4个种，代表动物包括东部斑臭鼬、侏斑臭鼬等。

（二）形态特点

鼬科及臭鼬科动物为中小型哺乳动物，大多数身体细长、灵巧，只有獾亚科的动物和貂熊的身材比较臃肿。四肢较短，头狭长，耳短而圆，嗅觉、听觉灵敏。犬齿较发达，裂齿较小；上臼齿横列，内叶较外叶宽；臼齿齿冠直径大于外侧门齿高度。体毛软，多无斑纹。前后足均5指（趾）；蹠行性或半蹠行性；爪锋利，不可伸缩。尾一般细长而尖，有些种类尾较粗，如水獭和獾。大多肛门附近有臭腺，可放出臭气驱敌自卫。一般都善于爬树，多采用跳跃或奔跑方式移动，后足会非常准确地踏入前足形成的足印中。

（三）生活习性

鼬科动物生活方式多样，有树栖（貂类）、半水栖（水獭、海獭）、穴居（獾）等。喜河流、湖泊及海洋的岸边等近水的环境，不喜过于干燥的环境。臭鼬科动物栖息地区也多种多样，包括树林、平原、沙漠地区、灌木丛、沟谷、耕地四周。二者均比较喜欢单独生活。大多数鼬科动物在夜间或者黄昏活动。有些游泳技术极好，尤其是水獭亚科和鼬亚科动物。大多数肉食，主要以啮齿类、鸟卵及幼雏、鱼类、昆虫为食，鼬类、貂类几乎均为灭鼠能手，有时盗食家禽；少数具杂食性，食植物根茎、果实、昆虫、蛙、虾蟹等，獾类有时破坏庄稼。

（四）种群分布

除澳大利亚大陆、马达加斯加、加勒比海群岛和其他孤立的岛屿外，世界各地均有鼬科动物。臭鼬科动物主要分布于北美洲，尤其是加拿大南部、墨西哥北部以及美国全境。

二、贸易与保护

（一）贸易

我国进口的鼬科动物以水貂、水獭、臭鼬等种类为主。水貂多为人工繁育品种，我国主要从丹麦进口，也曾从美国、加拿大、芬兰等国家（地区）进口，为国内皮毛类经济动物养殖引进优良种质资源。水獭、臭鼬等多为动物园养殖或野外捕获动物，主要从捷克、美国进口，用于动物园展览观赏。

（二）保护要求

鼬科动物虽然种类繁多，分布范围广，但有些种群因栖息地遭到破坏而面临难以存续的威胁，CITES 提出了一些保护措施。例如，水獭亚科中的刚果小爪水獭、秘鲁水獭、长尾水獭、水獭、日本水獭、大水獭等 8 种水獭被列入 CITES 附录Ⅰ，其余所有种均被列入 CITES 附录Ⅱ；鼬亚科中的黑足鼬被列入 CITES 附录Ⅰ；臭鼬科的巴塔哥尼亚獾臭鼬被列入 CITES 附录Ⅱ。

三、检疫风险

（一）水貂阿留申病

水貂阿留申病（Aleutian disease of mink，AD）又称浆细胞增多症（Plasmacytosis），是由阿留申病毒（Aleutian Disease Virus，ADV）引起貂的一种慢性进行性、自身免疫缺陷性传染病，以终身毒血症、全身淋巴细胞增值、肾脏病变为主要特征，感染后母貂空怀率和仔貂死亡率明显上升，公貂配种能力下降，毛坯质量下降，水貂进行性消瘦，经济损失严重，是世界公认的貂的三大疫病之一。该病是《中华人民共和国进境动物检疫疫病名录》中的二类传染病，我国《一、二、三类动物疫病病种名录》中的三类动物疫病。

1. 病原

ADV 属细小病毒科（Parvoviridae）、阿留申水貂病毒属（Amdovirus）。病毒颗粒直径为 23 纳米~25 纳米，无囊膜，呈球形二十面体结构。基因组为单股 DNA。ADV 抵抗力极强，耐热、耐酸、耐乙醚，但对强酸、强碱和碘敏感，常用 1% 福尔马林、0.5%~1% 氢氧化钠消毒。

2. 流行特点

各种年龄、性别、品种的水貂均可感染，但以阿留申基因型貂更易感。野生的臭鼬、浣熊和狐狸也可感染 ADV。传染源主要是病貂和处于潜伏期的貂，病毒由粪便、尿、唾液排出，公貂的精液带毒。水貂阿留申病通过水平和垂直的方式进行传播。病毒通过污染过的饲料、饮水、食具等，经消化道、呼吸道以及交配途径进行水平传播，也可感染母貂垂直传播给胎儿。饲养人员和兽医，往往是传播该病的重要媒介，此外，蚊子等节肢动物也可作为其传播媒介。该疫病的流行无明显的季节性。

水貂阿留申病在世界各养貂国家（地区）均有发生，欧洲水貂和欧亚水獭均曾检出水貂阿留申病毒，我国东北、山东及新疆貂场也曾有相关报道。

3. 临床症状与病理变化

该病潜伏期平均为2个月~3个月，最长可达7个月~8个月。急性病例往往看不到明显症状而突然死亡。慢性病例食欲减退、渴欲增加、逐渐消瘦、被毛粗乱无光泽、眼球凹陷无神、精神委顿、嗜睡、步态不稳、粪便呈黑煤焦油状，病貂神经系统受到侵害时，伴有抽搐、痉挛、共济失调、后肢麻痹或不全麻痹等症状。该病的后期病貂出现拒食、狂饮、表现强烈的渴欲等症状，最后病貂往往因尿毒症而死亡。患病的公貂，性欲下降，或者交配无能、死精、少精或产生畸形精子，患病的母貂不孕，或流产及胎儿被吸收。患病母貂产出的仔貂，孱弱无力，成活率低，易于死亡。AD对成年貂，尤其是母貂危害更大，病貂几乎预后不良。病变主要表现在肾脏、脾脏、淋巴结、骨髓和肝脏，肾脏变化最为显著。

4. 检疫诊断与预防

根据临床症状、流行病学特点和病理变化可作出初步诊断，确诊需要进一步做实验室诊断。貂感染水貂阿留申病后第9天，产生沉淀性抗体且能持续半年以上。目前实验室诊断方法有分离病毒法、碘凝集试验检测法（TAT检测法）、对流免疫电泳法（CIEP检测法）、间接免疫荧光试验、补体结合试验等。对流免疫电泳法（CIEP检测法）是目前国内外普遍推广和采用的方法，特异性强，检出率高，且能检出早期（7天~9天）感染貂。

目前，无疫苗和特效药物来控制水貂阿留申病，控制和扑灭该病必须采取综合性防范措施。加强饲养管理，保证给予优质、全价和新鲜饲料，提高水貂抵抗力；坚持执行兽医卫生制度，定期用火焰喷灯消毒笼舍和用具，用10%漂白粉或2%碱溶液消毒地面，用5%福尔马林消毒金属器械；引进动物时严格隔离检疫，防止病貂入场；建立淘汰制度，每年11月选留种时和2月配种前进行2次检疫，及时淘汰阳性貂，达到净化貂群的目的。

（二）水貂病毒性肠炎

水貂病毒性肠炎（Mink enteritis）又称水貂泛白血球症、水貂传染性肠炎、貂细小病毒肠炎，是由水貂肠炎病毒（Mink enteritis virus，MEV）引起的高度接触性、急性传染病，其特征是剧烈腹泻，是危害水貂养殖的三大疫病之一。该病最早于1949年报道于加拿大，随后在北美洲、欧洲等地流行，我国也有发生。该病是《中华人民共和国进境动物检疫疫病名录》中的二类传染病，我国《一、二、三类动物疫病病种名录》中的三类动物疫病。

1. 病原

MEV 是细小病毒科（*Parvoviridae*）、细小病毒属（*Parvovirus*）的成员，在同属中还有猫细小病毒、犬细小病毒、浣熊细小病毒（Raccoon parvovirus，RPV）和蓝狐细小病毒（Blue fox parvovirus，BFPV）等肉食兽细小病毒。基因组为单股线性 DNA，长约 5064 核苷酸，是动物 DNA 病毒中最小的。MEV 与 FPV 同源性非常高，血清学方法不能将两者区分。MEV 具有该属病毒的典型特征，呈二十面立体对称结构，无囊膜，分为实心和空心两种病毒颗粒，前者衣壳蛋白由 VP1、VP2 和 VP3 3 种结构蛋白组成，后者只有 VP1 和 VP2 两种。能在水貂肾、脾、心肌细胞株中增殖。MEV 对外界因素有强大的抵抗力，对三氯甲烷等脂溶性溶剂有抵抗力；煮沸能杀死病毒，在室温条件下用 0.5% 甲醛或氢氧化钠溶液 12 小时可以灭活病毒。

2. 流行特点

各种品种和年龄的貂都有易感性，以 50 日龄~60 日龄的仔貂和幼貂易感性最高。病貂、痊愈带毒貂和患泛白细胞减少症猫是主要传染源。它们从粪、尿、唾液中排毒，通过污染物和场舍内外环境，经消化道和呼吸道传染给易感健康貂，交配、撕咬也可直接传播，此外，鸟类、鼠类和昆虫也可成为传播媒介。发病率为 50%~60%，病貂的年龄越小，病死率越高，最高可达 90%。该病呈地方性流行，全年都可以发生。

3. 临床症状与病理变化

潜伏期一般为 4 天~9 天。病貂体温升高、渴欲增加、脱水，被毛无亮光，鼻镜干燥有裂纹，眼结膜充血，眼角有脓性分泌物，气喘呈腹式呼吸，常常伸展四肢平卧。有的剧烈腹泻，粪便稀软或呈水样，呈粉红色、褐色、灰白色或绿色，内含脱落的肠黏膜、黏液或血液。白细胞明显减少，由正常的 9500 下降到 5000 以下。病程 12 小时到 14 天不等，康复动物长期带毒，生长发育迟缓。病死率一般为 10%~80%，高的可达 90% 以上。

4. 检疫诊断与预防

根据临床症状和流行病学特点可作出初步诊断，确诊需要进一步做实验室诊断，常用的实验室诊断技术有对流免疫电泳试验、血清中和试验、酶联免疫吸附试验、血凝和血凝抑制试验、电镜与免疫电镜检查、琼脂扩散试验等。

该病尚无有效的治疗方法，一旦貂群发病，可实施对症支持疗法及用抗菌药物防止并发感染等措施。预防该病主要依靠接种疫苗，组织灭活疫苗、弱毒疫苗均有较好的预防效果。兽医日常良好的卫生习惯对防控该病有重要意义。

（三）伪狂犬病

伪狂犬病（Pseudorabies，PR；又名 Aujeszky's disease，AD）是由伪狂犬病毒（Pseudorabies Virus，PRV）引起的多种动物共患的一种急性传染病，临床表现为发热、奇痒（猪除外）、繁殖障碍和脑脊髓炎，对畜牧业危害极其严重。该病是《中华人民共和国进境动物检疫疫病名录》中的二类传染病，我国《一、二、三类动物疫病病种名录》中的三类动物疫病。

1. 病原

PRV 是疱疹病毒科、甲型疱疹病毒亚科成员，病毒粒子呈椭圆形或圆形，有囊膜，囊膜表面有呈放射状排列的纤突。基因组为线性双链 DNA，可编码 70~100 种蛋白质。只有一个血清型，但不同毒株的毒力和生物学特性有差异。对热抵抗力较强，对紫外线照射敏感，福尔马林和乙醚、三氯甲烷等脂溶剂可迅速使其灭活。

2. 流行特点

患病和带毒野生动物是野生动物伪狂犬病的传染源和宿主。动物一旦感染将终身带毒，呈潜伏感染状态。鼬、狐、猫、羊、狗、兔以及各种年龄的猪、牛等动物均能感染发病。该病毒的传播方式主要是通过呼吸进入鼻腔或通过摄食进入口腔，病毒可随空气飞沫飘到数千米之外引起感染，被污染的饲料或带病毒的鼬、鼠等动物也可传播。此外，病毒可通过胎盘传递给子体，引起胎儿致命性感染。该病无明显季节性，但夏秋季节多发。伪狂犬病特征是中枢神经受侵害，皮肤奇痒，死亡率较高，达70%~80%。

3. 临床症状与病理变化

该病潜伏期为 3 天~4 天。不同种类动物感染后临床表现有差异。病貂食欲突然减退，体温升高到41℃以上，共济失调，常用前爪摩擦鼻镜、颈和腹部，兴奋性增强、痉挛，病程后期昏迷，下颌麻痹、伸舌，公貂阴茎脱垂、死前抽搐、尖叫。病程 1 天~2 天。剖检中肉眼可见的变化不明显，可见脑膜充血，伴有大量的脑脊液。

4. 检疫诊断与预防

根据动物临床症状及流行病学特征可作出初步诊断，确诊须采取脑、肝、脾、肺等脏器病料送实验室诊断。常用的实验室诊断方法有病毒分离与鉴定、动物接种、电镜检查、血清中和试验、酶联免疫吸附试验、间接荧光抗体试验、核酸探针、聚合酶链反应等。

该病无特效治疗药物，免疫接种是预防 PR 的主要措施。加强动物养殖场综合管理，做好防鼠防鸟工作，禁止养狗、养猫是控制该病传播的重要手段之一。

（四）狂犬病

臭鼬的狂犬病主要在美洲流行。美国和加拿大发生的多数臭鼬狂犬病仅存在于条纹臭鼬（*Mephitis mephitis*）中，最早报道的病例出现在 1826 年的加利福尼亚州。自 20 世纪 60 年代开始到 1990 年，臭鼬是美国陆生哺乳动物中最常患狂犬病的。从发生时间分析，北美洲臭鼬狂犬病流行的周期为 6 年~8 年。一般来说，臭鼬狂犬病在全年的发病率呈双峰，春秋季节为高发期。

鼬科动物狂犬病在我国部分地区也流行。自 1995 年以来，鼬獾狂犬病在浙江、安徽、江西等地周期性流行，平均暴发周期为 5 年~8 年，每次持续 2 年~3 年，随后持续零星散发。与鼬獾相关的人或动物狂犬病也出现在每次狂犬病流行过程中。

鼬科动物感染狂犬病的潜伏期为 2 周~8 周。病程多为 3 天~7 天，最长达 20 天。病兽的初期行为反常，在笼网内不停走动，有攻击行为。食欲减退，有的呈现大口吞食而不下咽的状态。流涎不明显，口端有水滴。兴奋性增强，狂躁不安，在笼内急走奔驰，啃咬笼壁及笼内食具，不断攀登，爬上爬下，有痒觉。严重者啃咬躯体，向人示威嚎叫，追人捕物，咬住物品不放。食欲废绝，下痢，凝视，眼球不灵活。后期病兽精神委顿，站立不稳，最终全身麻痹、死亡，死前体温下降，流涎或舌外露。死亡动物营养状态良好，少数病例呈现不同程度的皮肤及尾部缺损，尸僵完整，口角流出黏稠液体。肝脏呈暗红色或土黄色、增大、质脆，切面流出酱油样凝固不全的血液。少数病例脾脏肿大，被膜下有出血点。多数尸体胃空虚，有的胃内有碎木片、蒿秆、纸屑、毛等异物，黏膜充血、出血，有的胃黏膜出现溃疡灶，大小肠黏膜有出血点。膀胱空虚，浆膜有出血点。个别病例心冠脂肪有出血点。

（五）犬瘟热

自然条件下，鼬科、臭鼬科动物都可感染犬瘟热，鼬科动物对犬瘟热病毒最敏感，尤其是断奶前后的幼貂和育成貂易感，发病率高、病死率高。患病动物是主要传染源，病毒通过动物的眼鼻分泌物、唾液、尿、粪便排出，污染饲料、水源和用具等，经消化道传染，也可通过飞沫、空气经呼吸道传染，还可以通过黏膜、阴道传染。该病流行无明显的季节性，发病的过程和轻重程度，取决于动物的饲养管理水平、机体的抵抗力、病原体的数量和毒力以及防疫措施等方面。在北美洲，犬瘟热是导致黑足鼬野外灭绝的主要因素之一。我国水貂犬瘟热病首次发生于1968年，曾引发大熊猫死亡。

鼬科、臭鼬科动物患犬瘟热的主要表现为全身或神经症状，急性过程的犬瘟热临床症状包括呼吸道、胃肠道症状，结膜炎、肺炎、血便、厌食和急性脱水等。急性感染后1周~3周，患病动物表现出神经症状，包括感觉异常敏感、颈部僵硬、痉挛、四肢共济失调、咬肌震颤、过度角化、视神经炎、脉络膜视网膜炎和葡萄膜炎等。幼年动物还可出现幼稚组织的蜂窝织炎、干骺端损伤、牙釉质发育不良等。家养雪貂感染犬瘟热病毒后死亡率高达100%。

目前，最主要的预防措施是免疫接种。建议在动物1月龄~2月龄时进行首次免疫接种，之后间隔1个月左右再进行1次免疫接种，每年需进行1次强化免疫接种。

（六）新型冠状病毒感染

新型冠状病毒感染是近年来新发现的传染病，主要引起人的急性呼吸道感染，临床主要表现为发热、干咳和乏力。该病可直接传播、接触传播和气溶胶传播。自发现以来，在全球范围内流行，严重威胁人类健康和正常生产生活。对于该病的起源，至今尚无定论，但有科学家认为，该病可能源于野生动物。在野生动物中，以鼬科动物感染新型冠状病毒（SARS-CoV-2）案例最多。荷兰于2020年4月23日首次从一水貂养殖场的3只水貂中检测出SARS-CoV-2，随后丹麦、美国、法国、西班牙等多个国家（地区）先后发生水貂感染SARS-CoV-2疫情。荷兰感染水貂起初表现出胃肠道和呼吸道症状，死亡率迅速升高，随后疫情在不同的养殖场迅速扩散，导致 69 个水貂养殖场出现疫情，甚至出现了水貂跨种传播给人的情况。丹麦于 2020 年 6 月 15 日首次发现水貂感染情况，随后疫情迅速扩散，截至 2020 年 11 月 4 日，已有 207 个水貂养殖场出现疫情，并在水貂和周围居民中发现了 SARS-CoV-2 变异，证实了人—动物—人传播链条，随后丹麦宣布扑杀所有水貂，扑杀数量超过 1700 万只。美国在出现疫情的水貂养殖场周边还发现感染 SARS-CoV-2 的野生水貂。值得关注的是，有的水貂感染之后并没有临床症状，如西班牙于 2020 年 7 月 16 日通过主动监测发现水貂隐性感染 SARS-CoV-2。我国境内尚未发现感染 SARS-CoV-2 的鼬科动物，我国引进鼬科动物时需重点关注该病。

四、生态风险

生态系统是经过长期进化形成的，系统中的物种经过成百上千万年的竞争、排斥、适应和互利互助，才形成了现在相互依赖又相互制约的密切关系。外来物种有可能因不能适应新环境而被排斥在系统之外，也可能因新的环境中没有与之相抗衡或制约它的生物，成为入侵者，打破生态平衡，改变或破坏当地的生态环境、严重破坏生物多样性。野生动物有别于犬、猫等伴侣动物，并没有经过长达万年与人类共同栖息的驯化过程，仍是生态环境的组成部分，将其从野外环境捕捉、运输进行交易的产业，对野外种群的续存造成了毁灭性打击，更因打破生态平衡而对地球生态造成不可估量的损害。

例如，鼬科动物入侵致使新西兰多种野生动物灭绝。新西兰位于南太平洋，由无数的小岛组成。生活在这些岛屿上的动物无法与其他地区的动物交流，因此产生了地理隔离，最终除了几种蝙蝠、海狮、海豹外，某些岛屿上没有其他哺乳动物。由于缺乏捕食者，新西兰成了很多两栖类、鸟类、爬行类等动物的家园。这些动物都很独特，很多种类在世界其他地方看不到，比如身高 3 米以上、体重超过 250 千克的巨鸟（恐鸟），世界上唯一在嘴上长了鼻孔的、新西兰的国鸟（几维鸟），地球有史以来最大的老鹰（哈斯特巨鹰），全世界最大的鹦鹉（鸮鹦鹉）等。随着人类陆续来到新西兰，大批的野生动物和家畜被引入，包括澳大利亚的帚尾袋貂、鼬、伶鼬和林鼬。这些动物适应了新西兰的生态环境后，就大量繁殖，与当地的物种激烈竞争，成为入侵物种。据统计，自 1000 年前人类来到新西兰后，新西兰陆生鸟类有 32% 灭绝、海洋鸟类约有 20% 灭绝。没有灭绝的鸟类，很多成了濒危或极度濒危物种，如极危物种鸮鹦鹉，仅剩下100多只。而新西兰原本没有的物种，却大量繁殖，如袋貂的数量已有数万只，分布在新西兰90%以上的陆地上，它们啃食植被、传播疾病，给当地生态带来了严重破坏。

再如，野生北美水貂入侵我国阿勒泰和长白山等地区。北美水貂为重要的毛皮兽，野生型披棕黑色或深棕色针毛，适应性强，于20世纪中叶被引入我国，2010年前后，中国境内阿尔泰山南部的阿勒泰地区陆续有野外水貂的正式记录，随后在长白山自然保护区也发现了北美水貂种群，而且种群数量呈迅速扩大的趋势。入侵的北美水貂监测、捕捉难，潜在威胁大，它们猎食小型啮齿类哺乳动物、两栖类动物、鸟类、鱼类和某些昆虫，在阿勒泰地区的布尔津县、哈巴河县以及富蕴县，有149种脊椎动物可能受北美水貂影响，包括鱼类15种、两栖类1种、爬行类2种、哺乳动物36种、鸟类95种，其中8种为北美水貂的潜在竞争者，其余141种为潜在猎物。在长白山地区，水貂与鸳鸯、中国秋沙鸭、褐河乌、水獭等形成了食物竞争关系，由于食物资源有限，外来动物与原有动物发生激烈的竞争，使食物链发生改变，竞争力差、食性单一的动物会被淘汰，最终导致该种群的数量在长白山自然保护区内减少甚至消失。同时，水獭与水貂的习性相似，研究证实，我国的水獭、亚洲小爪水獭、江獭均濒临灭绝，而入侵的北美水貂占据了水獭空出的生态位。

我国引进鼬类动物是为了繁殖，进境后均圈养，但人工繁育的野生动物的基因跟野生个体没有显著差别，也没有产生适应人工圈养环境所需的遗传特性的改变。因此，人工繁育的野生动物依然是野生动物，一旦发生逃逸，或被遗弃而成为入侵物种，会对生态造成严重损害。

五、危害

犬瘟热、水貂病毒性肠炎、水貂阿留申病是特种经济动物水貂、狐狸等的常见疫病，对毛皮动物养殖业危害严重。伪狂犬病是多种动物共患病，不仅影响鼬科动物，而且对猪、牛等家畜影响较大，野生鼬科动物感染后，增加了家畜伪狂犬病预防和控制的难度。狂犬病是广为人知的自然疫源性人畜共患病，其防制的公共卫生意义十分重大。此外，目前的证据显示，鼬科动物感染新型冠状病毒（SARS-CoV-2）案例是野生动物中最多的，鼬科动物在新型冠状病毒感染等人类新发烈性传染病来源、传播过程中的地位和作用，虽然至今尚无定论，但值得科学家们深入研究。

第七节
熊科动物

◇

一、生物学特性

（一）分类

熊（*Ursidae*）是哺乳纲、食肉目、熊科动物的统称，熊科可分为懒熊属、眼镜熊属、马来熊属和熊属 4 个属，其中，种类最多的是熊属，包括棕熊（*Ursus arctos*）、美洲黑熊（*Ursus americanus*）、北极熊（*Ursus maritimus*）、亚洲黑熊（*Ursus thibetanus*）4 个种。大熊猫的分类多有争议，过去有人将其归入熊科，有人将其归入浣熊科，也有人将其和小熊猫一起置于熊猫科，或者自成大熊猫科，但研究表明大熊猫确实和熊的关系比较接近。

（二）形态特点

熊躯体粗壮肥大，体毛又长又密，脸形像狗，头大嘴长，眼睛与耳朵都较小，臼齿大而发达，咀嚼力强。四肢粗壮有力，脚上长有 5 个锋利的脚趾，用来撕开食物和爬树，尾巴短小。熊平时用脚掌慢吞吞地行走，但是当追赶猎物时，它会跑得很快，北极熊最快时速可达 60 千米，棕熊时速可达 48 千米，甚至在崎岖山路中时速也可达 30 千米，而且后腿可以直立起来。

棕熊为分布最广的熊科动物，体形健硕，肩背隆起；被毛粗密，冬季可达 10 厘米；颜色各异，如金色、棕色、黑色和棕黑色等；有些个体毛尖颜色偏浅，甚至近乎银白色，远看似披一层银灰色，故又称"灰熊"。美洲黑熊体形硕大，四肢粗短；体长约 120 厘米~200 厘米，雄性较大于雌性；体色多样，东北部以黑色为多，西北部有棕色、浅棕、金色，加拿大不列颠哥伦比亚省中岸甚至有奶白色个体（称为白灵熊），美国阿拉斯加有蓝灰色个体（称为冰河熊）。亚洲黑熊体形较小，体长 1.6 米左右，体重一般不超过 200 千克；体毛黑亮而长，下颌白色，胸部有一块新月形白斑，故又称"月熊"；头圆、耳大、眼小，吻短而尖，鼻端裸露，足垫厚实，前后足具五趾，爪尖锐但不能伸缩；善攀爬和游泳；嗅觉和听觉灵敏，但视觉差，故有"黑瞎子"之称。北极熊为世界第一大陆生食肉动物，体长 240 厘米~270 厘米，体重 400 千克~800 千克，直立时高度可超过 3 米；皮肤黑色，体被厚密的透明防水的长毛，看起来是白色，故又称"白熊"；脂肪层极厚，足宽大，适于游泳；肢掌多毛，利于在冰面行走。

懒熊有上门齿 4 枚，区别于其他熊科动物的 6 枚，中间形成的空隙有助于吸食白蚁；鼻孔可自由闭合，以防止白蚁爬入鼻腔；爪发达成钩形，似树懒；被毛丰富，尤其是颈部；体重在 200 千克以下。眼镜熊具有黑色的体毛，脸部和前胸部为白色，眼睛周围有一对像眼镜一样的圈，故而被称为眼镜熊；雄性眼镜熊最重可达 130 千克，雌性较轻，为 60 千克左右。马来熊体胖颈短，眼小耳小，舌很长，适于吊食白蚁；全身黑色，毛短绒稀，鼻、唇裸露无毛，鼻与唇周为棕黄色，眼圈灰褐；两肩有对称的毛旋，胸斑中央也有一个毛旋；爪钩呈镰刀形，善于攀爬，趾基部连有短蹼；胸通常点缀着一块显眼的"U"形斑纹；体重约 45 千克，为体形最小的熊类。

（三）生活习性

大多数熊食性很杂，食物中 70% 为植物，包括青草、嫩枝芽、苔藓、浆果和坚果，也到溪边捕捉蛙、蟹和鱼，掘食鼠类，掏取鸟卵，更喜欢舔食蚂蚁，盗取蜂蜜，甚至袭击小型鹿、羊或觅食腐尸。熊的嗅觉发达，敏感度是犬类的 7 倍。生活于北方寒冷地区的熊有冬眠现象，而位于亚热带和热带地区的黑熊往往不冬眠。熊一般是温和的、不主动攻击人和动物，也愿意避免冲突，但当它们认为必须保卫自己或者自己的幼崽、食物或地盘时，也会变成非常危险而可怕的野兽。懒熊每年 5 月~7 月发情交配，每胎一般产 1 仔，雌熊常将幼崽背在背部，寿命最长可达 40 年。马来熊生活在热带和亚热带森林中，白天在树上休息，夜间活动，行动敏捷，善攀缘，胆小，怕冷，是唯一不冬眠的熊亚科动物；3 岁性成熟，妊娠期 7 个月~8 个月，每胎产 1~2 仔，寿命约 24 年。

北极熊比较特殊，在熊科动物中属于正牌的食肉动物，其 98.5% 的食物都是肉类。它们主要捕食环斑海豹、髯海豹、鞍纹海豹、冠海豹，特别是环斑海豹，除此之外，它们也捕捉海象、白鲸、海鸟、鱼类、小型哺乳动物，有时也会食腐肉，偶尔也会吃点浆果或者植物的根茎。在春末夏初之时，它们会到海边采食冲上岸的海草以补充身体所需的矿物质和维生素。独居，常随浮冰漂泊。性凶猛，行动敏捷，善游泳、潜水。

熊冬眠时间可持续 4 个月~5 个月，在冬眠过程中如果被惊动会立即苏醒，偶尔也会出洞活动。繁殖期为 3 月~5 月，孕期 8 个多月，每胎产 1~4 仔，4 岁~5 岁性成熟，寿命 25 年~30 年。

（四）种群分布

懒熊主要分布于印度和斯里兰卡，由于栖息地的破坏，数量越来越少，目前已不足 2 万只。眼镜熊也叫安第斯熊，是南美洲的一种熊科动物，也是南美洲唯一的熊，它生活在南美洲中西部的委内瑞拉、哥伦比亚、厄瓜多尔、秘鲁、玻利维亚、阿根廷西南部以及巴拿马南部。眼镜熊的栖息地生态环境多样，无论是雨林、雾林、干旱森林、沙漠还是树木稀疏的草原，它们都能愉快地生活。马来熊主要生活在东南亚、南亚的热带和亚热带森林中，在我国云南和西藏有少量分布。熊科中分布最广泛的是棕熊，分布于欧亚大陆和北美洲的大部分地区，数量不多，美国内华达山脉和落基山脉南部的棕熊已绝迹，墨西哥北部的棕熊在 20 世纪 60 年代灭绝，但阿拉斯加和加拿大西部的物种数量保持稳定。北极熊主要生活在加拿大、丹麦（格陵兰岛）、挪威、俄罗斯、美国（阿拉斯加）等国家或地区，世界上现存野生北极熊有 2 万多只，数量相对稳定。

中国是世界上熊种类最多的国家之一。大熊猫为我国独有，分布于四川、陕西和甘肃的山区，野生种群数量约为 2000 只，随着生态环境的改善，种群数量呈增加趋势。棕熊和黑熊在中国也广泛分布，棕熊主要分布在新疆、青藏高原和东北山林地区，那里的棕熊，除了有指名亚种以外，还有珍稀的藏马熊和喜马拉雅棕熊；黑熊在全国均有分布，野生种群数量不超过 2 万只。

二、贸易与保护

（一）贸易

熊是野生动物园的常见动物之一，尤其是北极熊，它们来自遥远的北极地区，体形硕大，通体雪白，外表憨厚，性情凶残，擅长游泳，精于捕猎，兼具陆地食肉动物和极地海洋动物的特点，是最受青睐的观赏动物之一。由于美国、加拿大、挪威、丹麦和俄罗斯等国家（地区）签署了保护北极熊的国际公约，除了限制捕杀和贸易以外，还进一步提出了保护其栖息地以及合作研究的条款，因此涉及北极熊或其他熊科动物的国际贸易非常少。为满足科研、保种和观赏需求，我国通过动物交换的方式仅从俄罗斯进口少量北极熊。

（二）保护要求

国际动物保护组织将所有种类的熊都列为保护动物，其中，列入CITES 附录Ⅰ的有马来熊、懒熊、南美熊、棕熊（不丹、中国、墨西哥和蒙古种群）、喜马拉雅棕熊和黑熊，其他种类的熊均列入 CITES 附录Ⅱ。我国国宝大熊猫也被列入 CITES 附录Ⅰ，是《中国国家重点保护野生动物名录》国家一级保护野生动物，被世界自然保护联盟（IUCN）列入《濒危物种红色名录》"易危（VU）"物种。

三、检疫风险

（一）结核病

熊是结核病易感动物之一。我国在 1989 年报道黑熊感染结核病、1991年报道棕熊患结核病。目前，牛结核病在六大洲都有发生，虽然一些发达国家（地区）已经控制了牛群的感染，但由于熊、负鼠等野生动物的持续感染，在许多发展中国家（地区），牛结核病仍然是动物和人类健康的严重威胁。

（二）炭疽

熊是炭疽易感动物之一，国内外经常可见棕熊、马来熊、黑熊等因感染炭疽而死亡的报道。熊炭疽一般散发发生，不会造成大面积的流行，但若未能对病死动物分泌物、排泄物、血液、尸体及受污染的场地及时进行严格的消毒处理，受污染的场地、土壤、水源等可成为长久的疫源。

（三）寄生虫感染

有研究表明，熊容易感染线虫、绦虫和旋毛虫等寄生虫病。熊的消化道寄生虫感染率可达 40%以上，能够感染熊的线虫多达 9 种。虽然这些寄生虫病可以通过药物进行治疗，但在分析检疫风险时不宜忽视，在引进动物及其日常管理工作中，要做好驱虫治疗。

四、生态风险

外来物种引入后如不科学管控，则会导致一系列的生态问题，许多实例已经向人们证明了忽视外来物种入侵所导致的恶果。例如在 20 世纪，澳大利亚人"谈兔色变"，野兔泛滥后，先遭殃的是澳大利亚的植被，原本茂密的大草原被成群的兔子贪婪地啃食殆尽，大片的绿地就此消失。澳大利亚人陷入了一场与兔子的百年斗争之中，其政府为了消灭兔子，甚至曾出动军用飞机进行地毯式轰炸。

我国进口熊的数量少，熊种群繁殖速度较慢，熊对自然生态环境的影响十分有限。需要注意的是，一些商人为了追求利益，经常会将北极熊和棕熊杂交，产下混血熊，长此以往将不利于本地熊的保种。此外，进口的北极熊由于数量少，基本上是近亲繁殖，其直接后果是减少了遗传多样性。遗传多样性是物种长期生存的关键因素，一旦遗传多样性被破坏，物种的保育工作将面临巨大挑战。

五、危害

近年来，人类活动对熊科动物栖息环境造成的不利影响，引发一系列灾害。例如，2010 年，美国和加拿大科学家联合进行的北极熊生存状态的研究发现，在美国阿拉斯加北部以及加拿大西部近 5 年来发生了 20 多起北极熊食用同类的案例。俄罗斯北方楚科奇半岛的居民因为北极熊的觅食活动而遭殃，数十只饥饿难耐的北极熊将该地区的居民区包围起来，并不时地窜入居民区搜刮和寻找食物。

除此之外，熊是典型杂食性温血动物，对结核病、炭疽、寄生虫病等多种人畜共患病易感，威胁饲养管理、熊胆采集、兽医等近距离从业人员健康，尤其是野生状态下，其卫生状况不明，因此更应关注其对公共卫生的影响。

第八节
海洋哺乳动物

◇

一、生物学特性

（一）分类

现存的海洋哺乳动物是一个多样化的物种集合，分属于哺乳纲下的鲸目（*Cetacea*）、海牛目（*Sirenia*）和鳍脚亚目（*Pinnipedia*）。食肉目鼬科中的海獭类动物和熊科中的北极熊有时也被划为海洋哺乳动物。鲸目中的动物已知的有 70 多种，可分为齿鲸亚目和须鲸亚目，齿鲸亚目包括海豚科、一角鲸科、鼠海豚科、抹香鲸科、喙鲸科、亚马孙河豚科、白鳍豚科等 10 个科 34 个属；须鲸亚目包括露脊鲸科、小露脊鲸科、须鲸科和灰鲸科 4 个科共 6 个属，代表动物有白鳍豚、突吻鲸、蓝鲸、海豚和鼠海豚等；海牛目动物现存海牛科和儒艮科 2 个科共 4 个种，代表动物包括西非海牛、南美海牛、儒艮等；鳍足亚目分海狮科、海豹科、海象科 3 个科，共有 34 个种，代表动物有真海豹、海狗、海狮、海象等。

（二）形态特点

鲸目动物具有体温恒定、用肺呼吸、胎生、哺乳等哺乳动物的基本特征。与陆生哺乳动物不同的是，鲸豚类动物身体呈流线型，皮肤裸露，仅吻部具少许刚毛。皮下脂肪肥厚，以保持体温。前肢鳍状，后肢退化，尾鳍是主要的游泳器官。眼小，视力较差，主要靠回声定位寻找食物和逃避敌害。鼻孔位于头顶，有 1~2 个，俗称喷水孔，是鲸类的重要特点。无外耳廓，外耳道细小，但感觉灵敏，能感受超声波。鲸类小者体长仅 1 米多，大者如蓝鲸体长 30 多米。

鳍足类的动物身体成纺锤形，四肢为鳍状，高度适应水中的生活。它们大部分时间生活在水中，只有在繁殖季节才返回地面或浮冰等固体基质交配产仔，每胎产 1 仔，极少见双胞胎情况。每年蜕皮，蜕皮时间从几周到几个月不等，个别物种的蜕皮时间较短。大多数鳍足类动物的幼仔、未成年个体与成年个体的体色、体毛长度均不相同。海象具有显著的长牙，这也是海象科动物区别于海狮科和海豹科动物的显著特征。海狮科与海豹科动物形态上的差别在于，海狮科动物具有明显的外耳，因此也被称为突耳海豹（Eared seal），前鳍状肢较强壮，长度超过体长的四分之一，在陆地上可以支撑身体移动且相当敏捷，后鳍状肢能够向前弯曲到身下；而海豹科动物没有外耳，因此也被称为真海豹（True seal, earless seal），前鳍状肢短小，长度不及体长的四分之一，在陆地上只能蜿蜒前进，后鳍状肢不能向前弯曲。

海牛目动物身体呈纺锤形，骨骼粗大且致密，皮肤厚而硬，略微粗糙，体毛稀疏，眼睛小，无外耳廓，嘴唇肥厚多肉，表面覆有浓密的短毛，前肢呈桨状，无后肢及背鳍，尾巴扁平，乳腺乳头位于前肢腋下。海牛目动物仅具臼齿，并且有一套特殊的牙齿替换系统，其牙齿不是掉了后再重新长出新牙，而是整排牙齿由颚的末端水平地往前移动，当牙齿移动至颚的最前端时，牙根会逐渐被吸收至牙齿脱落。

（三）种群分布

鲸的分布非常广泛，且与磷虾群的分布有密切关系。蓝鲸主要分布在浮冰带，生活在最南部的是巨臂鲸和黑板须鲸，缟臂鲸可以在南极洲海域越冬，露脊鲸主要分布在亚南极地区，齿鲸类分布在南极辐合带，随季节变化而迁徙。鲸的另外一个分布区域是北太平洋和北大西洋海域，如灰鲸等。大多数的鲸有大范围迁徙习性，例如，虽然大多数抹香鲸生活在赤道附近的温暖海域，但世界各大洋中几乎都有它们的踪迹。

鳍足类海洋动物中，海象主要分布于北冰洋海域，海狮和海狗等主要分布于温带海域，海豹在全世界都有分布，主要生活在太平洋和大西洋。

海牛主要分布在非洲西部、西印度群岛和亚马孙地区，儒艮主要分布于海草丰富的西太平洋与印度洋海岸，现存数量不详，澳大利亚北海岸可能是儒艮数量最多的地区。西非海牛可以自由往来于淡水与海水之间，通常在平静而水浅的近河口海域活动，主要分布于塞内加尔、几内亚比绍、科特迪瓦、喀麦隆与加蓬境内的海岸与河流水域，总体数量不详，据报道数量仍在减少中。亚马孙海牛是唯一仅生活在淡水中的海牛，生存于亚马孙河的支流，包括流经巴西、秘鲁、哥伦比亚与厄瓜多尔等国家（地区）的水域，最大种群位于巴西。

二、贸易与保护

（一）贸易情况

以食用为目的的商业捕猎和以观赏、研究为目的的捕捉圈养是人们在野外捕获海洋哺乳动物的主要动机，海洋哺乳动物及其产品相关贸易也顺势而生。一些国家（地区）以食用为目的的商业捕猎鲸目动物，例如，法罗群岛每年捕猎近1000头长鳍领航鲸（*Globicephala melas*）；挪威的小须鲸捕猎活动是北半球规模最大的商业捕鲸活动，其年度配额约为1200头；日本捕猎沿海的小型齿鲸、抹香鲸和多种须鲸，因无从知晓日本捕获的鲸类的种群规模和储量结构，其在北冰洋的小须鲸捕猎活动引发巨大争议。也有一些国家（地区）商业捕猎鳍脚类动物，例如，在加拿大，竖琴海豹的总可捕量（TAC）为400000头；挪威也在格陵兰岛附近海捕猎竖琴海豹；南非海狗（*Arctocephalus pusillus*）是遭受大规模商业捕猎的唯一的海狮科物种，在纳米比亚，南非海狗的TAC为92000头；美国阿拉斯加地区、俄罗斯、加拿大和丹麦格陵兰岛的海象也受到捕猎活动的影响，每年在太平洋捕获海象的数量约为1000头。

虽然大部分动物园、水族馆可共享并交换海洋哺乳动物，最大限度地减少了其在野外的捕获数量，但以观赏、研究为目的而捕猎、圈养海洋哺乳动物的活动依然存在，捕猎的主要目标是宽吻海豚、白鲸、海狮等易驯化、可表演的海洋动物。随着社会的发展和人们文化需求的增长，我国进口海洋哺乳动物的数量一度有增加之势。据不完全统计，我国2014年共进口鲸目动物53批173头、鳍脚亚目动物9批72头；2015年共进口鲸目动物24批79头、鳍脚亚目动物11批154头；2016年共进口鲸目动物30批113头、鳍脚亚目动物28批506头。由于政策调整，2019年之后，我国基本停止进口野生动物，包括海洋哺乳动物。

（二）保护要求

由于环境恶化和大量捕杀，许多海洋哺乳动物数量呈下降趋势，有些已濒临灭绝。为了保护海洋哺乳动物，CITES强化对海洋动物贸易的管控，将须鲸亚目所有动物列入附录Ⅰ，齿鲸亚目中的短吻真海豚、短肢领航鲸、灰海豚、虎鲸等列入CITES附录Ⅱ外，其余种均被列入附录Ⅰ。鳍足动物中的北美毛皮海狮和僧海豹属所有种均被列入CITES附录Ⅰ；象海豹和其他毛皮海狮属所有种均被列入附录Ⅱ；海象科所有种均被列入CITES

附录Ⅲ。海牛目动物中的儒艮、美洲海牛、亚马孙海牛被列入 CITES 附录Ⅰ，西非海牛被列入 CITES 附录Ⅱ。

三、检疫风险

海洋哺乳动物因其广阔的生存空间、较远的迁徙距离和隐秘的生活方式而使得科学界一直以来对其在自然状态下的疫病情况知之甚少。大多数学者认为，由于栖息地广阔，再加上海水本身的隔绝作用，自然环境下海洋哺乳动物较少罹患传染病，现有的海洋哺乳动物疫病研究病例也多来自馆养动物。

(一) 布鲁氏菌病

布鲁氏菌病是由布鲁氏菌属细菌引起的以感染家畜为主的人畜共患传染病。临床上以羊、牛、猪所患的布鲁氏菌菌种最为常见，其中羊种布鲁氏菌致病力最强。根据抗体的变化和主要宿主可把布鲁氏菌属的细菌分成 7 个种，海洋哺乳动物布鲁氏菌种（B. maris）是其中之一。

海洋哺乳动物布鲁氏菌种可以感染海豚、海豹、鲸类等多种海洋哺乳动物。研究显示，可从不同种类、不同状态（幼小的、成年的、雄性的、雌性的、活的、死的及流产胎儿等）的海洋哺乳动物中检出布鲁氏菌。

(二) 瘟热病毒病

瘟热病毒是副粘病毒科（*Paramyxoviridae*）、麻疹病毒属（*Morbillivirus*）中对食肉目、鳍足目动物致病的一类病原体，包括犬瘟热病毒（Canine distemper virus，CDV）、海豹瘟热病毒（Phocine distemper virus，PDV）、海豚麻疹病毒（Dolphin morbillivirus，DMV）和鼠海豚麻疹病毒（Porpoise morbillivirus，PMV）。这些病毒具有相似的分子生物学特征，引起动物相似的症状和病理变化。CDV 是瘟热病毒的代表。

海洋哺乳动物感染这些麻疹病毒后，身体虚弱，食欲不振，行动困难，免疫力下降。有报道显示，海豹、宽吻海豚、鲸、鼠海豚、北海狮、北海狗、海獭等均遭受过麻疹病毒侵袭，多者一次曾造成数万头动物死亡。例如，1988 年在北大西洋暴发海豹瘟热病毒病疫情，超过 18000 头海豹死亡。在 2003 年和 2004 年，北太平洋海洋哺乳动物大规模感染 PDV，30% 以上的动物检测呈阳性。这一比例在之后几年有所下降，但在 2009 年再次升至最高点，2004 年和 2009 年所采集的动物样本的病毒感染率是其他年份的 9.2 倍。

（三）痘病毒病

痘病毒病在海洋哺乳动物中发病率较高。1969 年，威尔森（Wilson）首次从喂养的一头 1 岁雌性加利福尼亚海狮体内发现了痘病毒。痘病毒感染在野生或馆养的加利福尼亚海狮、斑海豹、南海狮等海洋动物中非常普遍。不同的动物感染痘病毒的症状有所不同，加利福尼亚海狮和斑海豹感染后皮肤上的痘斑一般向外生长形成突瘤，而黄海狮身上的痘向内生长。通过分析大量的临床病例，研究人员发现海洋动物感染痘病毒后，皮肤上会出现许多高 1.5 厘米~2 厘米、直径 5 毫米~20 毫米的突瘤，这些突瘤大多会分裂弥散，形成疱状突起，即使治愈后仍会出现脱毛现象。严重时，可发生痘弥散致死海兽情形。

（四）杯状病毒感染

海洋哺乳动物杯状病毒是 1972 年在美国加利福尼亚州圣美格尔岛（San Mignal）上从一头海狮的流产胎儿中首次分离出的，因此，研究者将其命名为圣美格尔海狮病毒（San Mignal sea lio virus，SMSV）。SMSV 与猪水泡疹病毒、猫杯状病毒、诺瓦克病毒等同属于杯状病毒科，病毒粒子呈二十面体对称，无囊膜，基因组为线状单股正链不分节 RNA。SMSV 共有 6 个不同的血清型，即 SMSV-1、SMSV-2、SMSV-4、SMSV-5、SMSV-6 和 SMSV-7。SMSV 除了能引起海洋哺乳动物患疱疹病、引起加利福尼亚州海狮流产外，还会感染家猪，20 世纪 30 年代和 50 年代，SMSV 曾引起美国加利福尼亚州发生两次大量猪流产和仔猪死亡事件。

（五）嗜水气单胞菌感染

嗜水气单胞菌是一种条件性致病菌，正常情况下可以与水生动物共存而不发病，只有在外界条件改变或动物自身免疫力下降时，才有可能引起机体发病。嗜水气单胞菌可以感染海豚、海豹等多种海洋哺乳动物。据报道，海豹感染后出现游动缓慢、食欲减退、腹泻等症状；海豚感染后出现精神委顿、腹泻不食、全身多处皮肤溃烂等症状。随着病情加重，嗜水气单胞菌大量增殖，引起动物体内脏器广泛性出血和败血症，最终导致动物死亡。剖检死亡动物可见肝脏、肺脏出血肿大，肾包膜积液，肠道点状出血。

（六）其他疫病

有报道显示，腺病毒病、肺线虫病、纤毛虫病、棘口科吸虫病、附红细胞体病等对海洋哺乳动物，尤其是对馆养海洋哺乳动物有不同程度影响，轻者影响动物的健康、潜水能力、觅食活动、生长发育，随后引发相关器官、系统症状和病变，严重的会造成死亡。

四、种群影响因素

数百年来，社会快速发展，对海洋生态环境造成巨大影响，人类不加节制的捕猎、误捕误伤，环境污染、海洋噪声和气候变化等因素，导致海洋哺乳动物栖息环境恶化，大批死亡、部分种群退化。已灭绝的海洋哺乳动物物种包括斯氏海牛（*Hydrodamalis gigas*）、加勒比僧海豹（*Neomonachus tropicalis*）和大西洋灰鲸（*Eschrichtius robustus*）；濒危物种包括北大西洋露脊鲸（*Eubalaena glacialis*）、弓头鲸（*Balaena mystic*）大西洋种群、海牛属（*Trichechus spp.*）所有种、儒艮（*Dugon dugon*）以及淡水豚类。

（一）捕猎

人类对海洋哺乳动物的捕猎由来已久，以食用、毛皮销售等为目的的捕猎，既包括栖息地原住民的狩猎活动，又包括用现代化设备和手段远赴重洋进行大规模猎杀的活动。这些活动，有的没有季节限制、重量限制或许可限制，因此部分物种遭受着各种形式的选择性捕杀威胁，沿海的鳍脚类动物是选择性捕杀的常见目标。捕猎活动使海洋哺乳动物数量锐减、种群衰退。

（二）误捕误伤

远洋刺网（包括定置刺网和流刺网）和远洋延绳钓对海洋哺乳动物的意外、附带捕获或误捕是全球性问题。在北太平洋中部，渔民每年布设超过100万千米的刺网捕捉鱿鱼，这些渔网被丢弃或遗失后常在海上漂流数年之久，很容易误伤海洋哺乳动物。据估计，在20世纪90年代初，仅刺网导致的全球海洋哺乳动物误捕量就高达每年50万~80万头，其中，美国的渔民每年意外地捕获或误伤超过3000头鲸目动物和300头鳍脚类动物。此外，丢弃或遗失难以降解的人造纤维渔网、渔线和其他渔具也会导致海洋哺乳动物死亡。

（三）环境污染

人类工农业生产及日常生活所产生的有毒有害物质，尤其是那些难以降解的有机污染物（POPs）、碳氢化合物、重金属和其他化合物等，最终经过水、汽循环归于海洋，对海洋哺乳动物种群赖以生存的环境造成污染。海洋哺乳动物处于食物链中较高的位置，有着明显的鲸脂层，通过食物链对环境中持久留存的有毒化合物有生物富集作用，特别易受有毒化合物的伤害。研究发现，污染物可以引发海洋哺乳动物的急性中毒、器官和骨骼异常、生殖和免疫功能缺陷等问题。此外，海洋哺乳动物可能误吞难以降解的塑料物体而损害消化系统，甚至导致胃破裂；泄漏的石油可浸透并缠结动物皮毛，使动物遭受痛苦，并且在动物梳理皮毛或进食时摄入其体内，导致长期的不利影响。

（四）海洋噪声

声音在海水中传导的速度快、距离远，是许多海洋哺乳动物物种生存的基础要素。一些海洋哺乳动物能够相隔很远凭借声音交流，此外，所有齿鲸都依靠回声定位寻觅猎物和导航。研究表明，海洋工业化产生的声音（海洋噪声），对海洋哺乳动物的行为和生理机能构成了威胁，严重时可使海洋哺乳动物死亡。例如，声呐震波可损害它们的身体，或者引发集体搁浅事件。人类活动引发的噪声有许多来源，包括频繁往来穿梭于大洋之间的交通运输船舶、军用舰艇等，也包括石油勘探、风电场基础设施建设、石油钻塔或其他基于海洋的工业、水下爆炸以及声呐测试等。

（五）气候变化

海冰持续消退、全球气候变暖导致喜低温海洋哺乳动物的栖息地减少。更高的水温、升高的海平面和世界海洋酸化也会引发海洋动物分布改变和海洋食物网变化。一些与海冰相关的物种，例如环斑海豹、冠海豹、食蟹海豹和威德尔海豹，面临栖息地面积缩小、寒季持续时间缩短和海冰质量（稳定性）下降的挑战。冰栖海豹依赖海冰分娩、休息和规避捕食者，有的海豹还将海冰用作交配平台或集结地，有的海豹捕食与海冰相关的猎物。总之，海冰是这些物种的繁殖环境。研究认为，它们很难适应当前环境的变化速度。

极地区域之外的海洋哺乳动物物种也将受到气候变化的影响。两种僧海豹都处于"极危"状态，上升的海平面可能会淹没低矮的环礁和海滩，以及地中海僧海豹用于分娩的小洞穴，而更温暖的水温和海洋酸化可减弱夏威夷僧海豹赖以觅食的珊瑚礁的生存能力。此外，更温暖的海洋环境中，存在更多的疾病和寄生虫，将使海洋掠食动物暴露于更高的风险中。

五、危害

经漫长的进化历程，海洋哺乳动物完全适应水中生活，自由遨游于大洋之中，远离人类生活。随着人类社会的发展和物质生活需要，人类发现了这些动物潜在的价值，对其产生浓厚的兴趣，但从生物学角度看，这些哺乳动物与人类亲缘关系不远，可能携带布鲁氏菌、麻疹病毒等多种人畜共患病病原体，对人体健康构成一定的威胁。与海洋哺乳动物直接接触时，如个人防护不当，存在感染相关疫病的风险。

第九节
有袋动物

一、生物学特性

（一）分类

有袋动物是袋鼠目动物的统称，在生物学分类上属脊索动物门、哺乳纲、后兽亚纲、袋鼠目（双门齿目）动物，共分树袋熊科（*Phaseolarctidae*）、袋熊科（*Tarsipedidae*）、袋貂科（*Phalangeridae*）、鼠袋鼠科（*Potoroidae*）、袋鼠科（*Macropodidae*）、侏袋貂科（*Burramyidae*）、环尾袋貂科（*Pseudocheiridae*）、袋鼯科（*Petauridae*）、长吻袋貂科（*Tarsipedidae*）和树顶袋貂科（*Acrobatidae*）10个科，下有33个属11个种，代表动物包括树袋熊（考拉）、南澳毛吻袋熊、鳞尾袋貂、赤褐袋鼠、沙大袋鼠、长尾侏袋貂、大袋鼯、蜜袋鼯、长吻袋貂、树顶袋貂、麝袋鼠等。袋鼠广泛分布于澳大利亚、塔斯马尼亚岛、新几内亚、印度尼西亚东部及其邻近岛屿。

（二）形态特征

有袋动物身体大小差异很大，体长23.5厘米~160厘米，头小。尾巴被毛，又粗又长，长满肌肉，基部变粗，袋鼠在跳跃过程中用尾巴进行平衡，缓慢走动时尾巴则可作为第五条腿。后肢比前肢显著强壮，前肢具5

趾，后肢的第二趾与第三趾合在一起形成并趾。雌兽有发达的袋囊，内有4个乳头，通常只有2个有机能。上颌门齿每侧有1~3枚，下颌每侧有1枚，犬齿形小或退化，臼齿具钝的疣状突，适于研磨草料。

（三）生活习性

袋鼠是发育不完全的动物，出生时非常小，大约只有一粒花生米那么大，出生后几个小时之内会爬进母袋鼠的育儿袋，在育儿袋内大约生活6个月。袋鼠幼仔离开袋子的时候大约重2.0千克~2.5千克，发育健全，可食草料。袋鼠一般一胎产1仔，每年生殖一至二次，孕期30天~40天。母袋鼠有两个子宫，通常一边子宫里的小仔刚刚出生，另一边子宫里又有了胚胎。营陆栖或树栖生活，绝大多数适应跳跃生活，跳跃能力强、速度快。草食性，吃多种植物，有的还吃真菌。具有类似反刍的消化功能。不同种类的袋鼠生活在不同的自然环境中，在草原、沙漠、丛林及热带雨林等地均可见到袋鼠的身影。它们大多在夜间活动，有些在清晨或傍晚活动。

二、贸易与保护

（一）贸易

有袋动物是动物园最受欢迎的动物之一，广大青少年喜欢模仿袋鼠跳跃式行走、喜欢树袋熊的温顺憨厚、喜欢蜜袋鼯的娇小可爱……因此，国际上以观赏或种用为目的开展有袋动物贸易的情况比较普遍。我国曾从日本、俄罗斯、荷兰、捷克、斯洛伐克、美国、巴布亚新几内亚等国家（地区）进口过赤颈袋鼠、红大袋鼠。袋鼠肉富含蛋白质、铁、锌、Omega-3脂肪酸和B族维生素，且脂肪含量不到2%，是动物蛋白质的最佳来源之一；袋鼠皮是市售的最轻便耐用的皮革之一，常被用来生产优质钱包、皮带、手袋和靴子等，袋鼠皮、袋鼠肉及其他衍生产品每年可给澳大利亚带来近2亿美元的收益。

（二）保护要求

袋鼠是澳大利亚的象征物，澳大利亚的国徽、货币上均有袋鼠图案。澳大利亚的许多组织，也将袋鼠用作标志。澳大利亚军队的车辆、舰船在海外执行任务时会涂上袋鼠标志。现在澳大利亚拥有6000万只野生袋鼠，其分布广泛，生活在若干保护区中，在《濒危物种红色名录》中，大部分袋鼠处于"无危"状态。但人类经济活动影响的加剧，严重影响有袋动物的生存状况，如受多种自然因素和社会因素的影响，图拉克袋鼠、昆士兰毛吻袋熊等 6 种小型袋鼠已经灭绝，现有袋目动物中共有约 17 种被列入 CITES 附录Ⅰ、7 种被列入附录Ⅱ。

三、检疫风险

（一）巴氏杆菌病

巴氏杆菌病（Pasteurellosis）是由多杀性巴氏杆菌（*Pasteurella multocida*）引起野生动物、家畜、家禽共患的一种传染病。急性病例以败血症和出血性炎症为特征，故又称出血性败血症；慢性型常表现为皮下结缔组织、关节及各脏器的化脓性病灶。主要危害牛和禽，在牛群中发病被称为出血性败血症，在家禽中被称为禽霍乱。

1. 病原

多杀性巴氏杆菌属于巴氏杆菌属。该菌呈卵圆形或短杆状，不形成芽孢，无鞭毛、不运动。新分离的菌株具有荚膜，体外培养后很快消失，革兰氏染色阴性。组织、体液涂片，用姬姆萨、瑞氏和美蓝染色后，菌体两端着色深，呈明显的两极染色；用培养物制作的涂片，两极着色不明显。巴氏杆菌对物理和化学的抵抗力比较低，在阳光中暴晒 10 分钟，或者在 56℃经 15 分钟或 60℃经 10 分钟，可被杀死。在干燥空气中 2 天~3 天可死亡。3%福尔马林、3%石炭酸、10%石灰乳、2%来苏尔、0.5%~1%氢氧化钠等消毒剂 5 分钟可杀死该菌，其对青霉素、链霉素、四环素、土霉素、磺胺类及许多新的抗菌药物敏感。

2. 流行特点

多种野生动物、家畜、家禽、实验动物均可感染该病，袋鼠是易感动物之一。可感染该病的野生哺乳动物还有黑尾鹿、驯鹿、驼鹿、白尾鹿、大角绵羊、瞪羚、弯角羚、鹿角羚、普氏原羚、黑羚、黄羊、野牛、美洲狮、豹、浣熊、野猪、孟加拉虎、象、红狐、水貂、麝鼠、河马、野兔等。易感的鸟类包括斑嘴鸭、旱鸭、绿翅鸭、绿头鸭、鸳鸯、斑头雁、鸿雁、白额雁、斗雁、狮头鹅、白骨顶、董鸡、银鸡、红嘴鸡、岩鸡、蓝马鸡、褐马鸡、珍珠鸡、鹦鹉、娇凤、孔雀、企鹅、乌鸦、鸥、麻雀、雉、啄木鸟、凫、鸵鸟、猫头鹰等。该病分布于世界各地，主要的传染源是患病或带菌的动物。可通过呼吸道和消化道感染，昆虫也能传播该病，通过损伤的皮肤、黏膜也可感染。该病的发生一般无明显的季节性，各种外界条件的剧烈变化、长期营养不良或患有其他疾病等都可诱发该病。

3. 临床症状与病情变化

该病的潜伏期一般为 1 天~5 天，长的可达 10 天。临床上可以分为最急性、急性和慢性 3 种类型。最急性型和急性型多表现为败血症及胸膜肺炎，常呈地方性流行特征。急性病例的表现为出血性败血症，腹膜、皮下组织、腹腔脂肪出血，心内外膜斑点状出血，心包液增多。肝大质脆，表面有针尖大灰白色坏死灶，肺充血、出血，胃出血，脾淤血肿大。呼吸道黏液增多，黏膜充血、出血。慢性型的病变多集中于呼吸道，常散发，因个体感染的靶组织不同，剖检时可见肺炎、肠炎、气囊炎、鼻窦炎、关节炎等。

4. 检疫诊断与预防

该病的确诊需采用细菌分离培养、镜检、生化试验等微生物学检查法，也可用小鼠或家兔进行动物试验，实验动物死亡后立即剖检，并取心血和实质脏器分离和涂片染色镜检，见大量两极浓染的细菌即可确诊。此外，可用间接血凝试验、凝集试验鉴定多杀性巴氏杆菌荚膜血清群和血清型。

预防该病时，日常应采取综合性生物安全措施。发现该病时，应立即采取隔离、紧急免疫、药物防治、消毒等措施，隔离已发病或体温升高的动物，对健康动物立即接种疫苗或用药物预防，对污染的环境进行彻底消毒。

（二）结核病

有袋动物与有蹄动物、食肉动物、灵长类动物、鳍脚类动物和啮齿类动物等多种哺乳动物一样，对牛分枝杆菌易感，是牛结核病的带菌者。刷尾负鼠等有袋动物与农场动物共同生活在草原上，有将牛结核病传染给牛、羊、鹿等家畜的潜在风险，对牛乳业及牛羊肉业造成危害。澳大利亚从 20 世纪 70 年代开始根除牛结核病，新西兰随后也采取了措施，最终在农场动物中消灭了牛结核病，但近年来由于野生动物结核病的出现，养殖动物仍然面临牛结核病的威胁。

（三）弓形虫病

弓形虫病是一种重要的公共卫生疾病，目前，全球超过三分之一的人感染该病，动物的血清阳性率也很高。袋鼠是已知的对弓形虫病高度敏感的动物之一，弓形虫病会对有袋类动物种群造成毁灭性的影响。有研究表明，赤大袋鼠感染弓形虫病的发病率可达73%，死亡率可达100%。对染病袋鼠死后剖检，肉眼可见双侧肺质硬、未塌陷、有明显的肋骨印，肺切面呈由斑驳到弥漫性暗红色。气管腔内含有不同数量的白色、红色的泡沫，心外膜表面有短、灰与白相间的条纹。易感染弓形虫病是野生和圈养有袋动物数量下降的一个重要原因。

（四）狂犬病

狂犬病是狂犬病毒引起的一种重要的人畜共患传染病。据报道，全世界每年因狂犬病死亡的人数约为6万，绝大多数病例发生在发展中国家（地区），尤其是亚洲发展中国家（地区）。虽然犬是人类接触狂犬病毒的主要来源，但有袋动物也可感染狂犬病毒，对人类健康存在潜在威胁。

（五）疱疹病毒Ⅰ型

研究人员曾经从致死性呼吸道感染和多系统衰竭的袋鼠肾组织中分离出疱疹病毒，将其命名为疱疹病毒Ⅰ型。这种病毒主要引起袋鼠鼻炎、肺炎、结膜炎、肝坏死等症状，对袋鼠种群发展造成一定威胁。目前，该病被纳入我国进口有袋动物袋鼠检疫要求中，检测结果为阴性方可输入我国。

（六）袋鼠瞎眼综合征

袋鼠瞎眼综合征的病原是一种环状病毒，可由库蠓和蚊子传播。病变主要集中在眼部，表现为脉络膜苍白，视网膜变薄、脱落、有白的坏死灶，玻璃体褪色液化，晶状体后面有雾状及白内障。有关该病的最早报道见于1940年，在20世纪的后20年，澳大利亚感染该病的袋鼠约1万~1.5万只，其中，澳大利亚南部感染率在30%。

（七）其他疫病

澳大利亚野生东部灰大袋鼠曾患口腔坏死杆菌病。这种疫病是由多种细菌感染引起的，主要损害颌面部，通常被称为粗颌病。国内动物园饲养的东部灰大袋鼠和赤大袋鼠曾感染大肠埃希氏菌O9和O79，并引起传染性腹泻，累计发病48只、死亡35只，死亡率达到72.9%。多个动物园引进的成年袋鼠曾发生球虫感染，发病率可达61.3%，病死率可达39.2%，造成了严重的经济损失。此外，袋鼠也存在感染炭疽杆菌和细粒棘球绦虫病的风险。

四、生态风险

袋貂（Possum）是一种比较原始的有袋类动物，杂食性，适应环境能力强，肉可以作为食物，皮毛可以用于御寒。新西兰为发展毛皮工业于1850年开始从澳大利亚引进刷尾负鼠（帚尾袋貂）。由于新西兰草场广阔，食物丰富，引进的刷尾负鼠又没有掠食者或天敌，其数量迅速增加，到1980年前后，新西兰境内的刷尾负鼠数量达到高峰，共有6000万～7000万只。刷尾负鼠不断啃食原生灌木、破坏丛生草原、侵害森林中居住的雏鸟并偷吃鸟蛋等，对新西兰生态环境造成严重破坏。此外，刷尾负鼠作为牛结核病菌的传播载体不停地流窜于各个农场，让新西兰引为自豪的先进畜牧业陷入公共卫生危机。刷尾负鼠作为外来入侵物种，在新西兰泛滥成灾，成为当地有害动物。从20世纪90年代起，新西兰政府出台法案，对刷尾负鼠数量进行控制，主要手段是使用可降解的鼠药、陷阱或直接猎杀。

澳大利亚约有袋鼠6000万只，在栖息地内，这些袋鼠可破坏庄稼、牧场或篱笆。有学者研究了2011年～2020年澳大利亚4种主要袋鼠（赤大袋鼠、岩大袋鼠、东部灰大袋鼠和西部灰袋鼠）对畜牧业的影响，数据显示，4种主要袋鼠消耗的牧草约占总量的10%，有袋动物已对畜牧业造成了一定程度的影响。

五、危害

有袋动物在哺乳动物演化上十分独特，是具有重要学术意义的动物类群，也深受人们喜爱，但有袋动物可携带结核病、巴氏杆菌病、狂犬病、弓形虫病等多种动物共患病及人畜共患病病原体，直接威胁家畜、家禽及人类健康，可造成重大损失。此外，有些种类的有袋动物如负鼠泛滥，可对生态环境造成严重破坏。

第十节
马科动物

一、生物学特性

（一）分类

马科是奇蹄目中的一科，在生物学分类上属于脊索动物门（*Chordata*）、脊椎动物亚门（*Vertebrata*）、哺乳纲（*Mammalia*）、真兽亚纲（*Eutheria*）、奇蹄目（*Perissodactyla*）。马科动物的史前种类多样，现仅存马属动物1个属，包括马亚属（*Equus*）、驴亚属（*Asinus*）、细纹斑马亚属（*Dolichohippus*）和斑马亚属（*Hippotigris*）4个亚属，其中，马亚属现仅存家马和普氏野马2个亚种；驴亚属有非洲野驴（包括家驴）和亚洲野驴2个亚种；细纹斑马亚属仅有细纹斑马1个亚种；斑马亚属有普通斑马和山斑马2个亚种。

（二）形态特点

马科动物体格匀称。头面平直而偏长，头颈灵活，耳短。两眼距离大，视野重叠部分仅有30%，可视面达330°~360°。胸廓深广，心肺发达。四肢长，骨骼坚硬，肌腱和韧带发育良好。肱骨和股骨很短，桡骨和胫骨很长，尺骨和腓骨均退缩。第三趾发达，第二、四趾退化，仅剩退化的掌骨和跖骨。单蹄，蹄质坚硬，能在坚硬地面上迅速奔驰。颊齿高冠，上臼齿釉质层褶曲精细，牙齿咀嚼力强。毛色复杂，以骝、栗、青和黑色居多；被毛春、秋季各脱换一次。尾的近端部毛短而光滑，尾的远端部有披散的长毛。汗腺发达，有利于调节体温，不畏严寒酷暑，容易适应新环境。大型品种体重达1200千克，体高200厘米；小型品种体重不到200千克，体高仅95厘米；袖珍矮马仅高60厘米。

（三）生活习性

马科动物栖息于山地、草原和荒漠，喜欢群居，其种群一般由一匹公马、几匹母马和它们的后代组成。每个种群都有明确的活动范围，并以每天 5 千米~10 千米的速度迁移。马科动物属于草食性动物，群体中的个体之间在进食之后常互相清理皮肤，有时也进行自身护理，比如打滚、自我刷拭和驱散蚊蝇等。食道狭窄，单胃，大肠特别是盲肠异常发达，有助于消化吸收粗饲料。无胆囊，胆管发达。听觉和嗅觉敏锐，借助声音、气味和抿耳、刨地、啃拭等行为进行交流。胎生，每胎 1 驹，一般春夏期间发情交配，妊娠时间约 11 个月。马、驴和斑马本是 3 个独立的物种，现在已出现生殖隔离。但有趣的是，马和驴、斑马杂交都能产生后代。骡子是马和驴的杂交体，分为马骡（公驴与母马交配所产后代）和驴骡（公马与母驴交配所产后代）。平均寿命 30 岁~35 岁，最长可达 60 余岁。

（四）种群分布

普氏野马原分布于中国新疆、甘肃、内蒙古交界一带，目前野生的普氏野马可能已经灭绝；我国家养普氏野马种群总数超过 600 匹，占全世界普氏野马总数的近三分之一。非洲野驴是家驴的祖先，二者列为同一种，非洲野驴主要分布于东北部的干旱地区，因为适应力强，有些再次野化。亚洲野驴是亚洲仅有的野生马类，体形介于驴和马之间，分布于亚洲的开阔地带，其中，青藏高原的野驴常被单列为西藏野驴，数量相对较多；印度和伊朗的亚种有时也被单列为波斯野驴。普通斑马是奇蹄目中现存的野生数量比较多的种类，分布于非洲东部到南部之间的广阔地区，是非洲的象征性物种，亚种较多，其花纹有一定区别。细纹斑马是现存体形最大的野生马类，条纹细而密集，分布于非洲东北部。

二、贸易与保护

（一）贸易

因马术运动在全球范围内盛行，以竞技、演艺等为目的，所以马的跨境、跨区域流动比较频繁，是国际上流动最频繁的动物之一。不过这些马大多是经过长期科学繁育、严格筛选、具有显著优秀特征的品种，如柏布马、阿克哈·塔克马、阿拉伯马、荷兰温血马、特雷克纳马、纯血马、汉诺威马等。这些马从分类上属于家马，其卫生状况良好，在流动时随附马匹护照，记载其名字、品种、年龄、血统、所有权、比赛成绩、护照号码等信息。野生马科动物的国际交流和贸易较少，主要为动物园观赏用，以斑马居多。近年来，我国从美国、泰国、荷兰和西班牙等国家（地区）引进过斑马，数量不多。

（二）保护要求

大多数野生马科动物处于濒危状态。普氏野马曾于 1881 年被发现，此后很长时间没有确切的野外记录，野生的普氏野马可能已经灭绝，我国繁育普氏野马种群总数约 600 匹，普氏野马被列入 CITES 附录 I，也是我国国家一级保护野生动物。亚洲野驴是亚洲仅有的野生马类，体形介于驴和马之间，分布于亚洲的开阔地带，有多个亚种，多数处于濒危、近危状态，其中，青藏高原的野驴常被单列为西藏野驴，数量相对较多。普通斑马被列入《濒危物种红色名录》"近危（NT）"物种，山斑马被列为"易危（VU）"。

三、检疫风险

（一）非洲马瘟

非洲马瘟（African horse sickness，AHS）是由非洲马瘟病毒（African horse sickness virus，AHSV）感染马属动物引起的一种急性或亚急性传染病。马属动物感染非洲马瘟病毒主要表现为呼吸系统和循环系统病变，常伴有功能障碍，如出现呼吸困难、发热、皮下结缔组织和肺部水肿以及内脏出血等症状。非洲马瘟是 WOAH 须通报的动物疫病，也是《中华人民共和国进境动物检疫疫病名录》及我国《一、二、三类动物疫病病种名录》中的一类动物疫病。

1. 病原

AHSV 属呼肠孤病毒科、环状病毒属，为双股 RNA 病毒。现已知有 9 个血清型，各型之间没有交叉免疫关系，不同血清型病毒的毒力强弱也不相同。非洲马瘟病毒对高温、酸和消毒剂不耐受。在 37℃ 条件下可存活 37 天，而在 50℃ 条件下 3 小时、60℃ 条件下 15 分钟即可被灭活。该病毒在 pH 6.0~10.0 之间可稳定存活，在 pH 3.0 时会迅速死亡。能被乙醚、0.4% β-丙烯内酯、0.1% 福尔马林、石炭酸以及碘伏灭活。

2. 流行特点

非洲马瘟传染源为病马、带毒马及其血液、内脏、精液、尿、分泌物及所有脱落组织，主要通过库蠓、伊蚊和库蚊等媒介生物吸血传播。马属动物为非洲马瘟易感动物，尤其以幼龄马易感性高，病死率高达 50%~95%；驴的抵抗力较强，病死率约为 10%；斑马的抵抗力很强，临床上基本不表现症状，多为长期带毒，常被认为是 AHSV 的自然宿主。非洲马瘟病毒所有的血清型在非洲的东部和南部均有分布；在某一地区，常以 1 个或 2 个血清型为主。非洲马瘟在非洲撒哈拉地区呈地方性和季节性流行，在中东、欧洲、亚洲西南部等地时有发生。截至目前，我国境内暂未发现非洲马瘟疫情。

3. 临床症状与病理变化

非洲马瘟的潜伏期一般为 7 天 ~ 14 天。按病程长短、症状和病变部位，一般分为肺型（急性型）、心型（亚急性型、水肿型）、肺心型、发热型和神经型。其中，肺型多见于流行初期或新发病的地区，发病急、病程短，病畜体温升高，精神委顿，呼吸困难，剧烈咳嗽，鼻孔扩张、流出大量含泡沫样液体，常因窒息而死。剖检特征性病变为全身性水肿，胸腔、腹腔、心包腔内大量积液和肺水肿。

4. 检疫诊断与预防

根据流行病学、临床症状和病理变化可作出初诊，确诊需进一步做实验室诊断。常用实验室诊断技术包括病毒分离与鉴定、血清学诊断和分子生物学诊断等，试验方法如细胞培养、鸡胚接种、新生鼠脑内接种、补体结合试验、中和试验、酶联免疫吸附试验、琼脂扩散试验、血凝抑制试验等、RT-PCR 等。

该病可用疫苗预防。国际上已有弱毒疫苗用于预防该病，但弱毒苗毒株能引起病毒血症，并具有致畸作用，安全性不够高，不建议在非疫区国家或地区使用。控制昆虫媒介，扑杀感染动物是防治该病的基础措施。

（二）马传染性贫血

马传染性贫血（Equine infectious anemia，EIA）由马传染性贫血病毒（Equine infectious anemia virus，EIAV）引起的主要由虫媒传播的马属动物的慢性传染病。该病传播途径多样，常隐性带毒，一旦发生很难消灭，曾给世界养马业造成重大损失。马传染性贫血是 WOAH 须通报的陆生动物疫病，被列入《中华人民共和国进境动物检疫疫病名录》及我国《一、二、三类动物疫病病种名录》中的二类动物疫病。

1. 病原

EIAV 属于反转录病毒科慢病毒属，基因组为正链 RNA，病毒粒子呈球形，有囊膜，囊膜外表面有小的纤突。该病毒有种群特异性抗原（病毒内部可溶性核蛋白抗原），用补体结合反应和琼脂扩散反应可以进行鉴别。马传染性贫血病毒对外界抵抗力较强，对紫外线耐受明显高于一般病毒，且在低温条件下稳定；对高温不耐受，对乙醚敏感；在 pH 3 以下或 pH 11 以上的条件下 1 小时可被灭活；日光照射下需 1 小时~4 小时灭活，煮沸则立即灭活。

2. 流行特点

马属动物为马传染性贫血易感动物，品种、年龄、性别差异小，其中，马的易感性最强，驴次之。病马和带毒马是该病的主要传染源，特别是发热期的病马，其血液和脏器中含有大量病毒，主要通过虻、厩螫蝇、蚊及蠓等媒介生物叮咬传播，病毒会随其乳、粪、尿、精液、眼屎、鼻液、唾液等分泌物或排泄物排出体外而污染环境，也可以通过消化道、胎盘以及交配行为进行传播。慢性和隐性病马长期带毒，是危险的传染源。该病主要呈地方性流行或散发，无严格的季节性和地区性，但在吸血昆虫较多的夏秋季节及森林、沼泽地带较易发病。

3. 临床症状与病理变化

潜伏期一般为 1 周~3 周。根据临床诊断，马传染性贫血分为急性、亚急性、慢性和隐性 4 个类型，主要症状为稽留热或间歇热；贫血、出血，红细胞和白细胞数量减少，血红蛋白量降低；四肢下部、胸前、腹下、包皮、阴囊等处水肿；心机能紊乱，心律不齐，脉搏快而弱；病马精神委顿，食欲减退，逐渐消瘦，容易疲劳、出汗。发热初期可视黏膜潮红、充血及轻度黄染，随着病程发展变为黄白至苍白，全身出现败血症变化。新疫区多见急性型，病死率较高；旧疫区则以慢性型、隐性型居多，病死率较低。

4. 检疫诊断与预防

根据典型临床症状和病理变化可作出初步诊断，确诊需进一步做实验室诊断。在国际贸易中，WOAH 指定诊断方法为免疫扩散试验，替代诊断方法为酶联免疫吸附试验。此外，也可用病原分离与鉴定（通常不用）、免疫荧光试验、补体结合试验等诊断。

该病尚无有效治疗方法，预防该病应采取综合性生物安全措施。加强饲养管理，提高马匹抗病能力；防止与病马接触，切断传播途径；搞好饲养环境卫生，改善防疫条件，做好驱虫灭蚊灭蝇工作；定期检疫，及时淘汰染疫动物，消除传染源；对污染的场所和用具等严格消毒等。

（三）东部马脑炎和西部马脑炎

东部马脑炎（Eastern Equine encephalomyelitis，EEE）和西部马脑炎

（Western Equine encephalomyelitis，WEE），又称马脑脊髓炎，是由马脑脊髓炎病毒引起的一种人畜共患病。动物感染后主要表现为脑炎症状，以中枢神经系统机能紊乱为主要特征，病初兴奋不安、呈圆圈状运动、冲撞障碍物、发热、厌食，随后出现嗜睡、垂头靠墙站立、惊厥等症状。病马常出现犬坐等异常姿势，症状明显。人可感染马脑脊髓炎，患者常出现高热、头痛、痉挛、呕吐和嗜睡等症状，有的迅速进入昏迷状态而死亡。马脑脊髓炎是 WOAH 须通报的动物疫病、《中华人民共和国进境动物检疫疫病名录》中的二类传染病。

马脑脊髓炎病毒属于披膜病毒科、甲病毒属，病毒粒子呈球形对称，有囊膜，基因组为单链 RNA。该病毒耐低温，能抵抗冻融。对乙醚和脱氧胆酸盐不耐受。

马属动物和人（尤其是幼龄儿童）对马脑脊髓炎病毒易感，猴、犊牛、山羊、犬、兔、鼠等也易感。鸟类、蚊虫为马脑脊髓炎病毒的中间宿主，马属动物、人为其主要终末宿主，即病毒在鸟类、蚊虫体内增殖并通过其传播给终末宿主。马脑脊髓炎有明显的季节性，常流行于夏秋季节，这与鸟类、蚊虫等媒介生物在传播过程中发挥的作用有关。东部马脑炎主要分布在美国东部、东北部及南部几个州，加拿大的安大略省，加勒比群岛，阿根廷，圭亚那等地，西部马脑炎因发现于美国西部而得名，临床症状与东方马脑炎相似，但比东方马脑炎轻。

（四）委内瑞拉马脑脊髓炎

委内瑞拉马脑脊髓炎（Venezuelan Equine encephalomyelitis，VEE）是由委内瑞拉马脑脊髓炎病毒（Venezuelan equine encephalomyelitis virus，VEEV）引起的一种以侵害马属动物中枢神经系统为特征的流行性疾病。动物感染后呈双向热型，除发热外常表现出共济失调、食欲不振、精神委顿、眼球震颤、腹泻等症状，死亡率较高。该病可传染人类，特别是儿童，多表现为流感样发热等症状。委内瑞拉马脑脊髓炎是 WOAH 须通报的动物疫病，也是《中华人民共和国进境动物检疫疫病名录》的二类动物疫病。

VEEV 属于披膜病毒科、甲病毒属，对紫外线、高温、乙醚敏感，能在短时间内被灭活；对低温、弱碱性环境等耐受，迅速冷冻储存在-70℃环境下可保存病毒。自然状态下，马属动物最易感，实验条件下家兔、豚鼠、小鼠等对该病毒也敏感。患病马属动物是该病的主要传染源，主要通过媒介生物蚊虫叮咬传播，库蚊尤其是黑色库蚊是该病已知主要的传播媒介。该病潜伏期为 2 天~5 天，潜伏期内症状与流行性感冒类似。流行时，人类尤其是儿童易感，且不需要媒介蚊虫，可直接通过上呼吸道感染，儿童常出现神经症状。该病起源于美洲，多发生在厄瓜多尔、哥伦比亚、委内瑞拉等国家（地区）。

（五）马鼻疽

马鼻疽（Glanders）是由鼻疽伯克霍尔德菌（*Burkholderia mallei*）引起的一种人畜共患病。根据感染部位不同分为肺鼻疽、鼻腔鼻疽、皮肤鼻疽。马属动物感染后在肺、淋巴结或其他脏器上出现鼻疽性结节，或在鼻腔、气管黏膜、皮肤上形成特异性鼻疽结节。人可感染马鼻疽。马鼻疽是WOAH 须通报的动物疫病，也是《中华人民共和国进境动物检疫疫病名录》及我国《一、二、三类动物疫病病种名录》中的二类动物疫病。

鼻疽伯克霍尔德菌为革兰氏阴性杆菌，不能运动，不产生芽孢、荚膜，非厌氧菌，最适培养温度为 37℃~38℃，最适 pH 为 6.4~7.0，在 4%的甘油琼脂中生长良好，主要存在于细胞外。体外情况下，对干燥、紫外线等不耐受，洁而灭（1∶2000）、次氯酸钠（$500×10^{-6}$有效氯）、碘、氯化汞乙醇溶液和高锰酸钾等是该菌的常用高效消毒药。

马属动物均易感，以驴、马最为易感，其中驴多为急性感染，马多为慢性感染。病马为主要传染源，以开放性鼻疽最为危险，鼻疽结节、溃疡中存在大量病菌，排出体外易污染饮用水、饲料、饲养用具等造成传播。马属动物多通过饮食污染的饮用水、饲料等而感染发病，也可经由破损的皮肤、黏膜进行传播。人较易因受伤的皮肤接触感染，感染后多发病急、病程短，表现为弛张热型，呼吸急促，常单侧颌下淋巴结肿痛，可视黏膜潮红。

（六）马流行性淋巴管炎

马流行性淋巴管炎（Epizootic Lymphangitis，EL），又称为假性皮疽，是由伪皮疽组织胞浆菌（*Histoplasmafarciminosum*）感染马属动物（偶尔也感染骆驼）引起的一种慢性、接触性、创伤性的人畜共患病。动物感染后会在皮下淋巴管及临近淋巴出现炎症、脓肿、溃疡、肉芽肿结节等症状。马流行性淋巴管炎被列入《中华人民共和国进境动物检疫疫病名录》二类传染病、我国《一、二、三类动物疫病病种名录》中的三类动物疫病。

伪皮疽组织胞浆菌是一种真菌，属于半知菌纲、念珠菌目、组织胞浆菌科、组织胞浆菌属。该菌在动物机体内通过孢子芽裂进行繁殖。伪皮疽组织胞浆菌抵抗力顽强，对酸、阳光直射耐受性强，患病动物厩舍污染该菌，经6个月仍保持活性；其对高温敏感，80℃条件下几分钟即可灭活。马属动物为该病的易感动物，马最易感，驴次之，人、犬等也会感染患病。患病动物为主要传染源，其溃疡脓性分泌物中含有大量病原菌。经损伤的皮肤或黏膜接触是主要传播途径，患病动物带菌分泌物污染饲养管理器具、厩舍、垫草等物理媒介间接传染该病，也可通过交配、胎盘等直接传播感染，此外，蚊、蝇、虻等媒介生物也可造成该病的传播。马流行性淋巴管炎分布广泛，发病无明显区域性或季节性，难治疗、难清除，是一种顽固性人畜共患病，对养殖和野生马属动物的影响及危害大。

（七）马病毒性动脉炎

马病毒性动脉炎（Equine viral arteritis，EVA），又称流行性蜂窝织炎，是由马病毒性动脉炎病毒（Equine arteritis virus，EAV）引起的一种传染病。马属动物感染后主要表现为发热，食欲不振，精神委顿，颌下淋巴结肿胀，眼睑、四肢下端水肿，流鼻涕、眼泪等症状，妊娠动物还会出现流产症状。马病毒性动脉炎是WOAH须申报的动物疫病，也是《中华人民共和国进境动物检疫疫病名录》中的二类传染病、我国《一、二、三类动物疫病病种名录》中的三类动物疫病。

马动脉炎病毒属于冠状病毒科、动脉炎病毒属，基因组为单股RNA。该病毒有囊膜，对高温、酸、乙醚、三氯甲烷等敏感；对低温耐受，-20℃以下可保存数年。易感动物仅为马属动物，马、驴等均易感，妊娠、幼龄、体虚动物更易感染。患病及带毒动物为主要传染源，雌性动物感染痊愈后较少带毒，而雄性动物染病恢复后多成为病毒的长期携带者。主要通过接触、呼吸道及交配传播，具有高度接触传染性；也可通过胎盘感染胎儿，造成子宫内胎儿死亡。潜伏期一般为3天~5天，野外感染潜伏期长，可长达14天。我国暂未出现马属动物感染马病毒性动脉炎的相关报道。

（八）马鼻肺炎

马鼻肺炎（Equine Rhinopneumonitis，ER），又称马病毒性流产，是由马疱疹病毒1型（EHV-1）和马疱疹病毒4型（EHV-4）感染马属动物引起的一种急性发热性传染病，主要表现为头部及上呼吸道黏膜卡他性炎症，白细胞降低，妊娠母马流产。马鼻肺炎被列入《中华人民共和国进境动物检疫疫病名录》中的二类动物疫病、我国《一、二、三类动物疫病病种名录》中的三类动物疫病。

马疱疹病毒1型（EHV-1）和马疱疹病毒4型（EHV-4）属疱疹病毒科、甲疱疹病毒亚科，基因组为双股DNA，其中，马疱疹病毒1型又称胎儿亚型，主要引起妊娠马属动物流产；马疱疹病毒4型又称呼吸系统型，主要引发呼吸道炎症，多表现出上呼吸道症状。两型病毒对紫外线、高温、乙醚、三氯甲烷、强酸、强碱等均敏感，对低温耐受，在宿主体外难存活，但附着于动物体表毛发时可保持感染性。在自然条件下，马鼻肺炎仅感染马属动物，感染动物和康复后的带毒动物是传染源，病毒存在于马的鼻液、血液和粪便中，流产马的胎膜、胎液和胎儿组织内也含有大量的病毒。该病传播快，主要通过呼吸道、消化道及交配感染，多发生于秋冬季节。

（九）马传染性子宫炎

马传染性子宫炎（Contagious Equine Metritis）是由马生殖道泰勒氏菌感染而引起的一种马属动物传染病，仅侵害母马生殖道，主要表现为宫颈炎、阴道炎、暂时性不孕，严重可造成流产。感染动物康复后，常成为无症状长期带菌动物。马传染性子宫炎是WOAH须申报的陆生动物疫病，被列入《中华人民共和国进境动物检疫疫病名录》中的二类传染病、我国《一、二、三类动物疫病病种名录》中的三类动物疫病。

马生殖道泰勒氏菌属于泰勒氏菌属，革兰氏阴性菌，无鞭毛，有荚膜，对磺胺类药物耐药性较强。马属动物为马传染性子宫炎的易感动物，常见于家马、驴等。带菌动物是传染源，尤其是雄性动物，主要通过交配接触造成传播，也可因不卫生的冲洗或在检查母马生殖道时传播该病，该病还可以通过胎盘传播，带菌雌性动物产下的胎儿也可能感染该病。

（十）马流行性感冒

马流行性感冒（Equine influenza），简称马流感，是由马A型流感病毒感染马属动物引起的一种急性暴发流行传染病，主要表现为发烧、呼吸系统症状，出现结膜潮红、咳嗽、流浆液性鼻液、脓性鼻漏等。马流行性感冒是《中华人民共和国进境动物检疫疫病名录》中的其他疫病、我国《一、二、三类动物疫病病种名录》中的三类动物疫病。

马A型流感病毒属于正粘病毒科、流感病毒属，基因组为单股负链RNA，分为马甲I型（H7N7）和马甲II型（H3N8）两个亚型。该病毒对外界环境敏感，高温容易使病毒失去感染性；对低温耐受，在-20℃下病毒活性可保持数月。马属动物是唯一易感动物，所有品种、年龄、性别的马属动物均易感。感染动物是主要传染源，主要通过呼吸道、接触传播，感染动物常可通过咳嗽喷出带病毒飞沫，直接经呼吸道传播该病，或经过污染饮水、饲料间接感染健康动物，交配也可能导致该病的传播。

(十一) 梨形虫病

梨形虫病（Piroplasmosis），又称焦虫病或血孢子虫病，是由媒介蜱传播的巴贝斯虫属和泰勒虫属的寄生虫寄生于哺乳动物巨噬细胞、淋巴细胞和红细胞内而引起血液原虫病的总称，包括巴贝斯虫病和泰勒虫病，多见于马、牛、羊、骆驼、犬、猪等家畜以及鹿、盘羊、浣熊、尖鼬、啮齿类等野生动物。马梨形虫病的病原为驽巴贝斯虫（*Babesia caballi*）和马巴贝斯虫（*B. equi*），动物感染后初期主要出现高热、贫血、出血、黄疸和血红蛋白尿等症状，后期病情加重，常表现出食欲不振、精神萎靡、消瘦等症状。马梨形虫病是《中华人民共和国进境动物检疫疫病名录》中的二类寄生虫病、我国《一、二、三类动物疫病病种名录》中的三类动物疫病。

驽巴贝斯虫和马巴贝斯虫是巴贝斯科巴贝斯属寄生虫。在自然条件下，通过草原革蜱（*Dermacentor nuttalli*）、森林革蜱（*D. silvarum*）、边缘革蜱（*D. marginatus*）、银盾革蜱（*D. niveus*）和盾糙璃眼蜱（*Hyalomma scupense*）等媒介生物蜱传播，其中，革蜱属的几种蜱是驽巴贝斯虫的主要传播媒介，将病原经卵传递给下一代蜱成虫，导致该病春季高发，流行病学意义重大。该病可发生单一或并发感染，症状与马传染性贫血症状相似，其区别是可以在红细胞中查出虫体。新生或新进入疫区的马属动物极易发病；疫区内马属动物因常年反复感染而较少发病或只有轻微症状，较为隐蔽，在检疫时应予以关注。

(十二) 日本脑炎

日本脑炎（Japanese encephalitis，JE），又称流行性乙型脑炎，简称乙脑，是由日本脑炎病毒经媒介生物叮咬传播感染的一种急性人畜共患病，主要表现为中枢神经系统损害，出现高热、食欲废绝、精神委顿、嗜睡等症状，多数造成死亡，预后不良常出现后遗症。日本脑炎是 WOAH 须申报的动物疫病，也被列入《中华人民共和国进境动物检疫疫病名录》中的二类传染病、我国《一、二、三类动物疫病病种名录》中的二类动物疫病。

流行性乙型脑炎病毒属黄病毒科、黄病毒属，是黄病毒科中最小的病毒之一，能凝集血细胞，基因组为单股正链 RNA。乙脑病毒在外界环境中不稳定，容易被消毒剂灭活，对乙醚、三氯甲烷和脱氧胆酸钠敏感；对高温、强酸等不耐受，生理盐水即可高效灭活该病毒。马属动物是该病的易感动物，尤其是幼龄动物特别易感，感染率高达90%。患病、带毒动物是传染源。乙脑传播依赖蚊叮咬，以库蚊、伊蚊、按蚊较常见，病毒可在其体内繁殖、越冬，再通过叮咬传播至其他易感动物，因此该病发生具有明显季节性，多发于每年 7 月~9 月。

（十三）亨德拉病

亨德拉病（Hendra disease，HD）是由亨德拉病毒（Hendra virus，HeV）引起的一种人畜共患病，于 1994 年~1995 年首次在澳大利亚的亨德拉被发现，主要感染人和马属动物，被列入《中华人民共和国进境动物检疫疫病名录》中的二类传染病。

亨德拉病毒属副粘病毒科、亨尼帕病毒属，基因组为单股 RNA。到目前为止，马是唯一能被自然感染的家畜，人类患病往往与病马密切接触有关。研究表明，从患病马属动物的尿液中能分离到病毒，普遍认为摄食被尿污染的饮水、饲料是该病的主要传播途径。该病在马属动物身上主要表现为肺炎，常出现高热、食欲不振、精神萎靡、呼吸急促、共济失调等症状，发病过程急，从出现症状到死亡为 1 天~3 天。

（十四）西尼罗热

西尼罗热（West Nile Fever）是由西尼罗病毒经媒介生物蚊传播的一种急性发热性人畜共患病，该病主要侵害中枢神经系统，引发脑炎症状。北美洲、欧洲、西亚、澳大利亚等许多国家和地区都存在或流行该病。西尼罗热是 WOAH 须申报的陆生动物疫病，被列入《中华人民共和国进境动物检疫疫病名录》二类动物疫病。

西尼罗病毒属黄病毒科、黄热病毒属，与日本脑炎病毒同属，基因组为单股正链 RNA。病毒分 I 型和 II 型，I 型主要分布于北非、欧洲、美国，II 型主要分布于西非、中非、东非等地区。西尼罗病毒对温度、紫外线敏感，容易被乙醚灭活；对低温、干燥耐受度高。马属动物对西尼罗病毒易感。野生鸟类尤其是乌鸦，是西尼罗病毒的贮存宿主和传染源，带毒马属动物及部分禽类也可成为传染源。马西尼罗热主要靠库蚊传播，鸟类感染西尼罗病毒后形成病毒血症，蚊虫叮咬鸟类后带毒，再次叮咬将病毒传播给人或其他动物，引发疾病或隐性感染。马西尼罗热也具有明显季节性，蚊虫滋生季节即是该病高发季节。

四、生态风险

在自然状态下，马科动物由于繁育速度慢、幼仔易被食肉动物猎捕、易感染多种疫病等原因，大多数野生马科动物物种处于濒危状态。例如，普氏野马分布地域曾经横跨欧亚大陆，广泛分布于辽阔的草原和荒漠草原带，历史上极为繁盛。然而，一百多年前当科学界发现普氏野马时，它已经处于残存状态，偏居于人迹罕至的亚洲腹地一隅，并且在随后的数十年内种群数量不断下降，最终于20世纪中叶野外灭绝。马科动物是自然界的重要组成部分，识别并防范物种灭绝风险，是保持生物多样性的必然要求，对于维持生态系统平衡、建设生态社会有重要意义。

五、危害

马科动物与人类关系密切。马被驯化以来，在漫长的发展过程中，由于自然环境的影响和不同社会经济发展的需要，马的用途经历了肉用、乳用、农业生产、交通运输、军事和运动娱乐等多个阶段交替或相互融合的过程。非洲马瘟、马传染性贫血、马病毒性动脉炎等烈性疫病持续威胁着马科动物健康，造成其大量死亡。西尼罗热、亨德拉病、日本脑炎、委内瑞拉马脑脊髓炎、马鼻疽、马流行性淋巴管炎、东部马脑炎和西部马脑炎等人畜共患病，多数经病媒生物传播，损害动物和人类神经系统，造成严重后果。因此做好防鼠、防鸟、灭蚊、灭蝇等工作对防治疫病至关重要。

第十一节
犀科动物

一、生物学特性

（一）分类

犀牛（*Dicerorhinus*）是哺乳纲、奇蹄目、犀科的总称，共有4个属5

个种，即白犀牛（*Ceratotherium simum*）、黑犀牛（*Diceros bicornis*）、印度犀牛（*Rhinoceros unicornis*）、爪哇犀牛（*Rhinoceros sondaicus*）和苏门答腊犀牛（*Dicerorhinus sumatrensis*）。白犀牛有南部白犀牛和北部白犀牛 2 个亚种，但只有南部白犀牛的种群仍然存活，北部白犀牛因偷猎在野外灭绝。

（二）形态特点

犀牛是最大的奇蹄目动物，也是体形仅次于大象的陆地动物。犀牛所有种类都腿短、体形粗壮，体态笨拙。体长 2.2 米~4.5 米，肩高 1.2 米~2 米，体重 800 千克~3000 千克，皮厚粗糙，并于肩腰等处成褶皱排列；蹄有 3 个短趾，趾尖有宽而钝的趾甲；除耳尖及耳缘外毛，其他部位几乎无毛；耳呈卵圆形，头大而长，颈短粗，长唇延长伸出；鼻端有实心的独角或双角（有的雌性无角），印度犀和爪哇犀为单角，苏门答腊犀、黑犀牛和白犀牛为双角，角起源于真皮，角脱落仍能复生；无犬齿；尾细短。

（三）生活习性

犀牛多独居，个体之间很少接触，只有白犀牛以约 10 头的数目群居。草食性，白犀牛的上唇很宽，可以吃矮小的草；黑犀牛的唇比较突出，能采集嫩枝再用前白齿咬断；印度犀牛除了以草为主食，还吃一些水果、树叶、树枝和稻米；爪哇犀牛以小树苗，矮灌木和水果为食；苏门答腊犀牛主要在晚间吃藤条、嫩枝和水果。栖息于水源附近区域。喜爱在泥塘中打滚，可保持凉爽、驱虫。在晨昏等凉爽时段活动。视觉差，听觉和嗅觉灵敏。大多性格温顺，以撒尿及散布粪便的方式来标识自己的领域，但在争夺领域时会互相用角攻击，在交配季节会攻击任何目标，包括人类。犀牛奔跑速度都很快，即使在荆棘中时速也可达到 45 千米。妊娠期约 16 个月~18 个月，每 4 年~5 年生 1 头小犀牛，犀牛的寿命可以达到 35 岁~40 岁。

（四）种群分布

犀牛主要分布于东南亚、南亚和非洲，多数生活于开阔的草地、稀树草原、灌木林或沼泽地，爪哇犀牛和苏门答腊犀牛生活在热带低地和热带雨林。白犀牛分布于非洲的南非、刚果（金）、乌干达、安哥拉和津巴布韦等地。目前，黑犀牛的数量约 5500 头，主要分布于非洲的安哥拉、肯尼亚、莫桑比克、坦桑尼亚、南非、纳米比亚和津巴布韦。印度犀牛主要生活在尼泊尔和印度东北部。爪哇犀牛是亚洲较小的单角犀牛，在自然界很少见到，当前印度尼西亚有 72 头爪哇犀牛存活。苏门答腊犀牛曾分布于从喜马拉雅山脚下的不丹和印度东北部直至中国云南、缅甸、泰国、柬埔寨、老挝、越南、马来半岛、印度尼西亚的苏门答腊岛和婆罗洲的热带森林中，现仅存于印度尼西亚局部地区，种群数量不到 80 头，原生栖息区域非常小且高度分散。

二、贸易与保护

（一）贸易

在生物学史上，犀牛曾遍布全球，其物种将近 30 个属，2000 多年以来，犀牛被人类视为珍稀药用动物，尤其是犀牛角，传统上用于制作中药和观赏。犀牛角是著名的寒性药物，具有解热、凉血、解痉、解毒、定惊等效果，用于缓解伤寒、惊狂、烦躁、谵语、斑疹、发黄、吐血、鼻出血、痈疽肿毒，对于高热抽搐、神昏有一定效果。犀牛角历来被视为一种非常珍贵的材料，用于制作昂贵的雕刻物品，如碗和手镯，一些国家（地区）过去用犀牛角来生产装饰华丽的雕刻工艺品。在巨大的利益驱使下，猎杀犀牛、贩卖犀牛角等非法行为普遍存在，导致犀牛数量急剧下降。据不完全统计，我国 2016 年~2018 年从南非和尼泊尔共进口犀科动物 4 对，其中，白犀牛 2 对、印度犀牛 2 对，引进的犀牛均用于动物园繁育研究和向公众展示教育，具有极高的研究和观赏价值。

（二）保护要求

《濒危物种红色名录》将黑犀牛、爪哇犀牛和苏门答腊犀牛列为"极危（CR）"，印度犀牛列为"易危（VU）"，白犀牛列为"近危（NT）"。犀牛是 CITES 缔约方大会的热门话题，多届大会曾讨论、磋商保护犀牛和犀牛角贸易问题，并形成相关决议。目前，除了南部白犀牛被列入 CITES 附录 Ⅱ 外，其他所有犀牛物种均被列入 CITES 附录 Ⅰ，以强化对犀牛贸易的管控。我国是 CITES 的成员，将非原产于我国的 CITES 附录 Ⅰ、Ⅱ 所有物种对应为国家一级或二级保护野生动物，具体到犀牛而言，严禁进出口犀牛角，禁止用犀牛角制药，并取消了犀牛角的药用标准。同时，相关执法部门加强合作，严厉打击盗猎、犀角走私活动，特别是网上非法交易犀牛角及其制品的违法活动；大力保护生态环境，改善、恢复各种野生动物栖息地；支持实施转移或引入项目，调节犀牛种群密度，平衡资源分布，提高种群的生存力；加强宣传教育，调动人们保护的积极性，鼓励他们切实有效地参与犀牛的保护工作。

三、检疫风险

（一）炭疽

炭疽（*Anthrax*）是由炭疽杆菌（*Bacillus anthracis*）引起的一种急性、热性、败血性人畜共患传染病。哺乳动物炭疽以天然孔出血、血液呈煤焦油样凝固不良、皮下及浆膜下结缔组织出血性胶样浸润、脾脏显著肿大等主要病变为特征。WOAH 将其列为须通报疫病，《中华人民共和国进境动物检疫疫病名录》及我国《一、二、三类动物疫病病种名录》将其列为二类动物疫病。

1. 病原

炭疽芽孢杆菌（*Bacillus anthracis*）惯称炭疽杆菌，属于需氧芽孢杆菌属（*Bacillus*）34 个正式种中最重要的病原菌，是致病菌中最大的细菌。菌体粗大，两端平直或凹陷，呈竹节状，无鞭毛，无动力，革兰氏染色阳性。炭疽杆菌为兼性需氧菌，在氧气充足、温度适宜（25℃~30℃）的条件下易形成芽孢，芽孢对干燥、高热和紫外线有较强抵抗力，在干燥的状态下可存活 32 年~50 年；来苏水、苯酚和酒精等常用化学消毒剂对其杀灭作用也较差。经直接日光暴晒 100 小时、煮沸 40 分钟、140℃干热 3 小时、110℃高压蒸汽 1 小时，或者浸泡于 10%福尔马林液 15 分钟、新配 5%石炭酸溶液或 20%漂白粉溶液数日以上，才能将芽孢杀灭。炭疽杆菌受低浓度青霉素作用，菌体可肿大形成圆珠，称为"串珠反应"，为炭疽杆菌特有的反应。

2. 流行特点

各种家畜、野生动物对该病都有不同程度的易感性，犀牛作为野生草食动物较易感。2020 年，在印度东部的贾达帕拉国家公园中有 5 头雌性印度犀牛疑似死于炭疽感染。该病主要经消化道、呼吸道和皮肤感染。患病动物和因炭疽而死亡的动物尸体以及污染的土壤、草地、水、饲料都是该病的主要传染源，被污染的土壤、水源、场地可形成持久疫源地，呈地方性、季节性流行，多发生在吸血昆虫多、雨水多、洪水泛滥的季节。

炭疽病几乎遍及世界各地，四季均可发生，在危害社会公共卫生和经济发展的因素中迄今仍占相当大的比重。其是非洲哺乳动物最严重的威胁之一。

3. 临床症状与病理变化

炭疽的潜伏期一般为 1 天~5 天，最长的可达 14 天，最短的仅 12 小时。临床表现为体温升高至 42℃ 以上，精神委顿、全身战栗、食欲废绝、呼吸困难、可视黏膜发绀且有出血点、粪便常带血、尿呈暗红色、腹部膨胀等症状；临死前天然孔出血，血液呈暗紫红色、凝固不良、黏稠似煤焦油状，经数分钟或数小时死亡，尸僵不全。病程较长时（2 天~5 天），腹下、乳房、肩及咽喉部常见水肿。舌炭疽多见呼吸困难、发绀，肠炭疽腹痛明显。急性病例一般经 24 小时~36 小时后死亡，有炭疽痈时，病程可达 3 天~8 天。

感染炭疽死亡的动物、疑似炭疽染病动物尸体，一般不准予解剖。如确需解剖，需上级有关部门批准，应做好各种预防措施，包括解剖场地、人员安全、焚烧设备等，解剖完后要对尸体及污染物进行彻底消毒和处理。剖检可见淋巴结肿大、充血，切面潮红。脾脏高度肿胀，达正常数倍，脾髓呈黑紫色。

4. 检疫诊断与预防

该病发病急，病程短，临床诊断困难，确诊需要进一步做实验室诊断。严禁在非生物安全条件下进行炭疽及其疑似动物尸体剖检。血清学试验中的炭疽环状沉淀试验（Ascoli 试验）是诊断炭疽的简便、快速方法，也可用琼脂扩散试验、荧光抗体染色试验、聚合酶链反应（PCR）和炭疽的病原分离与鉴定等方法进行实验室诊断。

在防控野外犀牛感染炭疽时，进行免疫接种是困难而不切实际的，但可通过及时、彻底无害化处理病死动物尸体来减少该病的发生。饲养人员在日常管理、清扫圈舍时应坚持湿式作业，做好个人防护和消毒，发现疑似炭疽病例立即用抗生素治疗，不直接接触病死动物，对病死动物尸体要严格进行焚烧处理。

（二）结核病

结核病（Tuberculosis）是由结核分枝杆菌（*Mycobacterium tuberculosis*）所引起的野生动物、家畜、家禽和人的一种慢性传染病。该病特征性病变是在多种组织器官形成结核结节性肉芽肿（结核结节），继而结节中心干酪样坏死和钙化。结核分枝杆菌主要侵害动物的肺脏，还可能侵害肠道、肝、脾、肾和生殖器官。WOAH 将其列为须通报疫病，其也是《中华人民共和国进境动物检疫疫病名录》中的二类传染病。

结核病一般呈散发性流行。1997 年 10 月 WOAH 曾报道，牛型结核病在欧、亚、非大陆的野生动物中流行，南非克鲁格公园的狒狒中暴发流行，导致感染的动物全部死亡；犀牛、羚羊、狮子等动物也可能感染发病。

1. 病原

分枝杆菌属（Mycobacterium）的多种细菌可以引起野生动物的结核病和结核样病变，最主要的有结核分枝杆菌（*M. tuberculosis*）、牛分枝杆菌（*M. bovis*）和禽分枝杆菌（*M. avium*）3 种。此属菌的特点是需氧，无鞭毛，无芽孢，无荚膜，在细胞壁中含有丰富的脂类。该菌为专性需氧菌，适于在 37℃~39.5℃、pH 6.5~6.8 条件下生长。分枝杆菌在自然环境中具有较强的抵抗力，耐干燥和湿冷，在水中可存活 5 个月，在土壤中可存活 7 个月，在黑暗处则可存活 1 年以上，在粪便、厩舍、土壤中能生存 6 个多月，在寒冷条件下能存活 4 年~5 年。该菌对热抵抗力差，60℃经 30 分钟即死亡，70℃~80℃经 5 分钟~10 分钟可死亡。其对紫外线比较敏感，阳光直射下 2 小时~4 小时可杀死大部分细菌。分枝杆菌对消毒药的抵抗力较强，在常用消毒药经 4 小时方可死亡，而在 70% 酒精或 10% 漂白粉中很快死亡。

2. 流行特点

患病动物和人的粪、尿、乳汁、痰液等都可带菌，通过污染的饲料、饮水、食物、空气和环境而散播传染。主要是通过呼吸道和消化道感染，也可通过损伤的皮肤、黏膜和胎盘而感染，但极为少见。

该病的感染范围很广，多种野生动物易感。野生动物在自然条件下发病并不普遍，但动物园或圈养条件下的野生动物，由于感染机会增多，发病比较常见。不良外界环境、饲养管理不当、动物自身营养不良或患有其他疾病等，均可促进该病的发生、加重和传播。该病无明显季节性和地区性。

3. 临床症状与病理变化

潜伏期一般为 10 天~15 天，有时达数月以上。犀科动物感染牛型分枝杆菌表现为消瘦、内脏器官、骨组织形成结核结节，感染禽分枝杆菌（*M. avium*）、瘰疬分枝杆菌（*M. scrofulaceum*）和溃疡分枝杆菌（*M. ulcerans*）等其他分枝杆菌感染，表现为皮肤和骨的脓肿、化脓性关节炎并常波及内脏器官。黑犀病发病初期无明显症状，不易被人注意，病情发展可表现为消瘦、精神委顿、少动、喜欢卧地、食欲减退、呼吸加快和咳嗽等。

特征性病变是在各组织器官发生增生性结核结节（结核性肉芽肿）或渗出性炎，或者二者混合存在，后期在渗出性和增生性炎的基础上，可出现变质性炎，表现为干酪样坏死，时间较久的结核由灰白色转为黄色。结核杆菌可通过血液和淋巴液循环，由原发病灶扩散至机体各部而形成许多新的病灶，常出现病灶的部位有肺、胸膜、腹膜、肝、脾、肾、骨、关节、子宫和乳房，犀牛等哺乳类动物原发性结核通常局限于淋巴系统和肺脏。

4. 检疫诊断与预防

根据临床症状和病理变化可作出初步诊断，确诊需进一步做实验室诊断，常用检测技术有病原学试验（显微镜检查、病原分离鉴定、DNA 寡聚核苷酸探针或聚合酶链反应）、血清学试验（淋巴细胞增生试验、γ-干扰素试验和酶联免疫吸附试验）和结核菌素试验（皮内注射法、点眼法）。

引进犀牛时，加强检疫是重要预防措施之一。及时隔离和治疗患病动物，必要时进行扑杀以消灭传染源。严格执行兽医卫生制度，在养殖场、圈舍入口处设置消毒池，对出入车辆、物品实施防疫消毒，定期对圈舍、通道、运动场进行消毒。加强饲养管理，提供充足饲料，增强动物机体免疫力。此外，可用化学药物异烟肼预防结核病。

（三）大肠杆菌病

大肠杆菌病（Colibacillosis）是由致病性大肠杆菌的某些血清型所引起的一类人畜共患传染病。已经发现的致病性大肠杆菌可分为产肠毒素性大肠杆菌（ETEC）、产 Vero 细胞毒素性大肠杆菌（VTEC）、肠致病性大肠杆菌（EPEC）、肠侵袭性大肠杆菌（EIEC）、肠出血性大肠杆菌（EHEC）和肠集聚性大肠杆菌（EAggEC）等。这些大肠杆菌既可以单独致病，也可作为许多疾病的条件致病菌，主要侵害幼畜、仔兽和雏禽，表现为严重腹泻和败血症，可造成死亡。

1. 病原

该病病原为大肠埃希氏菌（Escherichia coli），俗称大肠杆菌，埃希氏菌属中唯一的一个种。大肠埃希氏杆菌是中等大小杆菌，其大小为（1~3）微米×（0.5~0.7）微米，有鞭毛，无芽孢，有的菌株可形成荚膜，革兰氏染色阴性，一般有数根鞭毛，常无荚膜，两端钝圆。对外界不利因素抵抗力不强，常用消毒药易将其杀死。

2. 流行特点

多数病例呈急性或亚急性经过，有的呈慢性经过。各种动物都可感染大肠杆菌而发病，特别是仔兽更十分易感。犀科动物也一样，幼犀比成年犀更易感，除非直接食入毒力较强或数量较大的病原性大肠杆菌，成年犀牛感染一般不发病。患病、带菌动物是传染源，主要通过消化道感染，饮食或接触污染的饲料、饮水及用具等是常见的感染方式。当饲养管理导致动物机体抵抗力下降时，可促使条件致病性大肠杆菌异常繁殖，毒力增强而发病。

3. 临床症状与病理变化

自然感染大肠杆菌的潜伏期一般为 1 天~9 天，因饲料严重污染而发病的动物，其潜伏期较短，可出现暴发流行。临床上主要表现为急性肠炎症状，病兽频繁腹泻、粪便稀薄、腥臭、带有黏液和血液，体温升高，食欲下降，饮欲增加，精神委顿，不愿活动，逐渐消瘦，心跳呼吸加快，后期出现脱水及中毒症状。急性亚急性病例，胃肠黏膜和肠系膜淋巴结呈不同程度的水肿、充血、出血，肠内容物稀薄；有时可见心冠脂肪、肾、膀胱黏膜有散在的出血点，肺充血、水肿，脾轻度肿大。慢性病例的胃肠黏膜溃疡、有时脱落，肠系膜淋巴结肿胀明显、出血，心、肝、肾变性，肺有小灶状坏死。

4. 检疫诊断与预防

依据流行病学情况、临床症状和病理检查结果，只能作出初步诊断，确诊须用微生物学检查方法。大肠杆菌在普通培养基上易于生长，37℃培养 24 小时即可形成透明或浅灰色的湿润菌落；伊红美蓝培养基上菌落呈紫黑色，有金属光泽；麦康凯培养基菌落呈红色、中国蓝培养基上菌落呈蓝色。大肠杆菌在肉汤培养中生长旺盛，使肉汤高度浑浊，并形成浅灰色易摇散的沉淀物。生化反应活泼，具有鉴定意义的生化特性包括吲哚试验和 M. R. 试验阳性，V-P 试验阴性，不能利用枸橼酸盐和丙二酸钠，不产生尿素酶、苯丙氨酸脱氢酶和硫化氢，不液化明胶以及不能在氰化钾培养基上生长。大肠杆菌能分解乳糖，在麦康凯培养基上可生长成红色的菌落，这一点可与不分解乳糖的其他细菌相区别。

预防该病发生的关键是抓好饲养卫生管理，提高动物机体的抵抗力。对引进的雌兽尤其是怀孕期雌兽及仔兽要特别关注，投喂新鲜、适口的全价饲料。保持兽舍及小室的干燥清洁并定期消毒，保持雌兽乳头清洁。严禁饲喂污染严重或腐败的饲料。

四、生态风险

犀牛在地球上生存超过 5000 万年，是最原始的动物之一。犀牛曾经在北美洲、欧洲的大部分地区，非洲和东南亚生活，我国也曾栖息着大量的犀牛。由于气候变化、偷猎及人类活动对它们生活环境的不断破坏，它们的栖息地逐年缩小，种群数量锐减。在所有犀牛中，黑犀牛的数量下降最为明显，20 世纪初期，黑犀牛种群数量曾达到 85 万头，是所有犀牛中数量最多的一种，因受偷猎、栖息地减少等因素影响，到 20 世纪 60 年代，黑犀牛数量下降到 10 万头；到 20 世纪末，仅剩 24 余头；21 世纪以来，通过采取反偷猎等保护措施，黑犀牛种群数量缓慢恢复，规模逐渐扩大。在 20 世纪中叶，犀牛在我国已经灭绝。目前，地球上只剩下大约 27100 余头犀牛，其中，白犀牛约 18000 头、黑犀牛约 5500 头、印度犀牛约 3600头、爪哇犀牛和苏门答腊犀牛均不到 80 头，可见，多数犀牛都面临灭绝的威胁，其中，苏门答腊犀牛正濒临灭绝。

五、危害

犀科动物比较珍稀，备受公众喜爱和保护。但也要注意到，犀科动物可感染炭疽、结核、沙门氏杆菌病、钩端螺旋体病、大肠杆菌病、葡萄球菌病，以及其他多种哺乳动物易患的细菌性传染病。此外，其在口蹄疫、蓝舌病、狂犬病、牛瘟、旧大陆螺旋蝇蛆病（倍赞氏金蝇）以及流行于整个非洲大陆的非洲马瘟等疫病流行过程中的作用还不确切。这些动物疫病中，口蹄疫、非洲马瘟等烈性急性共患病，狂犬病、炭疽、钩端螺旋体病、沙门氏菌病、牛结核病、大肠杆菌病（O157：H7）为人畜共患病，须倍加警惕。

第十二节
貘科动物

◇

一、生物学特性

（一）分类

貘（*Tapirus*），属于动物界、脊索动物门、哺乳纲、奇蹄目、貘科动物，貘科仅 1 个属 5 个种，即山貘（又称毛貘或安第斯貘，Mountain tapir）、中美貘（Central American tapir）、南美貘（又称巴西貘或低地貘，South American tapir）、卡波马尼貘（又称小黑貘，Tapirus kabomani）及马来貘（又称亚洲貘，Malayan tapir），前 4 个种均分布在美洲，只有马来貘分布于东南亚。

（二）形态特点

貘是南美洲现存体形最大的陆生哺乳动物。体形像猪，略大，鼻子圆长、可自由伸缩，尾短皮厚，毛少且长，前肢四趾，后肢三趾。卡波马尼貘是所有貘中体形最小的，通体黑色，是 2013 年发现的一种新型貘，有报道称这是近百年来发现的最大的新型哺乳动物，但仍有一些科学家对此结论存疑，认为它是南美貘的一个亚型，它的身份目前尚无定论。马来貘的体形比其他 4 种貘都大。

（三）生活习性

亚洲貘善于游泳和潜水，将长而弯曲的鼻子当作通气孔，前肢的四趾和后肢的三趾帮助它们在水底行动自如。常常待在水中或泥中，以逃避敌害、冷却身体；植食性，以多汁植物的嫩枝、树叶、野果特别是水生植物为食；性情孤僻，不喜群居，多半独居或成对生活；不喜欢强光，只在夜间出来活动；视觉较差，听觉、嗅觉十分灵敏。山貘主要栖息于海拔1400 米~4700 米的山地森林中，主要以灌木、蕨类等植物为食。中美貘生活在茂密丛林中，主要以树叶和落地果实为食，行走时的轨迹呈锯齿状，一般也居住在水的附近，尤其喜欢游泳和涉水，中美貘是独居动物，在繁殖季节也会聚集在一起。南美貘栖息在亚马孙雨林及亚马孙盆地近水的地方，能游善跑，就算在崎岖的山路上也能奔走自如。在野外，它们的天敌主要是鳄鱼和美洲豹、美洲狮等大型猫科动物，南美貘受惊时会潜入水中。

貘的平均寿命为 20 年~30 年，但无论是野生还是在动物园饲养的貘，都有机会活到 30 岁，大约 3 岁~4 岁就会发育成熟。繁殖期不固定，在 4 个月~6 个月之间；而妊娠期约为 13 个月，雌貘两年繁殖一次，每胎只生 1 仔，哺乳期为 3 个月~6 个月。

（四）种群分布

貘属的 5 个种主要分布于东南亚和拉丁美洲两地。山貘是现存 5 种貘中较小的一种，栖息于哥伦比亚、厄瓜多尔和秘鲁北部的安第斯山脉。中美貘生活在墨西哥东南部、伯利兹、危地马拉、洪都拉斯、哥斯达黎加、尼加拉瓜和巴拿马等国家（地区）的茂密丛林中，也可生活在海拔 3350 米的高地。南美貘栖息于南美洲亚马孙雨林及亚马孙盆地近水的地方，活动范围北临委内瑞拉、哥伦比亚及圭亚那，南至巴西、阿根廷及巴拉圭，西至玻利维亚、秘鲁及厄瓜多尔。卡波马尼貘主要生活在巴西和哥伦比亚。马来貘是唯一生活于亚洲的貘，分布于东南亚的马来半岛、苏门答腊岛、泰国、柬埔寨和缅甸，生活在低海拔的热带雨林里。

二、贸易与保护

（一）贸易

貘身体浑圆，皮厚毛硬，性情懦弱，憨态可掬，其貌"似猪不是猪、似象不是象"，古书称之"四不像"，是极具观赏性的动物。雌性的马来貘，体形硕大，全身除耳朵末端以及中后段有如穿着肚兜、包着尿布的白色体毛外，其他部位皆呈黑色。这样的色块分布使得马来貘在躺下休息时更容易被其他动物认作岩石而非猎物。近年来，我国从南非、德国、日本、俄罗斯、新加坡、阿根廷和西班牙等国家（地区）先后引进 20 余只马来貘、南美貘，丰富了野生动物种类，增加了观赏性。

（二）保护要求

由于貘的妊娠期长达 13 个月，大多数情况下每胎只生 1 仔，因此貘数量的自然增长速度缓慢，同时，人类捕食、破坏其栖息地等因素，严重威胁貘种群的存续。貘的生存现状很不乐观，《濒危物种的红色名录》中，南美貘属于"易危（VU）"，另外几种貘都处于"濒危（EN）状态"。野生山貘现存数量不足 2500 只。全球马来貘数量约为 3200 只，其中，动物园内饲养的约 200 只、野外生存的约 3000 只。过去的 30 多年，濒危貘的数量下降了 50%，易危的南美貘数量下降了约 30%。

三、检疫风险

结核病（Tuberculosis，TB）是由结核分枝杆菌所引起的人和动物共患的一种慢性传染病，其特点是在组织器官形成肉芽肿和干酪样钙化结节。病原主要侵害肺，也可以侵害肠、肝、脾、肾和生殖器官，甚至引起全身病变。

结核病感染宿主范围很广，不同种类动物对其易感性不一样。貘与旧世界猴、小类人猿、大象、豚鼠、负鼠等动物对结核分枝杆菌高度易感，具有或潜在具有传播给人类的能力。貘可感染鳍足类结核病（Pinniped tuberculosis）。患病的动物和人类是该病的传染源，其痰液、粪尿、乳汁及生殖道分泌物均可带菌，污染的饲料、饮水、空气等通过消化道和呼吸道发生传染。传染能力的大小取决于病原菌毒力的大小以及排菌量。

野生动物感染结核病后很少表现明显的临床症状。不同动物的临床表现通常存在较大的差异，一般表现为食欲不振、消瘦、被毛粗乱、气喘、咳嗽、呼吸困难等症状，局部淋巴结肿大，脾脏或肝脏肿大，肺脏、肠道等内脏出现结节。

由于缺乏有效的诊断试剂、临床症状不明显、疫情报告制度的缺失以及实际检疫操作上的难度，因此控制野生动物结核病困难较大。即使在美国、新西兰、澳大利亚等对动物生存环境卫生要求较高的国家（地区），仍没有很好地消除野生动物感染牛型分枝杆菌对家畜患结核病的影响。从古至今，结核病一直威胁着人类的健康，尤其是近年来结核分枝杆菌产生了耐药性，野外和圈养野生动物的结核病疫情增多，这不但会造成重大经济损失，而且会影响公共安全。WHO 报告显示，2020 年全球新发结核病患者 987 万、发病率为 0.127%，结核病仍是威胁人类健康的可怕杀手。

四、危害

研究表明，貘可携带结核病等人畜共患病病原体，直接威胁家畜、家禽及人类健康，可造成重大经济损失。貘种群数量不多，是重点保护物种之一，人类对其研究相对较少，是否存在其他检疫风险或生态风险有待于科学家们进一步揭示。

第十三节
披毛目动物

◇————————

《 一、生物学特性

（一）分类

披毛目（*Pilosa*）属动物界、脊索动物门、脊椎动物亚门、哺乳纲动物，下分蠕舌亚目和树懒亚目（*Folivora*）2 个亚目。蠕舌亚目分侏食蚁兽科（*Cyclopes didactylus*）和食蚁兽科（*Myrmecophagidae*）2 个科，共 3 个属 4 个种，代表动物如大食蚁兽，连同尾巴体长可达 180 厘米；中型的如小食蚁兽，体长约 90 厘米；最小的则是侏食蚁兽，总体长仅 35 厘米，体温约 33℃，能量消耗比一般动物少，只需进食数百只蚁便能满足几天的能量需求。树懒亚目分树懒科（*Bradypodidae*）和二趾树懒科（*Megalonychidae*）2 个科，共 2 个属 6 个种，其中，树懒科只有 1 个属，即树懒属，包括侏三趾树懒、鬃毛三趾树懒、白喉三趾树懒和褐喉三趾树懒 4 个种；二趾树懒科也只有二趾树懒属这 1 个属，包括霍氏树懒和二趾树懒 2 个种。

（二）形态特点

三趾树懒前后肢均为三趾，二趾树懒后肢为三趾而前肢为二趾。二者颈椎数目也不相同，其中三趾树懒有颈椎 9 节，是哺乳动物中最多的，而二趾树懒则和多数哺乳动物一样有颈椎 7 节。由于三趾树懒和二趾树懒在结构上的区别较大，因此有人将二者置于不同的科，树懒科只保留三趾树懒，二趾树懒因和已经灭绝的大地懒亲缘关系很近，可置于大地懒科（*Megalonychidae*），三趾树懒可以自成三趾树懒总科，而大地懒科与大懒兽科组成大懒兽总科。

食蚁兽吻部尖长，嘴呈管形，以蚂蚁、白蚁及其他昆虫为食。大食蚁兽进食时舌头能伸到惊人的 60 厘米长，并能以每分钟 150 次的频率伸缩；

舌头上遍布小刺且有大量的黏液，蚂蚁等昆虫被粘住后无法逃脱。食蚁兽食量很大，一次可食 454 克重的蚂蚁。耳小而圆，前肢力强，第三趾特别发达并呈镰刀状的钩爪，后肢 4~5 趾亦具爪，头骨细长而脆弱，无齿。大食蚁兽极其容易受到惊吓，飞机飞过头顶、风吹树叶响动都可能让它们受到惊吓，开启自卫模式。紧急状态下，大食蚁兽通常以后肢站立，用发达有力的前肢实施攻击。

（三）生活习性

大食蚁兽学名 "*Myrmecophaga tridactyla*"，意为 "三个手指"。这是一种大型食虫哺乳动物，由于其特性，其也被称为 "蚂蚁熊"。其体长 100 厘米~130 厘米，主要栖于潮湿的森林和沼泽地带，白天或晚上活动，善游泳；其由于肉可食用，又易于捕捉，因此数量大减，20 世纪 70 年代开始受到保护。大食蚁兽全年可繁殖，在一些分布区域内有季节性繁殖，生育间隔可以低至 9 个月，性成熟期在 2.5 年~4 年之间。乳腺位于胸部 "腋窝" 的外侧。妊娠期约 190 天，雌性每次会生下一胎，重约 1300 克，幼崽出生时有满头的毛发和类似成年食蚁兽的斑纹。雌性分娩后站起来，幼崽会立刻爬到它的背上。

小食蚁兽产于墨西哥、巴拉圭和秘鲁，体长 50 厘米~60 厘米，尾可卷缠，喉部和肩部黑斑在颈部成项圈状，日间多隐蔽在密林或躲在树洞里，夜间出来觅食，常用前肢爪捣毁蚁巢。主要栖于中美洲和南美洲，南至阿根廷热带森林中。小食蚁兽常于秋天交配，妊娠期 130 天~150 天，幼崽在春季出生。幼崽出生时不像父母，外皮毛的颜色不一。新生幼崽需攀附在母亲的背上一段时间，母亲觅食时会将其安置在安全的树枝上，雄性有时也会背着幼崽活动。

侏食蚁兽见于墨西哥、特立尼达和多巴哥、巴西和秘鲁，在食蚁兽家族中体形最小，体长仅 15 厘米~18 厘米，尾亦具缠绕性，树栖，也常下地。侏食蚁兽通常在每年 9 月~10 月间繁殖，妊娠期 120 天~150 天。母兽每胎产下一个幼崽，将其放于巢中，侏食蚁兽巢常安在树洞中，并有干树叶铺于其中。幼崽由父母双方共同抚养，父母双方都通过反哺半消化的昆虫来喂养幼崽。

树懒形状略似猴，但动作迟缓，树栖生活，会游泳，以树叶、果实为食。常用爪倒挂在树枝上数小时不移动，故被称为树懒。它虽然有脚但是不能走路，靠前肢拖动身体前行，即使危险来临，逃跑速度也不超过 0.2

米/秒，移动 2 千米的距离，需要耗时 1 个月；肠道蠕动慢，有些食物需要 1 个月才能消化完；排便时间长，约一周 1 次，因为间隔时间太久，有时可以排出占自身体重三分之一重量的粪便。树懒嗅觉灵敏，视觉和听觉不发达，具有夜行性。全身毛发蓬松长厚，毛色灰褐，因长期不动，身上长有藻类和地衣等植物，外表呈现绿色。头短圆，耳小并隐于毛内，尾短。前肢有 3 趾，后肢有 3 趾，均有可屈曲的锐爪，前肢长于后肢。上颚有齿 5 对，下颚有齿 4 对，共 18 枚牙齿。颈椎有 9 节，为哺乳动物中最多者。多数种类春季繁殖，妊娠期随种类而异，一般在 4 个月~6 个月或 9 个月，每胎产 1 仔。

（四）种群分布

食蚁兽分布于中美洲和南美洲，从墨西哥最南端到巴西、巴拉圭的广大地区，包括阿根廷、伯利兹、玻利维亚、巴西、智利、哥伦比亚、哥斯达黎加、厄瓜多尔、萨尔瓦多、法属圭亚那、危地马拉、圭亚那、洪都拉斯、墨西哥、尼加拉瓜、巴拿马、巴拉圭、秘鲁、苏里南和委内瑞拉等国。主要栖息于森林、草地、落叶林和雨林地区。树懒主要栖息于中美洲和南美洲热带森林潮湿的树梢密叶中，分布很广，北到洪都拉斯，南到阿根廷北部，分布于委内瑞拉、圭亚那、哥伦比亚、厄瓜多尔、秘鲁、巴西、洪都拉斯、尼加拉瓜、哥斯达黎加、巴拿马、玻利维亚、苏里南、法属圭亚那等地。

二、贸易与保护

在白垩纪（1.45 亿年前）期间，食肉动物与食虫动物开始分化，并且在大约 6500 万年前的恐龙时代结束时，齿形已经大为多样化。尽管化石记录很少，但食蚁兽科早在中新世早期（2300 万年前）就为人所知了。在整个进化史中，它们停滞了很长时间。其生活区域距离中美洲北部不远，原因很可能是天气凉爽和森林变化。大食蚁兽化石是在墨西哥索诺拉沙漠西北部 3000 多千米处发现的，其生活于距今 60 万年前的更新世时期。大食蚁兽曾经生活在危地马拉、哥斯达黎加、伯利兹、乌拉圭和安第斯山脉，以及墨西哥以北等地，但由于自然资源的减少，它们不再居住在这些地区。

巨型树懒曾是人类的劲敌，它们直立时身高超过 2 米，拥有尖锐的利爪。考古学家在美国新墨西哥州发现了一批化石，证明史前人类曾经与巨型树懒搏斗。巨型树懒的灭绝，也极有可能与人类行为相关，学术界普遍认为，这种巨兽是因人类过度狩猎而在1.1万年前灭绝的。

（一）贸易

食蚁兽的种群数量规模不大，不过，由于它们奇特的外貌和古怪的行为方式，因此它们成为世界各地动物园里的明星。2017年以前，北京、上海、深圳等地的动物园曾引进大食蚁兽来供大家参观，但总数不超过20只。近年来郑州、杭州、上海、广州先后引进的食蚁兽，大都来自圭亚那等南美国家。我国食蚁兽主要分布在番禺野生动物园、上海野生动物园、北京动物园以及深圳野生动物园等10个园区。2020年6月11日，广州长隆野生动物园成功繁育了亚洲首例大食蚁兽龙凤胎。

树懒进口数量则较为稀少，2016年以后，国内掀起一波引进潮。2019年天津、大连、东莞曾进境不同数量的树懒，其中，东莞一次进境15只二趾树懒，属国内单次引进量最多。因为三趾树懒食性单一，不喜食人工饲料，相对于二趾树懒更难饲养，所以目前世界上只有美国的圣地亚哥动物园有三趾树懒展出，其他动物园很难见到三趾树懒。

（二）保护要求

过去10年间，由于栖息地丧失、人类捕猎、野外山火、天敌猎食等原因，食蚁兽数量减少大约30%。世界自然保护联盟（IUCN）评估认为食蚁兽属"易受害"物种，全部列入《濒危物种红色名录》，其中，大食蚁兽"易危（VU）"、墨西哥食蚁兽"无危（LC）"、小食蚁兽"无危（LC）"、侏食蚁兽"无危（LC）"。大食蚁兽被列入CITES附录Ⅱ，墨西哥食蚁兽被列入CITES附录Ⅲ。大食蚁兽之所以是"易危"物种，很大程度上归咎于人类的捕杀。作为食蚁兽家族一员，大食蚁兽肉可食用、易于捕捉，因此数量大减。现阶段，大约5000头大食蚁兽栖息在中美洲和南美洲的热带雨林。小食蚁兽和侏食蚁兽完全或部分过着树栖生活，随着美洲原始森林的大量消失，它们濒临灭绝。

世界自然保护联盟（IUCN）将6种树懒均列为《濒危物种红色名录》"极危（CR）"，CITES将侏三趾树懒和褐喉三趾树懒列入附录Ⅱ。

三、检疫风险

(一) 潜蚤病

潜蚤病由穿皮潜蚤（*T. penetrans*）寄生在食蚁兽体外所致，是亚马孙河流域等热带地区的一种地方性人畜共患病。

1. 病原

穿皮潜蚤又名沙蚤，属节肢动物门、昆虫纲、蚤目。穿皮潜蚤的栖息地位于亚马孙河流域、西印度群岛等热带亚热带沙地中。穿皮潜蚤是已知最小的蚤，呈红褐色，长度仅有 1 毫米，是唯一能寄生于人体并产卵的蚤类。雌蚤口器较发达，可插入宿主皮下，头体部埋入皮肤内呈倒立状态，可永久性寄生生活。潜蚤病由雌性穿皮潜蚤掘穴潜入皮下，特别是足趾甲旁的皮下组织吸血、产卵，引起局部皮肤隆起、痒痛，直至溃疡、糜烂，严重的可引发其他体外寄生虫或细菌的继发感染，最终导致动物死亡。

2. 检疫诊断

患病动物皮肤表面呈现特征性丘疹，寄生部位多在足趾、足趾甲下、足趾间、甲沟处及足底皱纹间，偶尔可见从丘疹处排出丝状物（蚤卵）。病灶中央有呈黑褐色点的、有透明感的、圆屋顶状血豆样丘疹是该病典型症状，如有继发感染，则有虫刺样瘙痒症状。

3. 防治

治疗该病的最佳方法是先对病灶部位进行消毒，通过外科手术去除完整的虫体，再在手术部位局部涂以抗菌药膏或根据足趾周围感染情况使用抗生素。控制潜蚤病应以预防为主，驱虫是有效预防手段，从国外引进的大食蚁兽，应在隔离检疫期内使用药物对兽舍、动物等进行预防性驱虫。常用药剂有福来恩、蚤不到、886 癣螨净等。

(二) 球虫病

在北京动物园从国外引进的大食蚁兽粪便中曾检测到艾美耳球虫。因此，引进大食蚁兽要对粪便进行取样化验，检查粪便中是否含有球虫、线虫等内寄生虫的卵囊、虫体，同时化验粪便内是否含有潜血等，做好动物肠道寄生虫病和消化道疾病的预防。

四、生态安全

食蚁兽的天敌是美洲虎、美洲狮等大型食肉猛兽。南美大草原的大食蚁兽的吮食规则：一只大食蚁兽每次吸食一个蚁冢的时间不能超过 3 分钟，这样既能保持每个蚁冢家庭的持续生存，又为食蚁兽家族的繁衍提供了充足而可持续的食物来源。

树懒的皮毛很密，一般能够防御中小食肉动物的抓咬；树懒主要在树上活动，不易被发现；树懒的肉不好吃，捕食者不会耗费精力猎食难吃的猎物，再加上树懒活动较少，因此，树懒天敌相对较少。据考证，1000 多年前，洪都拉斯和阿根廷两地树懒数量差不多，但是到了 20 世纪 70 年代，洪都拉斯的树懒数量急剧下降，不足阿根廷的五分之一。动物学家研究发现，在 6 个世纪前，蟒蛇（树懒的天敌）繁衍旺盛，两地树懒不断进化以躲避蟒蛇侵害，其中，洪都拉斯的树懒学会了蠓（蟒蛇的天敌）的呼噜声，避开了蟒蛇的侵害，却弄巧成拙引来了秃鹫（蠓的天敌）的攻击；而阿根廷的树懒则将身上的皮毛进化得异常坚韧，可以生活在令蟒蛇望而却步的长满锋利棘刺的树上，从而得以繁衍生息。

除了受到天敌的威胁外，栖息地被破坏对食蚁兽、树懒的生存繁衍影响巨大。人类砍伐森林取材，开拓林地造田放牧、兴建娱乐等设施，再加上酸雨、火山爆发、火灾等，美洲原始森林的面积骤减，使食蚁兽、树懒失去赖以生存的栖息地，给它们的生存带来灭顶之灾。

五、危害

食蚁兽喜欢生活在温暖潮湿的地方，易受到潜蚤、球虫等体内、外寄生虫感染，以及由此引起的继发感染。这些感染对食蚁兽的动物种群威胁较大，也有感染人类的风险。

未见树懒发生疫病的报道。有研究者从霍氏树懒的染色体中发现了一种古老的类 HIV 病毒，但没发现病例，也没有疫病传播的线索。树懒毛内常有藻类、地衣等植物生长，既能形成酷似树皮的保护色，又能提供食物。此外，还有树懒蛾等昆虫与其形成稳定的共生关系。这些对树懒生存至关重要的藻类、地衣、树懒蛾等共生生物，可能对口岸生物安全造成威胁。

第十四节
非人灵长类动物

◇

一、生物学特性

（一）分类

非人灵长类动物（Non-human primates，NHPs）属于脊索动物门、哺乳纲、灵长目。灵长目下分猿猴亚目（*Prosimian*）和猿亚目（*Simiae*），猿亚目按分布可分为新大陆猴和旧大陆猴两类。新大陆猴具有长且能缠绕树枝的尾巴，以绢毛猴、卷尾猴、蜘蛛猴和吼猴为代表，主要分布在中南美洲。旧大陆猴的尾巴不具有缠绕功能，以猕猴类、叶猴类、长臂猿类、猩猩类、狒狒类为代表，主要分布于亚洲和非洲。截至 2022 年，全世界共有16 个科 74 个属 423 个种 658 个种/亚种。食蟹猴和猕猴是存量最多和使用量最大的 2 个种。

（二）生活习性

非人灵长类动物大脑发达，有大量的脑回和脑沟，视觉较人类敏锐，视网膜有黄斑，有中央凹，与人类十分相似，有立体感，能辨别物体的形状和空间位置；有色觉，能辨别各种颜色，并有双目视力。嗅脑不发达，嗅觉不灵敏，而听觉敏锐，有发达的触觉和味觉。聪明伶俐、动作敏捷，善于攀缘跳跃，会游泳和模仿人的动作，能用手操纵工具，有喜怒哀乐的表现，好奇心与模仿力很强。多生活在接近水源的丛林和草原，一般栖居于树木和岩石坡面上，少数栖居于平原地面上，寿命一般为 10 年~30 年。多属昼行性动物，其活动与觅食均在白天进行。野外情况下，拂晓即见猴群觅食，夜晚则回到树上或岩石上休息。群居性强，每群数十只至百余只不等，每群均由一只最凶猛、最强壮的雄"猴王"对猴群进行严厉管制并担负起保护整个族群，特别是保护幼猴的责任。非人灵长类动物为杂食性动物，以素食为主，主要以植物花、果实、嫩叶、根茎、树皮为主，有些种类（狒狒、獭猴等）兼食某些昆虫。非人灵长类动物一般难以驯养，常龇牙、咧嘴、暴露野性，通常怕人，不容易接近。

（三）种群分布

非人灵长类是热带、亚热带动物，遍布于全球 92 个国家和地区，主要分布在巴西、马达加斯加、印度尼西亚、刚果（金）、中国、秘鲁、喀麦隆、坦桑尼亚、哥伦比亚、马来西亚、越南、缅甸、泰国、印度等地。不同区域分布着不同的种群资源，如南美洲的圭亚那、苏里南、巴西、哥伦比亚、厄瓜多尔等有丰富的松鼠猴和狨猴资源，长臂猿主要分布在亚洲南部和东南部陆地及岛屿上的热带或亚热带森林中，而绿猴和黑猩猩主要分布在非洲，猕猴（也称恒河猴）主要分布在中国和印度，食蟹猴的自然栖息地主要位于东南亚地区的热带和亚热带地区，如越南、柬埔寨、缅甸、泰国、马来西亚等。由于人工繁殖场的建立，因此其种群来源不仅有东南亚，还有中国。我国非人灵长类动物不仅自然资源丰富，而且也是实验非人灵长类动物的主要产地，实验非人灵长类动物品种主要有食蟹猴、猕猴、狨猴。

（四）保护要求

白臀叶猴、金丝猴、指猴、狐猴、蜂猴、大猩猩、黑猩猩等被列入 CITES 附录Ⅰ，猕猴、食蟹猴、狨猴、松鼠猴、非洲绿猴等被列入 CITES 附录Ⅱ。我国将非原产于本土的 CITES 附录Ⅰ、Ⅱ所有灵长目物种分别核准为国家一级或二级保护野生动物。

二、贸易概况

（一）贸易目的

由于非人灵长类动物与人具有高度同源性，所以相比其他实验动物，非人灵长类动物具有解决人类重大疾病（如抑郁症、阿尔茨海默病、肿瘤、代谢性疾病、疟疾、艾滋病、肝炎、结核、埃博拉等）致病机理、疾病防治、药物有效性和安全性评价的独特优势。例如单克隆抗体候选药物临床前研究所选取的动物必须是那些能够表达候选抗体药靶向表位，且可以表现出与人类相似生物学反应的物种。此外，生物大分子候选药本身具有较强的抗原性，很可能在所选实验动物物种中引起免疫反应，并导致形成抗药抗体而不能有效完成候选药的临床前研究。因此，生物大分子药物的临床前研究对实验动物的要求更高，需要选用与人类具有相似分子靶标和信号传导途径的实验动物。研究表明，非人灵长类动物在进化上与人类更近似，在生物大分子候选药物临床前研究中具有不可替代的作用。

随着生命科学研究以及转化医学的快速发展，非人灵长类动物的饲养繁殖得到了迅速发展。毛里求斯的食蟹猴由于起始种群数量的限制和地理隔离的作用，与东南亚原产地的食蟹猴相比，不仅表现出了更高的遗传均一性和较低的主要组织相容性复合体（MHC）多样性，还是天然的B病毒阴性群，这使毛里求斯的食蟹猴在药物安全性研究中具有了一些天然优势，且更受欢迎，但种群数量有限，难以满足需求。美国国立卫生研究院（NIH）资助的7个国家灵长类研究中心，约有灵长类动物3.5万只，其中实验用动物约2.5万只，主要依赖进口。我国目前有非人灵长类动物养殖基地40余个，总存栏量约30万只，但动物种类单一，其中食蟹猴约26万只，猕猴约3万只，其他种类的猴还处于饲养繁殖种群建立阶段。

此外，非人灵长类动物聪明、活泼，是动物园里的"明星"，备受游客，特别是小朋友喜爱，具有较高观赏价值。

（二）贸易量

疫苗和药物进入临床阶段以前，必须经过非人灵长类动物实验，新冠疫情在全球范围内的蔓延，让疫苗及相关药物研发变得越来越重要。据统计，全球每年用于实验的非人灵长类动物达到了10多万只。中国的非人灵长类动物数量最多、规模最大，已成为世界非人灵长类实验动物第一大供给国，每年出口数量超过2万只，主要出口美国，占美国市场份额的60%以上，出口欧盟、日本和韩国的数量有所下降，其主要原因是上述国家将动物实验直接转移到了国内进行。我国每年也从东南亚国家（主要是越南）进口部分食蟹猴，用于国内的种群调节。其他非人灵长类动物，如松鼠猴、狐猴、狨猴、长尾猴、绿猴、蜘蛛猴、红吼猴、长臂猿、山魈等每年均有少量进口，年进口总数为1000~3000只。

据统计，全球每年用于实验的非人灵长类动物有10多万只，疫苗和药物进入临床阶段以前，必须经过非人灵长类动物实验。新冠疫情在全球范围内的扩散，让疫苗及相关药物研发变得越来越重要。鉴于研究领域对灵长类的需求呈爆发式增长、灵长类动物的繁殖率较低、作为实验动物的非人灵长类培育周期长、繁殖生产所必需的麻醉品使用受限以及来自动物保护主义的压力等因素，繁殖一只标准的非人灵长类动物至少需要3年的时间。非人灵长类动物产业的发展不仅有资源上的要求，也有时间上和管理上的要求，这造成了全球性非人灵长类动物供应的短缺，包括中国在内的很多国家（地区）出现了实验猴告急的情况，且在很长的一段时间内难以改变。

三、检疫风险

(一) 埃博拉出血热

埃博拉出血热（Ebola hemorrhagic fever，EBHF）是由埃博拉病毒（EBV）引起的一种急性出血性发热性人畜共患病。EBHF 具有潜伏期短、传染性强、病死率高的特点。EBV 是需要进行严格生物安全防护的病毒，可以被用作生物战剂。该病被列入《中华人民共和国进境动物检疫疫病名录》一类传染病。

1. 病原

埃博拉病毒属于丝状病毒科（*Filoviridae*）、丝状病毒属（*Filovirus*）成员，有包膜，不分节段，单股负链 RNA 病毒，可在人、猴、豚鼠等哺乳类动物细胞中增殖，对猴肾细胞（Vero）和海拉细胞（Hela）等细胞敏感，分为扎伊尔型（EBV-Z）、苏丹型（EBV-S）、莱斯顿型（EBV-R）、科特迪瓦型（也称塔伊森林型，EBV-C）和本迪布焦型（EBV-B）5 个亚型。不同亚型毒力不同，其中，EBV-Z 毒力最强，人感染病死率高；EBV-S 次之；EBV-B 再次之；EBV-C 对黑猩猩有致死性，对人的毒力较弱；EBV-R 对非人灵长类动物有致死性，人感染不发病。EBV 对热有中度抵抗力，在室温及 4℃存放 1 个月后，感染性无明显变化，60℃灭活该病毒需要 1 小时，100℃经 5 分钟可灭活该病毒；EBV 对紫外线、γ 射线、甲醛、次氯酸、酚类等消毒剂和脂溶剂敏感。

2. 流行特点

自然条件下，非人灵长类动物、人类对 EBV 普遍易感，非人灵长类动物都能发生感染或死亡。感染的病人和动物为该病传染源，EBV 的自然宿主疑为果蝠，可在热带雨林中起到保存 EBV 的作用。EBV 可以在动物之间、动物与人之间、人与人之间传播。接触传播是该病最主要的传播途径，可以通过接触病人和被感染动物的体液、分泌物、排泄物及其污染物感染，也有经空气传播、性传播的可能。该病主要在非洲中部热带雨林地区和非洲东南部热带大草原地区流行，苏丹、刚果（金）、加蓬、乌干达、刚果（布）等地曾暴发流行过，科特迪瓦、肯尼亚等地也曾出现散发病例。

3. 临床症状与病理变化

潜伏期为 2 天~21 天。非人灵长类动物感染 EBV 可引起与人类极为类似的临床症状，急性期病例的症状包括迅速高热，伴乏力、头痛、肌痛、咽痛等；可出现恶心、呕吐、腹痛、腹泻、皮疹等。病程第 3 天~第 4 天后持续高热，中毒症状、消化道症状加重，有不同程度的出血，包括皮肤黏膜出血、呕血、咯血、便血、血尿等；严重者可出现意识障碍、休克及多脏器受损，多在发病后 2 周内死于出血、多脏器功能障碍等。主要病理改变是皮肤、黏膜、脏器的出血，多器官可以见到灶性坏死。肝细胞点、灶样坏死是该病的典型特点，可见小包含体和凋亡小体。

4. 检疫诊断与预防

根据流行病学、临床表现可进行初步诊断，确诊须采用病原学（如电镜法、病毒分离鉴定法）、血清学（如酶联免疫吸附试验、间接免疫荧光、血清中和试验）和分子生物方法（PCR、RT-PCR），病原学诊断应在生物安全 P4 实验室中进行。

该病无疫苗，控制传染源是预防和控制该病的有效措施。发现试验非人灵长类动物阳性的，应将同一环境中的动物全部扑杀，对患病动物的分泌物、排泄物及被污染的场所、物品和用具等进行彻底消毒。加强对来自疫区的猩猩、长臂猿、狒狒等易感动物和蝙蝠等野生动物的检疫。目前，对埃博拉出血热尚无特效药物，一般采用对症治疗方法和支持疗法。

（二）马尔堡病毒病

马尔堡病毒病（Marburg virus disease，MVD）即马尔堡出血热，又称非洲出血热、青猴病，是由马尔堡病毒（Marburg virus，MBV）引起人类和非人灵长类动物的一种人畜共患传染病，以出血性和急性发热性为主要特征。马尔堡出血热是一种烈性传染病，具有自然疫源性，已经成为一个严重的公共卫生问题。该病被列入《中华人民共和国进境动物检疫疫病名录》二类传染病。

1. 病原

MBV 是丝状病毒科（Filoviridae）、丝状病毒属（Filovirus）病毒。基因组为单股负链 RNA，不分节段。常为长丝状，有时可见分支或盘绕状。目前，只发现一个血清型，可在 Vero、MA104、鸡胚成纤维细胞等多种组织细胞中生长。MBV 对热中等抵抗力，室温及 4℃存放 35 天其感染性基本不变，60℃经 1 小时感染性丧失；对紫外线、次氯酸、酚类、1%甲醛溶液、乙醚等消毒敏感。

2. 流行特点

非人灵长类动物和鼠类都可以感染 MBV，自然条件下，非人灵长类动物最易感，人类普遍易感。感染 MBV 的动物是主要传染源，MBV 的传染性极强，症状越重的动物传染性越强，潜伏期动物传染性弱。主要经密切接触传播，即通过接触病死动物的尸体，以及带毒或病死动物的血液、分泌物、排泄物、呕吐物等，经黏膜和破损的皮肤传播，也存在气溶胶传播和性传播的可能。马尔堡病毒可在蚊子体内增殖，蚊子可能是自然界中 MBV 的携带者和传播媒介。主要在非洲地区流行，全年可发病，无明显季节性。

3. 临床症状与病理变化

潜伏期为 2 天~6 天。患病动物早期似流感样症状，发热、寒战等，随后可表现出系统性的全身症状，如厌食、呼吸困难、腹泻、直肠和阴道出血、皮疹、体重下降、对外界刺激反应迟钝等，局部皮肤可见淤血斑。几乎所有组织器官出血、灶性坏死，肝、肾、淋巴组织最为严重，无炎症反应。肝、脾肿大质脆，呈黑色。

4. 检疫诊断与预防

根据临床症状和流行病学资料可进行初步诊断，确诊须进行实验室检查。病毒分离鉴定法、电镜检查、酶联免疫吸附试验、间接免疫荧光、反转录聚合酶链反应等检测技术均可用于该病诊断。马尔堡病毒病在发病早期症状无特异性，注意与埃博拉出血热、登革热、沙拉热、黄热病、伤寒等相鉴别。

目前，尚无马尔堡病毒病疫苗上市，也无特效治疗药物，一般采用对症治疗和支持疗法。预防该病的主要措施是切断传播途径、保护易感动物，严格实行早发现、早报告、早诊断、早隔离措施。对来自疫区的非人灵长类动物严格实施检疫；接触野生非人灵长类动物时，要做好个人防护；对动物的分泌物、排泄物及其污染场所、工器具等严格进行消毒；一旦发现疑似病例，应全部扑杀、销毁，有关房舍及用具必须彻底消毒。

（三）黄热病

黄热病（Yellow fever，YF）是由黄热病毒（Yellow fever virus，YFV）引起，主要通过伊蚊叮咬传播的急性传染病，临床以高热、黄疸、蛋白尿和出血为特征，在非洲和南美洲的热带和亚热带呈地方性流行，死亡率高，传染性强，已纳入世界卫生组织规定的检疫传染病之一。

1. 病原

YFV 是黄病毒科（*Flaviviridae*）、黄病毒属（*Flavivirus*）成员，只有1个血清型。病毒基因组为线性单股正链，基因型比较稳定，每年平均只有2.2个碱基变异。病毒颗粒为球形，有包膜，可在猴肾细胞（Vero）、鼠肾细胞（BHK）、单层鸡胚和鸭胚原代成纤维细胞上繁殖。病毒在室温下容易死亡，对热、紫外线敏感，对1%次氯酸钠、2%戊二醛、70%酒精等常用消毒剂也十分敏感，很容易被灭活。

2. 流行特点

所有非人灵长类动物都对黄热病毒易感，非洲的旧大陆猴对病毒抵抗力较强，只有隐性或很轻的症状。各年龄人群也普遍易感，没有种族、性别差异。感染或患病的热带丛林猴及其他非人灵长类动物是主要传染源。蚊子感染后可长期携带病毒，并可经卵传递给后代，是真正的贮存宿主。病毒主要通过蚊子叮咬从一个动物传播给另一个动物，也可以传播给人。在自然状态下，黄热病在非人灵长类动物和蚊子之间循环传播。黄热病在中南美洲和非洲热带部分地区呈地方性低水平流行，具有明显季节性，多雨、潮湿、温暖的季节容易滋生蚊子，是黄热病的流行季节。

3. 临床症状与病理变化

潜伏期为3天~6天。感染期症状主要为发热、严重头痛、背痛、腿痛，全身乏力，面部及结膜充血，黄疸、蛋白尿，中毒期的突出症状是牙龈、鼻、胃肠道、子宫等出血，皮肤淤点或瘀斑。肝、肾、心、胃、肠等内脏发生病变，干细胞呈混浊肿胀及点状坏死，肾近曲小管上皮细胞混浊肿胀、脱落或坏死，心肌有广泛性退行性变化和脂肪浸润，胃、肠、膀胱出血。

4. 检疫诊断与预防

黄热病的症状与回归热、疟疾、病毒性肝炎以及其他病毒性出血热相似，临床诊断比较困难。确诊可采用病毒分离鉴定法、血清学法（如酶联免疫吸附试验、血凝抵制试验、补体结合试验、中和试验、间接免疫荧光等）和分子生物方法（PCR、RT-PCR）等实验室检测技术。

因黄热病毒传染性强、致死率高，黄热病毒有潜在用于生物战或恐怖袭击特性。黄热病传播途径明确，市场上有疫苗可用，及时接种能够有效预防和制止该病发生、流行。对从疫区引进的非人灵长类动物要加强检疫，消灭传染源；加强灭蚊灭鼠，切断疫病传播途径；对进入疫区或经常与卫生状况不明非人灵长类动物接触的人员，提前预防接种疫苗；定期对动物的分泌物、排泄物及其污染场所及用具彻底消毒。该病无特效疗法，主要是对症治疗，减轻症状。

（四）登革热

登革热（Dengue fever，DF）是由登革病毒（Dengue virus，DENV）引起的一种严重的蚊媒性传染病。其以发热、关节疼痛、红疹等为特征，是广泛流行于热带、亚热带地区的季节性传染病，以突然发病、传播快为流行特点，严重威胁热带和亚热带地区的公共卫生安全。

1. 病原

DENV 属黄病毒科（*Flaviviridae*）、黄病毒属（*Flavivirus*）成员，有 5 个血清型（DENV-1~5）。病毒粒子呈球形、有囊膜，基因组为单股正链 RNA，病毒 RNA 具有感染性，5 个血清型间的核酸序列差异很大。白纹伊蚊 C6/36 细胞、Ap-61 细胞、Vero 细胞、BHK21/31 细胞等均为 DENV 敏感细胞。pH<6 时病毒会失去结构的完整性，一些脂溶剂如乙醚、三氯甲烷和脱氧胆碱酸盐、去污剂及多种蛋白酶均可灭活该病毒，紫外线辐射或 50℃经 30 分钟也可使其灭活。

2. 流行特点

人、非人灵长类动物和蚊是 DENV 的自然宿主，棕果蝠和猪为贮存宿主。各年龄段的人均易感，非人灵长类和野生动物感染后不发病，患病和隐性感染者是主要传染源，埃及伊蚊和白纹伊蚊是主要传播媒介，主要通过被感染的伊蚊叮咬传播，被感染的蚊子可终身保持传播病毒的能力。在自然界存在两种登革热传播模式：人—伊蚊—人循环和猴—伊蚊—猴循环。该病流行季节与传播媒介——伊蚊数量消长有关，多发生在高温多雨潮湿的夏秋季。

3. 临床症状与病理变化

潜伏期一般为 7 天左右。按照世界卫生组织标准，登革热可分为典型登革热（DF）、登革出血热（DHF）和登革休克综合征（DSS）。DF 主要表现出发热、皮疹、出血、淋巴结肿大等症状，部分病情严重者出现头疼、呕吐、烦躁不安、昏迷、抽搐，大量出汗、颈强直、瞳孔缩小等症状；少数病例会病情突然加重，进而突发登革出血热（DHF），最严重的是以循环衰竭为特征的 DSS。肝、肾、心和脑出现病变，心内膜、胸腹、胃肠、肌肉、皮肤及中枢神经系统不同程度出血，脑部损伤者可见软脑膜、蛛网膜、脑实质病灶出血，广泛性脑水肿及脑组织软化。重症者可发生肝小叶中央灶性坏死及淤胆和小叶性肺炎等。

4. 检疫诊断与预防

根据早期临床症状不易诊断，注意与埃博拉出血热、寨卡病毒病、猩红热、黄热病等相鉴别，并结合蚊虫叮咬情况以及发病季节进行初步诊断，确认可采用病毒分离鉴定、血清学法（如 ELISA、抗体捕捉 ELISA、荧光酶 ELISA、DIA 等）和分子生物方法（PCR、RT-PCR、巢式 PCR、基因芯片）等实验室检测技术。

目前，疫苗无法针对登革热的所有血清型提供平衡保护，尚无可以消除 DENV 的治疗药物，治疗措施主要是对症疗法和支持疗法。预防措施主要是切断传播途径、保护易感动物，如为储水容器加盖，及时清理垃圾，喷洒灭蚊，监控蚊虫数量和防止蚊虫叮咬等。

（五）寨卡病毒病

寨卡病毒病（Zika virus disease）是由寨卡病毒（Zika virus，ZIKV）引起的通过蚊媒传播的一种自限性急性传染病，主要表现为皮疹、发热、关节痛或结膜炎等非特异性症状。ZIKV 感染与新生儿小头畸形、格林-巴利综合征等存在密切关系，寨卡病毒感染已成为全球一个重要的公共卫生问题。

1. 病原

ZIKV 属黄病毒科（*Flaviviridae*）黄病毒属（*Flavivirus*），有非洲型和亚洲型 2 个亚型。病毒粒子呈球形，有包膜，基因组为不分节段、单股正链 RNA。病毒可在白纹伊蚊 C6/36 细胞、猴肾细胞（Vero）、原代细胞、人二倍体细胞等细胞中培养繁殖并产生细胞病变。黄病毒属的病毒一般不耐酸、不耐热，60℃经 30 分钟可灭活，70%乙醇、0.5%次氯酸钠、脂溶剂、过氧乙酸等消毒剂及紫外线照射均可灭活。

2. 流行特点

患者、无症状感染者和感染寨卡病毒的非人灵长类动物均可为传染源，人群普遍易感。埃及伊蚊、白纹伊蚊是主要传播媒介，非洲伊蚊、黄头伊蚊等多种伊蚊属蚊虫也可能传播该病毒，还可通过母婴传播（包含垂直传播、产道传播、哺乳传播）、性传播和血液传播。发病季节与当地的媒介伊蚊数量的消长有关，疫情高峰期多出现在夏秋季。在热带和亚热带地区，该病一年四季均可发生。

3. 临床症状

目前该病的潜伏期尚不清楚，有限资料提示可能为 3 天~12 天。临床症状包括发热、斑丘疹、结膜炎、关节痛及肌肉痛等。约 80% 的人为隐性感染，仅有 20% 的人出现上述临床症状，一般持续 2 天~7 天后自愈，重症病例少见，病死率极低 。少数人出现神经系统和自身免疫系统并发症，孕妇感染寨卡病毒可能导致新生儿小头畸形。

4. 检疫诊断与预防

该病症状与黄热病、登革热和基孔肯雅热等虫媒传播疫病类似，容易误诊。确认可采用病毒分离鉴定、血清和免疫学法（如 ELISA、免疫荧光法、免疫组化法、中和试验等）及分子生物方法（如 PCR）等实验室检测技术。

该病目前无特异性疫苗和特效抗病毒药物，以对症治疗为主，加强营养支持。主要预防措施是切断传播途径、保护人群，防止蚊虫叮咬，包括远离疫区、储水容器加盖、清理垃圾、喷洒防虫剂、使用纱窗、消除蚊虫繁衍及聚集地等。

（六）猴疱疹病毒 I 型（B 病毒）感染症

猴疱疹病毒 I 型（B 病毒）感染症［Cercopithecine Herpesvirus Type I（B virus）infectious diseases］是由猴 B 病毒（BV）引起的一种重要的人畜共患病，人对 B 病毒易感，一旦感染几乎都会致病及致死，幸存者常会留下严重的神经系统性后遗症。2021 年，我国发现首例人类感染猴 B 病毒致死病例。该病被列入《中华人民共和国进境动物检疫疫病名录》二类传染病

1. 病原

猴 B 病毒属疱疹病毒科（*Herpesviridae*）、α-疱疹病毒亚科（*Alphaherpesviridae*）、单纯疱疹病毒属（*Simplevirus*）成员，只有 1 个血清型，抗原性稳定，不易发生变异。B 病毒缺乏宿主限制性，能够在组织培养物、动物肾细胞、Vero 细胞、Hela 细胞等细胞系及实验动物上良好地增殖。病毒基因组为双股线状 DNA，病毒粒子呈球形，外周有囊膜，对乙醚、脱氧胆碱酸盐、三氯甲烷等脂溶剂敏感，在 pH 为 4.5~5 时不稳定，对热敏感，湿热 50℃或干热 90℃经 30 分钟可灭活。0.5% 的漂白粉、70% 的酒精、0.3%H_2O_2 和紫外线对其有杀灭作用。

2. 流行特点

猴是 B 病毒的自然宿主，携带病毒的猴是主要传染源。该病主要经交配、咬伤或抓伤传播，带毒唾液经损伤的皮肤或黏膜直接传播，也可以通过污染物间接传播，但抗体阳性的母猴不会垂直传播给新生幼猴。B 病毒感染人主要通过咬伤、污染的利器扎伤或黏液飞溅等引起，未见人暴露于猴外周血被感染的报道，人与人之间 B 病毒二次传播的可能性很小。

3. 临床症状与病理变化

潜伏期为 2 天~30 天，也有超过 10 年的。猴感染 B 病毒后，通常不表现或很少表现出临床症状，发病初期有时在舌背面和口腔黏膜与皮肤交界的口唇部以及口腔内其他部位出现充满液体的小疱疹，一般在 7 天~14 天自愈，不留疤痕，偶见严重程度不等的结膜炎，没有生殖道损伤的症状，几乎不造成死亡。人感染 B 病毒多是致死性的，一旦发病，症状常在 10 天内快速发展。典型的临床症状是暴露后约 2 天，在伤口部位出现痒、痛、水泡，而后形成溃疡，局部淋巴结肿胀。此后 10 天~20 天出现高烧、头痛、恶寒以及肌肉痛、昏眩、暴露处感觉异常、腹痛等。末期会出现头痛、意识改变、结膜炎、视网膜炎、脑膜炎等症状，未经治疗的感染者死亡率高达 80%，即使幸存下来，也会出现神经后遗症。

4. 检疫诊断与预防

病毒分离是诊断的标准方法，但 B 病毒感染自然宿主多是自愈性的，常常不伴有临床症状，加之间歇性的排毒方式，使得病毒分离存在一定的困难。实验室主要采用血清学法（如 ELISA、DIA、间接免疫荧光等）进行检测，采用分子生物方法（PCR、荧光 PCR）时，应多次采取口腔、结膜、生殖道拭子或血液进行检测，尽量避免假阴性结果。

目前尚无特异性疫苗和特效药物预防该病，主要是对症治疗，减轻症状。通过检测筛查、培育 B 病毒阴性猴群，逐渐淘汰阳性猴。开展养殖、检测、动物实验等接触工作的人员，按相关规定做好生物安全防护工作。

（七）猴逆转录病毒病

猴逆转录病毒病主要由猴免疫缺陷病毒（Simian immunodeficiency virus，SIV）、猴 D 型逆转录病毒（Simian retrovirus type D，SRV）、猴嗜 T 淋巴细胞病毒 I 型（Simian T-lymphotropic virus type 1，STLV-1）以及猴泡沫病毒（Simian foamy virus，SFV）感染引起，其中，SIV、SRV 和 STLV-1 对非人灵长类动物有高致病性，我国将这 3 种病毒列为 SPF 级动物检测

项目。

1. 病原学

SIV 属逆转录病毒科（*Retroviridae*）、慢病毒属（*Lentivirus*），与人 HIV 的遗传同源性较高，在 AIDS 疾病的病原调查中，推测 HIV 可能是从 SIV 进化而来；SRV 属逆转录病毒科、D 型逆转录病毒属（*Type D retrovirus*）；STLV-1 属逆转录病毒科、牛白血病-人嗜 T 细胞逆转录病毒属（*BLV-HTLV retrovirus*）。逆转录病毒粒子呈球形，直径为 80 纳米~120 纳米，有囊膜，因此基因组是单股、正链、线性 RNA（ssRNA）的二聚体，由于逆转录酶没有纠错功能，基因组高度变异能力是逆转录病毒的特征之一。逆转录病毒对热、脂溶剂（如三氯甲烷）、去污剂和甲醛敏感，蛋白酶能够去除病毒粒子表面的部分糖蛋白，对紫外线的抵抗力相当强。

2. 流行特点

SIV 的自然宿主是非洲猴和猿类，在自然条件下，主要通过性传播、母婴传播，包括经胎盘、产道和哺乳方式传播，动物之间打斗的伤口也可传播病毒。SRV 的自然宿主是亚洲猴，主要是猕猴，在自然条件下，SRV 不能经消化道感染，垂直传播和性传播也少见，主要是在猴子打斗、撕咬过程中，通过含病毒的唾液传播。STLV-1 的自然宿主非洲猴、亚洲猴和猿类，主要是通过血液传播，也可以通过精液、产道和哺乳方式传播，但传播概率较小，有研究发现，动物相互撕咬时使口腔黏膜暴露在感染的血液中也可能造成病毒传播。

3. 临床症状与病理变化

逆转录病毒主要侵害免疫系统，引起免疫器官的病变。SIV 和 SRV 是猴艾滋病（SAIDS）的两类病原，临床表现与人类艾滋病（AIDS）相似，其基本特征是持续性全身淋巴结肿大，同时伴有脾脏肿大、淋巴细胞减少、外周血中有异常的单核细胞、贫血、骨髓增生、特征性淋巴组织损伤、体重下降、持续高热、持续性顽固性腹泻、抗菌治疗无效的慢性感染、条件性感染、严重的坏死性牙龈炎或胃肠炎、肿瘤等一种或多种病变，如病猴有持续性全身淋巴结肿大和 4 条以上其他病变即可诊断为 SAIDS。SRLV-1 病毒能在感染的细胞内复制增殖，产生完整的病毒颗粒，经过 4 个月~12 个月的潜伏期，能诱发动物出现白血病或淋巴细胞瘤。由于逆转录病毒对免疫系统的破坏，病猴最终多死于条件性感染、败血症、恶病质、坏死性小肠炎等。

4. 检疫诊断与预防

根据临床表现进行初步诊断，确诊则必须进行病毒学和血清学检查。病毒学主要采用病毒分离，可结合电镜观察、核酸杂交、PCR 等方法检测。常用血清学方法有 ELISA、免疫斑点试验、间接免疫荧光（IFA）和免疫印迹（Western blot）等。ELISA 应用较多，敏感性较高，但非特异性反应比较严重，易出现假阳性，免疫印迹主要用于对 ELISA 初筛阳性的结果进行确证。

预防控制方法主要是消灭传染源，切断传播途径，实行严格检疫，发现感染猴迅速隔离，并及时扑杀；接触野生灵长类动物时，要做好个人防护；对动物的分泌物、排泄物及其污染场所、工器具等进行严格消毒。目前尚无可靠的疫苗和特效药预防该病，一般采用对症治疗和支持疗法的方法。

（八）结核病

结核病可以影响任何地方的任何人和动物。根据 WHO 公布的数据，结核病是全球排名前 10 的死因之一，自 2007 年以来一直位居单一传染性疾病死因之首。全球大多数结核病病例集中在东南亚、非洲和西太平洋地区。

患病的人和动物是该病的传染源，特别是向体外排菌的开放性结核病人和动物。

患肺结核病的猴表现为咳嗽，呈现呼吸困难，晚期病例触诊时，脾和肝大；进行性病例局部淋巴结肿大，甚至体表淋巴结破溃；慢性病例明显消瘦，皮毛粗糙或脱毛；急性病例病情发展迅速，往往在死前未见明显症状。患肠结核病的猴多表现为持续性或间歇性腹泻，病程后期，呈现脱水和皮毛蓬乱状态。发生结核病的猴，在病变部位出现明显的结核结节性肉芽肿和干酪样坏死病灶，结节常见于肠腔和腹腔的浆膜上，一般为粟粒大小至豆大的透明或半透明灰白色或黄色结节，似珍珠状，相互联结，状如葡萄，而节中心常干酪化或钙化。

当猴群出现无明显原因的渐进性消瘦、精神委顿、嗜睡、长期不愈的咳嗽、肺部异常、淋巴结明显肿大、顽固性下痢等症状时，可考虑其是否患结核病。

（九）其他重要疫病

非人灵长类动物在进化上与人类的亲缘关系最近，与人类生物学、遗传学高度相似，既是目前最炙手可热的实验动物，也是深受动物园游客喜爱的观赏动物。非人灵长类动物除了可能携带上述几种重要疫病外，还可能携带其他病毒、细菌、真菌、寄生虫等重要疫病，最常见的有腺病毒、甲型/乙型肝炎病毒、狂犬病毒、猴痘病毒、麻疹病毒、西尼罗病毒、猴出血热病毒、新型冠状病毒（COVID-19）、沙门氏菌、志贺氏菌、弯曲杆菌、致病性大肠杆菌、流感嗜血杆菌、链球菌、支气管败血波氏杆菌、线虫、弓形虫、疟原虫、溶组织内阿米巴虫、隐孢子虫、贾第鞭毛虫等，人类在接触这类动物时会面临较高的感染风险。

考虑灵长类动物的种类、来源（圈养或野生捕获）和生存环境，分析其可能携带的病原，有针对性地开展风险评估，对可能存在的风险进行科学研判，从而强化风险管理。对于人工养殖的灵长类动物而言，清洁、消毒笼具，及时清理粪便、尿液和食物垃圾，定期驱虫，必要时进行疫苗（如麻疹和甲型肝炎等）免疫，对动物的健康尤为重要。

四、生态风险

非人灵长类动物种群是地球陆地生物的重要组成部分，主要分布于新热带区（南美洲次大陆与中美洲、西印度群岛和墨西哥南部）、非洲、南亚和东南亚地区，其栖息地持续为包括当地人类在内的自然生态系统提供重要资源。令人担忧的是，人类因为扩大种植农业范围、过度放牧、滥砍滥伐、石油矿石开采、道路修建等社会经济活动，造成非人灵长类动物自然栖息地的广泛丧失和退化，导致世界上大约75%的灵长类动物种群数量正在减少，超过60%的物种面临灭绝的威胁。2001年~2017年，受人类活动影响，在新热带区、非洲、南亚和东南亚地区，非人灵长类动物栖息的热带森林面积损失大约1.79亿公顷，其中，一半以上被转变为农田、牧场、矿山等商品生产基地。2016年，非人灵长类动物产区交易了1.1万亿美元的自然资源商品，预计到2050年，全球大宗商品资源开采量将增加一倍以上，从目前的850亿吨增加到1860亿吨，其中，巴西、印度、印度尼西亚、马来西亚和南非是主要出口国，而这些国家是灵长类动物多样性和特有性较高的国家，不可持续的全球需求和不平等的商品贸易导致非人灵长类动物栖息地遭到严重破坏。我国猕猴资源原本丰富，但由于越来越多的栖息地破碎化以及乱捕滥猎导致猕猴资源遭到致命的破坏，野生猕猴数量急剧下降。

对于野生猴群，成员之间等级地位鲜明，"猴王"是从众多优秀的雄猴中"竞选"而来，有优先交配权，从而使猴王的优质基因在猴群中得以遗传，保证了种群基因的"纯洁性"。人工繁殖的非人灵长类动物虽然也采用一雄多雌制，但雄猴主要由饲养人员随机搭配，任其自然繁殖，雄猴的优质基因无法保证，甚至出现近亲繁殖的情况，导致遗传优势丧失。非人灵长类动物养殖企业多为民营，受市场规模和资金投入的限制，规模化养殖企业所占比重不高，小型实验猴生产企业在资金周转困难和短期利益的驱使下，多采取有猴就卖的策略，难以制订和严格执行科学、长远的种群繁育和更新计划，导致繁殖种群动物老龄化严重，繁殖率下降明显。

五、危害

非人灵长类动物是人类的近亲，与人类的遗传物质相似性为 75% ~ 98.5%，在神经系统、组织结构、生理和代谢功能等方面的生物学特征同人类相似。利用非人灵长类动物建立的疾病动物模型被认为是在神经系统退行性疾病、癌症、心血管等疾病以及重大新药研发上取得突破的关键。目前，非人灵长类动物已被广泛应用于国防、科研、医学以及药品的基础研究、临床试验、安全评估等诸多方面。然而，非人灵长类动物对埃博拉病毒、马尔堡病毒、黄热病毒、寨卡病毒、狂犬病毒、B 病毒等烈性病原高度易感，患病或感染动物可将病原体传染给其他动物，也可以传染给人，引起十分严重的公共卫生问题。世界动物卫生组织（WOAH）在《陆生动物卫生法典》中特别强调了防范非人灵长类动物传播疫病的重要公共卫生意义，以引起公众足够的重视。

第十五节
长鼻目动物

一、生物学特性

（一）分类

大象或象属于长鼻目（*Proboscidea*），长鼻目曾有 6 个科，其中 5 个科已灭绝，仅存1个科2个属3个种的动物，即象科（*Elephantidae*），非洲象属和象属。非洲象属有2个种，即普通非洲象种（*Loxodonta africana*，也叫热带草原象或灌木象）和非洲森林象种（*Loxodonta cyclotis*），象属只有亚洲象1个种（也叫印度象，*Elephas maximus*）。

长鼻目动物特征如其名，鼻子长，鼻端生有指状突起，起着胳膊和手指的作用，能捡拾细小物品，能摄取水并食物送入口中。象是现存最大的陆生哺乳动物，它的嗅觉和听觉发达，视觉较差。巨大的耳廓不仅帮助谛听，也有散热功能。雄性（非洲象雌雄均有）的长獠牙是特化的上颌门齿。

（二）生存习性

普通非洲象生活在从海平面至海拔5000米的热带森林、丛林和草原地带，群居，日行性，无固定栖息地，以野草、树叶、树皮、嫩枝等为食。繁殖期不固定，孕期约22个月，每4年~9年产1胎，每胎产1仔，13岁~14岁性成熟，寿命60年~70年。非洲象耳大、下部尖，不论雌雄都有长而弯的象牙，前足有4趾，后足有3趾（趾数比亚洲象少一个），共有21对肋骨，背部平，长达6米~7.3米，高达3米~4米，重达10吨。性情凶猛，尤其是孤独的雄象更为凶猛，不易驯服。非洲象体长可达10.67米，前足围1.8米，体重11.75吨。象牙长度可达350厘米、重约107千克。

非洲森林象是濒临灭绝的物种，个头较小，高一般不超过2.5米，耳圆，下颌骨长而窄，前足有5趾，后足有4趾，和亚洲象相同，象牙小而直，质地坚硬。

亚洲象生活于热带森林、丛林或草原地带。群居，由一只雌象率领，无固定栖息地，日行性。嗅、听觉灵敏，视觉较差，炎热时喜水浴。晨昏觅食，以野草、树叶、竹叶、野果等为食。繁殖期不固定，孕期为20个月~22个月，每胎产1仔，9岁~12岁性成熟，寿命为60年~70年。亚洲象鼻端有一个指状突起，雌象没有象牙，即使是雄象也有一半没有象牙或象牙很小，耳朵比较小、圆，前足有5趾，后足有4趾，共有19对肋骨（其中苏门答腊亚种有20对，但比非洲象少一对），头骨有两个突起，背拱起。性情温和，比较容易驯服。

（三）种群分布

非洲象（*Loxodonta africana/Loxodonta cyclotis*）分布于非洲中部、东部

和南部。亚洲象主要分布在南亚的孟加拉国、不丹、印度、尼泊尔和斯里兰卡，东亚或东南亚的中国、柬埔寨、印度尼西亚、老挝、马来西亚、缅甸、泰国、越南。

二、贸易与保护

（一）贸易

象的合法贸易以研究、外交或艺术为主。CITES 有严格的规则来规范大象贸易，但并不禁止该贸易，野生象的贸易管制取决于动物的原产地。出口野生非洲大象的主要国家（地区）是南非、纳米比亚、津巴布韦和博茨瓦纳等，主要用于动物园观赏和马戏团表演。

（二）保护要求

偷猎象牙和栖息地丧失导致非洲象数量锐减，2021 年 3 月 25 日，IUCN 将非洲森林象列入《濒危物种红色名录》极度濒危物种，将非洲草原象列为濒危物种。非洲象（博茨瓦纳、纳米比亚、南非和津巴布韦的种群除外）被列入 CITES 附录Ⅰ，博茨瓦纳、纳米比亚、南非和津巴布韦的非洲象种群被列入 CITES 附录Ⅱ。根据现有相关规则，博茨瓦纳、津巴布韦象群可以以任何目的向适宜和可接受的目的地出口活体象；南非、纳米比亚象群可以为就地保护项目向适宜和可接受的目的地出口活体象；来自其他国家（地区）的非洲象都被认为"受到了灭绝的威胁"，因此被列入 CITES 附录Ⅰ，不允许出于主要商业目的而出口，以免进一步威胁其生存状况。

亚洲象被列入《濒危物种红色名录》濒危物种，也被列于 CITES 附录Ⅰ中。因此，亚洲象国际贸易程序十分复杂。

我国野生动物保护法禁止猎捕、杀害象，禁止出售、购买、使用象及其制品。《美国濒危物种保护法》（Endangered Species Act，ESA）禁止商业象牙及其制品进出口。欧盟成员已承诺对加工后的象牙再出口申请进行更严格的审查。日本虽然也是 CITES 成员，但国际野生物贸易研究组织（TRAFFIC）于 2017 年 12 月发布的一项研究显示，其对本国象牙市场监管还有漏洞，存在非法出口象牙现象。

三、检疫风险

（一）布鲁氏菌病

布鲁氏菌病（Brucellosis）又称布氏杆菌病、马耳他热（Moltafever）或波浪热（Undulant fever），简称布病，是由布鲁氏菌属（*Brucella*）细菌引起的以感染家畜为主的人畜共患传染病，布鲁氏菌可导致巨大的经济损失和严重的公共卫生问题。布鲁氏菌病是世界动物卫生组织（WOAH）规定须通报的动物疫病，也是《中华人民共和国进境动物检疫疫病名录》中的二类传染病、我国《一、二、三类动物疫病病种名录》中的二类动物疫病。

（二）象内皮疱疹病毒出血性疾病

象内皮疱疹病毒出血性疾病（Elephant Endotheliotropic Herpesvirus-Hemorrhagic Disease，EEHV-HD）是由象内皮疱疹病毒（EEHV）感染内皮细胞引起的出血性疾病。该病主要影响亚洲象，尤其是 4 岁以下的幼体象，死亡率超过 80%。临床症状多为面部肿胀，血小板、单核细胞急性减少，内脏器官出血。1988 年，首次出现亚洲象死于象疱疹病毒（EEHV）感染的报道，该病已对圈养和野生亚洲象种群构成了严重威胁。

1. 病原

象内皮疱疹病毒（EEHV）属疱疹病毒亚科（*Betaherpesvirinae*）、长鼻病毒属（*Proboscivirus*）病毒，基因组为线性双链 DNA，有囊膜。迄今为止，已报告了 8 种 EEHV 基因型，分别命名为 EEHV1A、EEHV 1B 和 EEHV2、EEHV3、EEHV4、EEHV5、EEHV6 和 EEHV7，大多数致死性感染是 EEHV1A 和 EEHV1B 所导致。EEHV1A、EEHV1B、EEHV4 和 EEHV5 与亚洲象中的严重出血性疾病有关，并经常引起这种出血性疾病，而在非洲象中发现了 EEHV2、EEHV3、EEHV6 和 EEHV7，它们通常引起非致命性疾病。

2. 临床症状与病理变化

大多数感染 EEHV 的小象都出现了嗜睡、厌食、跛行、绞痛和腹泻的临床体征，其中许多小象通常在出现嗜血性腹泻后 1 小时至 7 天内死亡。感染动物头部，特别是眼睑肿胀，有中度至明显的皮下水肿，并伴有少量弥散性皮下瘀点出血。舌头肿大，有多灶性黏膜和实质内出血。结膜、脑（包括脑膜）、食道、气管、胃、肠和肠系膜、肝、膀胱和肾上腺中可见出

血。心房和心室广泛性出血，背纵隔严重水肿和多灶性浆膜下出血，这是
EEHV引起的病变的典型特征。肺多灶性出血。腹腔内存在透明水状液体，
肠壁、肠系膜和网膜的明显膨胀。肾脏弥漫性充血，表面呈斑驳的浅色至
暗红色，皮质与髓质界限清晰。皮下淋巴结轻度肿大。

3. 预防与治疗

到目前为止，还尚无有效疫苗用于预防，也没有针对这种疾病的特殊
治疗方法。有研究发现，用泛昔洛韦和阿昔洛韦等抗病毒药物治疗感染的
小象，在某些情况下有一定的效果。

（三）口蹄疫

大象对口蹄疫病毒具有易感性，曾有记载亚洲象自然感染口蹄疫，并
在口腔和蹄部形成病损；非洲大象对口蹄疫实验感染十分敏感，但未见自
然感染病例。据研究，从海拔、年平均气温和年降水量等因素来看，亚洲
象和非洲象的活动区域与口蹄疫的分布有较大的重叠。口蹄疫高风险地区
主要集中在北纬10°N ~ 50°N之间和南纬10°S~35°S之间，亚洲象的风险
高于非洲象。亚洲象栖息地口蹄疫风险由东南向西北逐渐增加，非洲象栖
息地口蹄疫风险呈现出南北高、中间低的分布格局。

（四）结核病

大象可感染结核病，圈养大象对结核分枝杆菌敏感性高，亚洲象比非
洲象更易感染结核分枝杆菌。大象结核病通常是一种慢性感染，直到达到
疾病的活跃阶段，才表现出临床症状。被感染的大象会出现疲劳症状，无
法正常工作，出现黏液，呼吸困难，体重减轻，最终死亡。

四、生态风险

随着非法象牙交易的持续，非洲象种群持续受到严重威胁。在过去的
10年里，被猎杀大象的数量增加了1倍，截获非法交易的象牙是过去的3
倍。联合国环境规划署（UNEP）、《濒危野生动植物种国际贸易公约》
（CITES）、世界自然保护联盟（IUCN）和国际野生物贸易研究组织
（TRAFFIC）共同完成的报告显示，盗猎水平的提高和栖息地的丧失正在
严重威胁非洲中部非洲象种群的生存，也威胁着非洲西部、南部和东部的
大象种群生存。非法象牙交易的目的地是亚洲，非洲和亚洲间的象牙走私
活动越来越活跃。为满足人口急剧增长对农业耕地的需求，象群栖息地不
断丧失，叠加盗猎，加剧了非洲象的生存危机。

野外亚洲象种群数量从 19 世纪早期至今已经下降了 97%，而且一直呈下降趋势。在大象的大多数分布国家（地区），大象保护面临着栖息地丧失和破碎化、人象冲突、偷猎大象和非法交易大象制品等挑战。因经济增长和人口激增造成大象栖息地的减少和分散，人类不断扩大的居住区、种植园、工业、农业、采矿和线性基础设施（公路、铁路线、灌溉渠、电力线、管道）将大象挤入不断减少的森林，而且常被人类居住区包围，大象种群的迁徙路线也经常被阻断。亚洲象面临的另一个主要威胁是，栖息地丧失和破碎化加剧导致的人象冲突。目前，有很大比例的亚洲象栖息地在保护区之外，且穿插着耕地和人类定居点，大象和人类经常相遇并产生冲突，每年，大象造成的农作物、房屋等财产损失达数百万，另有数百人受伤、数百头大象被杀等。据报道，亚洲每年因人象冲突死亡的人数超过600 人、大象超过 450 头，其中 80%～85% 来自印度和斯里兰卡。除了报复性杀戮，大象也因基础设施影响而死亡，例如火车碰撞（主要发生在印度和斯里兰卡）和车辆碰撞（主要发生在马来西亚和泰国）。偷猎仍然是亚洲象的重大威胁，东南亚已经形成象牙、肉、皮、尾巴和毛发等大象制品的交易市场。在缅甸，大象皮被用来制作珠子，被当作手镯和项链佩戴，作为幸运符出售，这种贸易可能导致对大象的滥杀，进一步危及该地区脆弱的大象种群。在这些威胁中，人象冲突是野外亚洲象死亡的第一大原因，需要紧急采取措施以防止野生大象种群灭绝。

五、危害

受偷猎象牙、栖息地丧失、繁殖速度慢等因素影响，象群数量减少，其种群永久存续是一个亟需关注的问题。大象对口蹄疫病毒具有易感性，来自疫区的大象对偶蹄动物的防疫工作带来巨大的挑战。此外，大象可能携带的结核病、布鲁氏菌病等人畜共患病，对人体健康是潜在的威胁，与大象接触时，应采取个人防护措施，防止疫病相互传播。

第十六节
啮齿动物

一、生物学特性

（一）分类

啮齿动物（Glires）是哺乳纲中的啮齿目（*Rodentia*）和兔形目（*Lagomorpha*）动物，由于它们均以门齿啃啮食物，故统称"啮齿类"，也有将其称作"啮类总目"的。啮齿目动物分为松鼠形亚目、河狸亚目、鼠形亚目、鳞尾松鼠亚目、豪猪形亚目5个亚目，共有33个科481个属2277个种，代表动物包括松鼠、鼹鼠、仓鼠、灰鼠、田鼠、竹鼠、睡鼠、河狸、豪猪、豚鼠、海狸鼠等。兔形目3个科13个属92个种，代表动物包括鼠兔、野兔、草兔、雪兔、穴兔等。据统计，2022年全世界有啮齿动物2488种，占现存哺乳动物总种数的40%以上。

（二）形态特征

啮齿动物营陆生、穴居、树栖或半水栖生活，门齿发达，上下各一对，呈凿状、无齿根、能终身生长，无犬齿而具齿虚位。许多种啮齿动物的门牙和臼齿间长着一块毛茸茸的软垫，可将诸如木屑等不能食用的东西阻挡在嘴壁和牙齿之间，防止它们进入口腔。很多啮齿动物长有颊囊，用来暂时储藏食物。除了少数种类外，啮齿目动物一般体形较小，成体体重多在2千克以下；也有少量体形较大的种类，如河狸成体体重为12千克~25千克、旱獭成体体重为3千克~7.5千克、养殖的海狸鼠成体体重为5千克~10千克。啮齿目动物一般长须露眼，前脚有四爪，尾巴和身子一样长，咬肌发达。兔形目动物上唇中部有纵裂，耳长而圆、听觉灵敏，尾巴短小，后肢显著长于前肢，善于跳跃，前肢不能抱着食物吃。

（三）生活习性

啮齿动物适应力强，能生活在多种多样的环境中，大多数种类为穴居性。作为哺乳动物，啮齿动物的繁殖力最强，其中一些鼠种由于性成熟早、一年产仔窝数多、每窝所产仔数多，因而能形成庞大的个体数量。几乎所有的啮齿动物都是食草动物，但也有例外，比如松鼠就是一种既食草也食肉的啮齿动物。多数啮齿动物在夜间或晨昏活动，少数种类在白昼活动。冬季活动量一般较小，在冬季到来前，在体内贮存脂肪供蛰伏时用，或于秋季开始储存食物。

（四）种群分布

啮齿目动物分布于世界各地。老鼠住在除南极洲以外的所有大洲，豪猪生活在非洲、亚洲、欧洲、北美洲和南美洲，水豚栖息地位于中美洲和南美洲。美洲海狸主要生活在美国和加拿大境内，而欧洲海狸生活在欧洲和亚洲。海狸生活在树林中或者靠近树林的地方，它们把巢筑在河流、湖泊等的旁边，通常是5~6只组成一个家庭。

兔形目动物多栖息于草原、草甸、灌丛以及山地砾石地带，分布于亚洲、欧洲、非洲、北美洲和南美洲的广大地区。鼠兔主要分布于青藏高原附近和亚洲中部的高原或山地，也分布于亚洲东北部、北美洲西部和欧洲。

二、保护要求

啮齿动物与人类的关系极为密切。其中有许多对农、林、牧、粮食、仓库、建筑、运输等有害，有的种类还能传染多种疾病，危害人类生命健康，但也有不少种类具有经济价值，不仅可供食用、制作毛皮和开展科学实验，对于人类的生产建设、卫生防疫、资源利用、环境保护和科学研究等也具有重要的实际和理论意义。更为重要的是，在自然界中，啮齿动物是许多食肉动物的主要食物来源，是陆地上许多类型的生态系统中的食物链的重要环节，对于维持生态平衡起着不可替代的作用。在 CITES 中，被列入附录 I 的啮齿动物包括松鼠科的墨西哥草原犬鼠、兔科的阿萨密兔和火山兔；被列入 CITES 附录 II 的啮齿动物包括巨松鼠属所有种，毛丝鼠科毛丝鼠属所有种，鼠科的刺巢鼠、费氏拟鼠、伪沼鼠和中澳白尾鼠。我国国家一级保护野生动物中的啮齿动物有河狸科的河狸，国家二级保护野生动物中的啮齿动物有松鼠科的巨松鼠，鼠兔科的贺兰山鼠兔和伊犁鼠兔，兔科的粗毛兔、海南兔、雪兔和塔里木兔。

三、检疫风险

（一）鼠疫

鼠疫（Plague）是由鼠疫耶尔森菌（*Yersinia pestis*）引起的人的烈性传染病，临床表现主要为高热、淋巴结肿痛、出血、肺部炎症等。鼠疫传染性强，如果不治疗，病死率高达 30%~60%。鼠疫属国际检疫传染病，也是《中华人民共和国传染病防治法》规定的甲类传染病。

1. 病原

鼠疫耶尔森菌，又被称为鼠疫杆菌，是肠杆菌科、耶尔森菌属中的一员。耶尔森菌属大致分为 11 种，包括鼠疫耶尔森菌、假结核耶尔森菌、小肠结肠炎耶尔森菌及中间耶尔森菌等，前 3 种对人类有较强致病性。鼠疫耶尔森菌为革兰阴性短粗杆菌，菌体两端钝圆、浓染，易被苯胺染料着色。一般分散存在，偶尔成双或呈短链排列。无鞭毛，不形成芽孢，有荚膜。最适生长温度为 27℃~30℃，最适 pH 为 6.9~7.1。兼性厌氧，在普通培养基中能够生长，但生长较缓慢，在含血液或组织液的营养培养基中，经 24 小时~48 小时形成可见菌落。菌落细小、圆形、无色半透明、中央厚而致密、边缘薄而不规则。在肉汤培养基中沉淀生长和形成菌膜，液体一般不混浊，稍加摇动，菌膜下沉呈钟乳石状，此特征有一定鉴别意义。对常用的抗生素敏感，也对高温和常用化学消毒剂敏感，容易被杀灭。

2. 流行特点

鼠疫是一种自然疫源性疾病，其自然疫源地分布在亚洲、非洲、美洲的 60 多个国家和地区。染疫鼠类、旱獭等啮齿动物是主要的传染源，鼠疫患者尤其是肺鼠疫患者在患病早期即具有传染性。败血型鼠疫、腺肿发生破溃的腺鼠疫患者等也可作为传染源。无症状感染者不具有传染性。该病主要经跳蚤叮咬传播，人类鼠疫的首发病例多由跳蚤叮咬所致；也可通过捕猎、宰杀、剥皮及食肉等方式直接接触染疫动物而感染；食用未煮熟的病死旱獭、兔、绵羊等动物可发生肠鼠疫；肺鼠疫患者或患病动物呼吸道分泌物中含有大量鼠疫杆菌，形成细菌微粒及气溶胶后，可经飞沫传播。人类对鼠疫普遍易感，但病后可获持久免疫力。

3. 临床症状与病理变化

鼠疫的潜伏期较短，多为 2 天~3 天。临床症状以淋巴结肿大、血液系统的炎症和组织出血为特征。依据发病部位和病理变化的不同，常将鼠疫分为腺鼠疫、肺鼠疫、败血型鼠疫、眼鼠疫、脑膜炎鼠疫和肠鼠疫等病型。腺鼠疫最为常见，受侵部位附近腹股沟淋巴结、腋下、颈部及颌下单侧淋巴结肿大为其主要特点。原发肺鼠疫高热，病初出现剧烈胸痛、咳嗽、咳大量泡沫状粉红色或鲜红色血痰，呼吸急促、困难，肺部可闻少量散在湿啰音或轻微的胸膜摩擦音等症状。败血症型鼠疫因皮肤广泛出血、瘀斑、发绀、坏死，故死后尸体呈紫黑色，俗称"黑死病"。

4. 检疫诊断与预防

根据临床症状、流行病学资料可进行初诊。确诊需进行试验室诊断，常用实验室诊断技术包括抹片镜检、细菌培养与鉴定、间接血凝试验、酶联免疫吸附试验、聚合酶链式反应等。

鼠疫是检疫传染病，应采取严格的生物安全措施进行防制。制订并实施灭鼠、灭蚤计划，消灭传染源；加强啮齿动物鼠疫监测，发现疫情及时预警；对来自疫区的车、船、飞机进行严格检疫，切实防范媒介生物传入；对患者和疑似患者应隔离检疫，及时进行抗菌治疗和对症支持治疗，治疗鼠疫应首选链霉素；参加检疫、防疫的工作人员应按照规定做好个人防护，规范穿戴防护服、医用防护口罩、手套、鞋套防护装备等。预防鼠疫，还可根据情况进行鼠疫菌苗接种。

（二）土拉杆菌病

土拉杆菌病（*Tularemia*），又称野兔热、鹿蝇热、土拉病，是由土拉热弗朗西斯菌（*Francisella tularensis*）引起的一种急性人畜共患传染病。该病属于自然疫源性疾病，主要见于野生啮齿动物，也可传染给家畜和人。该病被 WOAH 列为须通报的动物疫病，也被收录入《中华人民共和国进境动物检疫疫病名录》二类传染病。

1. 病原

土拉热弗朗西斯菌属于弗朗西斯氏菌属（*Francisella*），为微小、无鞭毛、不能运动的球杆菌，革兰氏染色阴性，着染力较弱，美蓝染色呈两极浓染。专性需氧菌在适宜培养基上生长旺盛时，形态为杆状；在感染的组织中为短杆状，近似球形。土拉热弗朗西斯菌分土拉热型（A 型）、古北型（B 型），A 型致病力较强，主要分布在北美洲，一般经蜱和蚋蝇传播，可引起多种哺乳动物和人发病；B 型对人和兔的致病力较小，主要分布于欧亚大陆北部、北美洲北部，野兔、小型啮齿动物和水生啮齿动物感染较多。土拉热弗朗西斯菌对干燥抵抗力较强，对热与化学药物敏感，在日光直射下30分钟死亡，一般消毒药物都能很快将其杀死。

2. 流行特点

该病易感动物种类很多，啮齿类、人类、猫、狗、牛、鸟、鱼、两栖类动物等均可以感染。在啮齿动物中，以棉尾兔、灰野鼠、麝香鼠、水松鼠、海狸鼠等感染发病最为多见，呈地方流行性；在实验啮齿动物中，小鼠、豚鼠、仓鼠和兔最易感。啮齿动物是土拉热弗朗西斯菌的主要宿主，一些无脊椎动物包括蜱、蚊、虻、蚤、螨、蝇等也可以带菌。病畜和带菌动物是主要传染源，传播方式非常广泛，可经虫媒叮咬传播，也可经直接接触感染，还可经消化道和呼吸道感染。该病一般多见于春末、夏初季节，主要与啮齿动物以及吸血昆虫繁殖活动有关。常呈地方性流行，洪灾或其他自然灾害可导致大流行，家畜中以绵羊尤其是羔羊发病较严重。

3. 临床症状与病理变化

《陆生动物卫生法典》规定该病潜伏期为15天，野兔的潜伏期为1天~9天。各种动物临床症状差异较大，以体温升高、衰竭、麻痹和淋巴结、脾、肝肿大为主。兔的病程一般较长，呈高度消瘦和衰竭；颌下、颈下、腋下和腹股沟等体表淋巴结肿大；鼻腔黏膜发炎；体温升高$1℃ \sim 5℃$；脾、肝大充血，上有点状白色病灶；肺充血、水肿。绵羊和山羊体温升高到$40.5℃ \sim 41℃$，呼吸加快，后肢麻痹，颈部、咽背、肩胛前及腋下淋巴结肿大，有时出现化脓灶；脾和肝常见有结节；妊娠母羊流产、死胎或难产；羔羊还表现出腹泻、黏膜苍白、麻痹、兴奋或昏睡，不久死亡。

4. 检疫诊断与预防

根据流行病学、临诊症状和病理剖检等方面的特点，可进行初步的诊断。确诊该病要依靠实验室检验。实验室常用诊断方法包括病原分离和鉴定、试管凝集试验、间接血凝试验、荧光抗体试验、酶联免疫吸附试验等，此外，还可采用变态反应诊断。

该病可接种弱毒菌苗进行免疫预防，可用链霉素治疗，也可用土霉素、四环素、金霉素、庆大霉素等对患病动物和病人进行治疗。从源头加强防控，应采取综合性生物安全措施，例如，驱除野生啮齿动物和吸血昆虫；经常进行杀虫、灭鼠；一旦发现病畜，严格按规定处置，对被污染的场地、用具、畜舍等彻底消毒，对粪便进行堆积发酵处理等。

(三) 森林脑炎

森林脑炎又称蜱传脑炎 (Tick Borne Encephalitis, TBE) 是由森林脑炎病毒引起的以中枢神经病变为特征的急性传染病。该病常有后遗症，病死率较高，被我国列入法定职业病名单，是为数不多的因生物性因素引起的职业病。

1. 病原

森林脑炎病毒为黄病毒属中蜱媒脑炎群 (TBE complex, TBEC) 成员，基因组为单股正链 RNA，可分远东亚型、西伯利亚亚型和欧洲亚型 3 个亚型。病毒粒子为球形，囊膜表面有棘突，有衣壳蛋白 (C)、包膜蛋白 (E) 和膜蛋白 (M) 3 种基本结构蛋白。能凝聚鸡、鸭、鹅、绵羊等动物红细胞。病毒对环境抵抗力不强，对乙醚、三氯甲烷、脱氧胆酸和胰蛋白酶敏感；在 55℃ 生理盐水中经 15 分钟失活；对热敏感，加热 60℃ 经 10 分钟即可灭活；对紫外线照射也很敏感。

2. 流行特点

野生啮齿动物和鸟类是森林脑炎病毒的主要贮存宿主，自然疫源地中的家禽、家畜和林区的黑熊、野猪、马、鹿、犬及其幼兽也可成为病毒的贮存宿主，构成该病的传染源。该病主要通过蜱类等吸血昆虫叮咬而传播，也可通过消化道、呼吸道传播，少数可因饮用污染的牛奶经消化系统感染。人群普遍易感，感染者能获得持久性免疫力。该病具有明显的季节性和地域性，多发生于每年的 5 月~7 月，一般呈散发性。

3. 临床症状

潜伏期大约为 10 天，最短可为 4 天，最长可达 1 个月。根据发病情况和临床经过，森林脑炎可分为脑脊髓炎型、脑膜炎型和顿挫型，以高热、头痛、恶心、呕吐、抽搐、肢体瘫痪、颈瘫、吞咽困难、呼吸肌麻痹等为特征。

4. 检疫诊断和预防

依据流行病学特点和临床症状可以进行初诊，如在疫区曾有蜱叮咬史或饮生奶史，临床表现有高热、头痛、恶心、呕吐、颈肌瘫痪等症状时可以初步诊断为森林脑炎。确诊需要进行实验室诊断，常用诊断技术包括补体结合试验、血凝抑制试验、酶联免疫吸附试验和聚合酶链反应等。

该病可接种疫苗预防。因该病有严格的地区性，凡是进入疫区的工作人员，应接种森林脑炎疫苗，搞好工作场所周围的环境卫生，加强灭鼠灭蜱工作，做好个人防护，防止蜱叮咬。

（四）兔黏液瘤病

兔黏液瘤病（Myxomatosis）是由黏液瘤病毒（*Myxomavirus*）引起兔的高度触染性和致死性疫病，以皮肤出现明显的黏液瘤为特征。澳大利亚为消灭野兔所造成的危害，1950 年曾在兔群中人为地引入黏液瘤病毒。该病为《中华人民共和国进境动物检疫疫病名录》中的二类传染病。

1. 病原

黏液瘤病毒属于痘病毒科（*Poxviridae*）、野兔痘病毒属（*Leporivirus genus*），基因组为双链 DNA。病毒粒子呈卵圆形或椭圆形，负染时病毒粒子表面呈串珠状、由线状或管状不规则排列的物质组成。黏液瘤病毒只有一个血清型，不同病毒株在抗原性和毒力方面有差异，弱毒株引起的死亡率不到 30%，强毒株引起的死亡率超过 90%。病毒对干燥有较强的抵抗力，对乙醚敏感，pH 4.6 以下不稳定。

2. 流行特点

兔是该病的唯一易感动物，家兔和欧洲野兔最易感，死亡率可达 95% 以上；各种年龄的兔都易感，1 月龄以上的幼兔比成年兔更有抵抗力。该病主要通过蚊子、跳蚤、蚋蝇、蜱、兔蚤、螨等各种吸血节肢动物的口器携带病毒而传播，蚊子是该病的主要传播媒介，寄生虫也能传播该病。直接接触病兔或被污染的饲料、饮水和器具等能引起感染，但接触传播不是主要的传播方式。该病最早于 1896 年发现于乌拉圭，传遍南美洲后，经墨西哥传入美国。1950 年澳大利亚为消灭野兔引入黏液瘤病毒，1952 年该病传入欧洲，截至目前，至少有 50 多个国家和地区发生过该病。该病呈季节性发生，每 8 年～10 年流行一次。

3. 临床症状与病理变化

潜伏期一般为 3 天～7 天，最长可达 14 天。临床上最先出现的症状是结膜炎，伴发奶油样分泌物。患兔厌食，体温升高达 42℃，急性病例在出现症状 4 小时内死亡，幸存兔渐进性精神委顿、被毛粗糙，眼睑、鼻、唇和耳水肿，鼻子、耳上和前肢出现纤维素性结节。随着病情的发展，眼鼻分泌物增多，由黏液性变为脓性，眼睑和结膜增厚、水肿，使眼睛不能闭合，头部肿胀呈现典型的"狮子头"状，病兔呼吸困难、摇头、喷鼻、发出呼噜声。母兔阴唇发炎水肿，公兔阴囊肿胀。剖检可见皮肤上特征性胶状或纤维状肿瘤结节，皮下胶冻样浸润，颜面部和全身天然孔皮下充血、水肿及脓性结膜炎和鼻漏，淋巴结肿大、出血，肺肿大、充血，胃肠浆膜下、胸腺、心内外膜可有出血点。

4. 诊断与防治

根据临床症状、病理变化及极高死亡率即可作出初步诊断，但确诊需进行实验室诊断。琼脂免疫扩散技术是实验室常用的方法。

预防该病最经济的办法是定期使用灭蚊剂等控制媒介昆虫，并防止与野兔发生直接或间接接触。在疫病流行地区，推荐接种疫苗，使用最广泛的是兔纤维瘤活病毒疫苗，它可以产生对黏液瘤病毒的交叉免疫力。

(五) 沙粒病毒感染

沙粒病毒感染是由沙粒病毒引起的一种急性、发热性人畜共患病，包括淋巴细胞性脉络丛脑膜炎（Lymphocytic choriomeningitis，LCM）、拉沙热（Lassa fever，LF）、阿根廷出血热和玻利维亚出血热等，前两者多呈亚临床型和轻型，后两者多表现为典型病例，共同症状是进行性发热，伴头痛、肌痛、乏力和反应迟钝；随后，不同的疾病症状各异。淋巴细胞性脉络丛脑膜炎只在家鼠中发生，人类发病者不多，主要分布在欧洲、美洲和亚洲，中国曾发现少数病例。淋巴细胞性脉络丛脑膜炎被收入《中华人民共和国进境动物检疫疫病名录》中的其他传染病。

1. 病原

沙粒病毒科（*Arenaviridae*）、沙粒病毒属（*Arenavirus*）分为两个群，即淋巴细胞脉络丛脑膜炎病毒-拉沙病毒群（LCMV-LFV complex）和塔卡里伯病毒群（*Tacaribe complex*），前者又称旧大陆病毒群，后者又称新大陆病毒群，两群共有 19 种病毒，基因组均为分节段单链 RNA。病毒颗粒呈球形或多形性，有脂质囊膜，囊膜表面有棒状纤突。病毒不稳定，对乙醚、三氯甲烷等脂溶剂敏感。

2. 流行特点

鼠是沙粒病毒的主要储存宿主和传染源。每种病毒有其单独的自然宿主，例如，家鼠是淋巴细胞脉络丛脑膜炎病毒唯一的天然贮存宿主，多乳鼠是拉沙热病毒的贮存宿主，阿根廷出血热和玻利维亚出血热等南美沙粒病毒出血热病原的宿主是壮暮鼠、草原暮鼠、胼胝暮鼠、短尾茎鼠等。鼠感染后，长期携带病毒，并可以通过粪尿、精液、分泌物等排毒，排出的病毒可以污染水源和食物或形成气溶胶飘浮于空中，通过呼吸道或消化道传播给人。拉沙热除通过鼠传播外，还可以通过接触病人的体液、污染物及性传播，造成人与人的传播。

3. 临床症状与病理变化

潜伏期为 7 天~14 天。各种疾病临床表现不同，轻型病例的表现类似感冒，表现为鼻炎和支气管炎；典型病例表现为脑膜炎或脑膜脑炎，有发热、头痛、恶心、呕吐、颈强直等。拉沙热主要发生在非洲的贝宁、几内亚、加纳、利比里亚、马里、尼日利亚和塞拉利昂，症状有发热、头痛、乏力、咽痛和肌痛，严重者有出血和休克症状，病死率为 1%。

4. 检疫诊断与预防

根据流行病学特点和临床症状可以进行初诊，确诊需要进行病原学检查。在急性期，可检查血液、咽嗽液、尿液中的病毒或抗原。该病毒可以用绿猴肾细胞培养分离，也可以用间接免疫荧光法和反向被动血凝法检测病毒抗原。检测抗体可用补体结合法、免疫荧光法和中和试验法。

灭鼠是最重要的预防措施。淋巴细胞性脉络丛脑膜炎、拉萨热和玻利维亚出血热的自然寄主是家鼠，比较容易消灭，但是阿根廷出血热的自然寄主是野鼠，不易消灭，必要时可使用阿根廷出血热疫苗进行免疫。

（六）其他重要疫病

除上述疫病外，啮齿动物可携带的疫病还有汉坦病毒感染、猴痘、钩端螺旋体病、克里米亚刚果出血热、狂犬病、莱姆病、利什曼原虫感染等。这些疫病多为人畜共患病，自然宿主往往涉及多种野生动物，检疫风险高，防制难度大，进境动物检疫时应予以充分考虑。

四、生态风险

外来物种在为人类发展提供条件的同时，也可能对农业、林业等行业造成巨大损失，对生物多样性、生态环境造成严重影响。外来入侵物种可通过与本地物种竞争营养、水分和生存空间，破坏生态系统的结构和功能，导致本地物种数量下降甚至灭绝。随着经济全球化的快速发展，物种的国际交换日益增多，外来物种的入侵风险也随之增加。

（一）外来物种入侵

啮齿动物作为哺乳动物中种属和个体数量最多、分布最广、繁殖最快、适应性最强的一类动物，已经对各国（地区）产生了严重的入侵危害。例如，褐家鼠原产于东南亚，18 世纪初随商业和军事航海事业的发展，经海上运输扩散到世界各地，是全球主要害鼠之一；屋顶鼠原产于欧洲，能传播鼠疫和蜱性斑疹伤寒等传染病，也是主要害鼠之一。

（二）破坏生态环境

獭狸能适应多种栖息地，主要以植物为食，喜啃食水稻、马铃薯、番茄等农作物，且通常会将一个地方的植物全部吃光才离开，使土壤因缺乏植物根系而沼泽化、水土流失。此外，獭狸挖掘洞穴会破坏防洪堤、水库大坝、建筑物和路基的地基，侵蚀溪流、湖泊和沟渠的岸堤。

（三）危害本地物种

野兔是澳大利亚哺乳动物中臭名昭著的外来入侵物种和农业害兽，澳大利亚在持续近百年的治理过程中，采取了引进天敌、建设防兔围栏、引进病原等措施，但仍然难以抑制野兔的大量繁殖，许多地巢鸟类、中小型哺乳动物及爬行动物等物种因此数量减少，甚至濒临灭绝。

五、危害

啮齿动物个体数量多、分布范围广，繁殖力和适应性强，尤其是啮齿目动物，喜啃食农作物，挖掘洞穴，不仅会破坏防洪堤、水库大坝、建筑物和路基等的地基，对生产生活和生态环境造成巨大影响，而且是鼠疫、土拉杆菌病、森林脑炎、拉沙热、克里米亚刚果出血热、狂犬病、莱姆病等人畜共患病传染源和病原的自然贮存宿主，在家畜家禽和人类一些烈性疫病传播过程中起着十分重要的作用，是全球公认的有害动物。防鼠、灭鼠已经成为各行各业及社会生活的卫生共识。

第十七节
观赏鸟

一、生物学特性

（一）分类

鸟类可分为2个亚纲、4个总目、28个目。根据鸟类迁徙习性的不同，还可分为留鸟、夏候鸟、冬候鸟、旅鸟、迷鸟等几个类型。根据生态习性和构造特征，鸟类大致分为走禽、游禽、涉禽、鸠鸽、鹑鸡、猛禽、攀禽和鸣禽 8 个主要的生态类群，其中，走禽类分为鸵形目、几维目、共鸟形目、美洲鸵目和鹤鸵目 5 个目，代表动物有非洲鸵鸟、褐几维、凤头颥、美洲鸵、鸸鹋等；游禽类分潜鸟目、鹈鹕目、鹱形目、企鹅目、鹲形目、雁形目和鸥形目 7 个目，代表动物有红喉潜鸟、凤头鹈鹕、贝氏鹱、企鹅、鹲鹕、鸬鹚、大雁、海鸥等；涉禽类包括鹳形目、鹤形目和鸻形目 3 个目，代表动物有白鹳、丹顶鹤、雉鸻等；猛禽类分为隼形目和鸮形目 2 个目，代表动物有鹰、隼、鹫、雕、鸮等；攀禽类分为鹃形目、夜鹰目、雨燕目、鹦形目、咬鹃目、佛法僧目、鴷形目和鼠鸟目 8 个目，代表动物有布谷鸟、夜鹰、蜂鸟、鹦鹉、咬鹃、翠鸟、啄木鸟、鼠鸟等；鸠鸽类只有鸽形目 1 个目，代表动物有沙鸡、鸠鸽等；鹑鸡类只有鸡形目 1 个目，代表动物有鸡、鹌鹑、孔雀等；鸣禽类也只有雀形目 1 个目，代表动物有画眉、麻雀、云雀等。

学者对鸟的分类有不同的观点，仅对鸟类总数的统计就可相差近千种之多，对目和科的划分也是各有差异。全世界鸟类共为 9200 种。中国有记录的为 1253 种，包含 21 目、81 科。

（二）形态特征

鸟全身披覆羽毛，体温高且恒定，可达 40℃。前肢成翅、有的退化，多营飞翔生活。心脏有两个心房两个心室。骨多空隙，内充气体，能适应飞翔。呼吸器官除肺外，有辅助呼吸的气囊。

走禽胸骨的腹侧正中无龙骨突，动翼肌已退化，翼短小，翅膀退化，大多失去了飞翔的能力，但脚长而强大，下肢发达，善于奔跑。游禽喜欢在水上生活，脚向后伸，趾间有蹼，有扁阔或尖的嘴，善于游泳、潜水和在水中掏取食物，大多数不善于在陆地上行走，但飞翔很快。涉禽的嘴、颈、腿均较长，胫部和跗跖部一般覆盖有角质鳞片、不被羽毛，有的趾间具半蹼或微蹼，尾大多较短，大型种类的翅长而宽，可做短距离的翱翔；小型种类（如鸻鹬类）的翅短而尖，飞行迅速、灵活。鸠鸽嘴爪平直或稍弯曲，嘴基部柔软、被以蜡膜，嘴端膨大、具角质；颈和脚均较短，胫全被羽。鹑鸡后肢中型而强健，趾端有钩爪，善走，不善飞，常以爪拨土觅食。猛禽喙均强健有力，喙端部具钩，边缘锐利，许多物种还具有齿突；眼球体积大，轴径长，可以在很大的焦距范围内迅速调整；翅强壮有力，可以成为除喙和脚之外第三件攻击猎物的武器；爪大多非常锋利，抓捕地面猎物的物种，爪长、脚趾短而粗壮，以鸟类为猎物的物种，脚趾细长、相对纤柔。攀禽脚短而强健，为对趾足、异趾足或并趾足，适应于在树上攀爬；由于生活习性的差异，嘴型的变化多种多样；翅膀大多为圆形或近圆形，多数种类不善于长距离飞行。鸣禽善于鸣叫，能发出婉转动听的鸣声；身体多为小型，体态轻捷，活动灵巧；嘴粗短或细长，脚短而细，3趾向前，另有1趾向后，善于营巢。

(三) 生活习性

卵生，胚胎外有羊膜。食性可分为食肉、食鱼、食虫和食植物等类型，还有很多居间类型和杂食类型。有些种类的食性因季节变化、食物多寡、栖息地特点以及其他条件而异。鸟类在不同季节更换栖息地区，或是从营巢地移至越冬地，或是从越冬地返回营巢地。

走禽生活在草原、森林、山地、冻原等生存环境中，也见于耕地、灌丛、居民区周围。大多数种类结群生活，地栖或树栖性，但主要在地面上活动和寻找食物。食物以植物为主，也取食昆虫和其他小动物。中、小型种类一年即可性成熟，大型种类则需要较长时间。游禽善于游泳和潜水，喜欢在水中取食水生植物、鱼类、无脊椎类动物，常选择有湖泊的地方休息和栖息，多数有迁徙行为，营巢一般在近水区域或水面上，多成群且地点固定。涉禽喜欢在沼泽和水边生活，大多数物种都分布在湿地或沿海地区；休息时常一只脚站立，大部分是从水底、污泥中或地面获得食物；一般在树上、草丛中或岩缝、屋顶上（如鹳类）或浅水地带草丛中（如鹤类）营巢，以树枝及草茎编巢。猛禽性情凶猛，捕食其他鸟类和鼠、兔、蛇等，或食动物腐尸；听觉、视觉非常敏锐，双目视野重叠区域大，有较好的立体视觉；飞行系统非常发达，可以长时间悬停于空中；许多有迁徙习性，大多数体形较大的猛禽是单独迁飞的，体形较小的猛禽也可能成对迁飞和结群迁飞；绝大多数猛禽自行营巢，但个别种会强占其他鸟类的巢。攀禽多数独栖，在树洞、土洞、岩隙等处营巢，白天活动；食性复杂，取食的种类和方式因种类不同而异；大多数攀禽没有迁徙习性。鸣禽为陆栖鸟类，巢的结构相当精巧，善于鸣叫，由鸣管控制发音，是天然歌手；食性各异，是重要的食虫鸟类，在繁殖季节里它们能捕捉大量农业害虫。

(四) 地理分布

鸟类的种或其他分类类群，最初出现在一个地点，再由发源地逐渐向四周扩展，最后形成世界鸟类的地理分区。陆地本身的地理阻隔特征，导致各种动物在地球表面的分布并不均匀，相对隔离的不同大陆之间，野生动物的组成结构有巨大的差异。华莱士在《动物的地理分布》一书中将世界陆地动物区系划分为古北界、新北界、新热带界、埃塞俄比亚界、东洋界、澳大利亚界 6 个界。

古北界包括欧洲、北回归线以北的非洲与阿拉伯半岛的部分地区、喜马拉雅山脉至秦岭山脉以北的亚洲大陆，是最大的动物地理界，岩鹨科鸟类主要分布于本界。

新北界指墨西哥以北的北美洲广大区域，以松鸡科、吐绶鸡科鸟类最为繁盛。

埃塞俄比亚界包括北回归线以南的阿拉伯地区、撒哈拉沙漠以南的非洲大陆以及马达加斯加与附近诸岛屿，特有鸟类有犀鸟科、太阳鸟科、阔嘴鸟科、锤头鹳科、鲸头鹳科、鹭鹰科、珠鸡科、蕉鹃科、鼠鸟科及仅生活于马达加斯加岛的拟鹑科、地鸡科、裸眉鸫科、钩嘴鹀科、鹃鸡科等。

东洋界包括我国自秦岭山脉以南地区、印度半岛、中南半岛、马来半岛以及斯里兰卡、菲律宾群岛、苏门答腊岛、爪哇岛和加里曼丹岛等大小岛屿，该界鸟类特有科少，仅包括和平鸟科，但有不少科以该界为分布中心，如雉科、阔嘴鸟科、椋鸟科、卷尾科、黄鹂科、画眉科、鸭科等。

新热带界包括整个中美洲、南美洲大陆、墨西哥南部以及西印度群岛，该界的鸟类最为丰富，有 90 个科，又称"鸟类大陆"；该界特有鸟类较多，如美洲鸵鸟科、鹅科、叫鸭科、麝雉科、喇叭鸟科、日鸦科、叫鹤科、鞘嘴鹀科、籽鹀科、油鸱科、短尾鸡科、鹟鹭科、喷鹭科、砍林鸟科、灶鸟科、蚁鹟科、蚁鸫科、窜鸟科、侏儒鸟科、尖喙鸟科、燕科等；还有一些鸟类，仅见于该界和新北界，如新域鹫科、凤冠雉科、吐绶鸡科、秧鹤科、蜂鸟科、翠鸡科、伞鸟科、霸鹟科、嘲鸫科、绿鹃科、森莺科、拟黄鹂科、裸鼻雀科等。

澳大利亚界包括澳大利亚、新西兰等区域，特有鸟类包括伊里鹤鸵科、鸸鹋科、几维科、领鹑科、鹭鹤科、裸鼻鸥科、刺鹩科、琴鸟科、薮鸟科、钟鹊科、垂耳鸦科、鹊鹩科、风鸟科、园丁鸟科、管舌鸟科等。

二、贸易与保护

（一）贸易

随着国内野生动物资源保护、旅游业及新兴宠物市场的发展，我国对进口观赏鸟类需求越来越大。已经进口的鸟类有洪氏环企鹅、巴布亚企鹅、王企鹅、麦哲伦企鹅、兀鹫、白头海雕、鹦鹉、鹊鸲鸟、红梅花雀、黄额丝雀、白腹丝雀、极乐鸟（天堂鸟）、风鸟、彩鹳、玫瑰琵鹭、棕尾虹雉、红胸角雉、白头鹮鹳、蓝凤冠鸠、雉鸠、鹤鸵、双垂鹤鸵、海鹦、海鸦、沙丘鹤、赤颈鹤、冠鹤（东非冠鹤）、蓝鹤、肉垂鹤、灰冕鹤、冠鹤（西非冠鹤）、火烈鸟、美洲红鹮、蜡嘴雁、黑颈天鹅、疣鼻天鹅、鸳鸯、巨嘴鸟、鞭笞巨嘴鸟、红嘴巨嘴鸟、蕉鹃、黄嘴鹮鹳、非洲秃鹳、秃鹳、鹈鹕、犀鸟、红脸地犀鸟、鹭珠鸡等几十个种类，涉及企鹅目、隼形目、鹦形目、雀形目、鹳形目、鸡形目、鸽形目、鹤鸵目、鸥形目、鹤形目、雁形目、䴕形目、蕉鹃目、鹳形目、鹈形目、犀鸟目、鸡形目等近 20 个目，其中，进境批次和数量较多的鸟类是鹦鹉、火烈鸟、鹈鹕、红鹮、天鹅、企鹅、犀鸟、东非冠鹤等。主要来源地为阿联酋、菲律宾、马来西亚、日本、斯里兰卡、泰国、新加坡、文莱、中国台湾、奥地利、德国、俄罗斯、荷兰、捷克、拉脱维亚、挪威、西班牙、英国、古巴、加拿大、美国、法属圭亚那、圭亚那、秘鲁、苏里南、巴西、几内亚、马里、坦桑尼亚、巴布亚新几内亚等。

（二）保护要求

联合国环境规划署指出，鸟类是广泛的生物多样性状况和趋势的最准确代表，人类通过保护鸟类和它们的生存环境，就能更好地保护生物多样性。为了保护鸟类，1922 年在伦敦成立了《国际鸟类保护公约》组织，这个组织是最早成立的保护自然环境的国际性组织之一。因森林砍伐、经济林替代种植和湿地围垦等因素引发的栖息地退化和丧失，叠加非法猎捕等因素，正威胁着一些鸟类的种群存续。有资料显示，目前世界上现存鸟类中有 88 种处于"濒危（EN）"或"极危（CR）"状态，涉及鸟类动物的 15 个目。我国也十分重视鸟类保护，2021 年新公布的《国家重点保护野生动物名录》中，国家重点保护鸟类有 394 种，其中国家一级保护野生鸟类 92 种、国家二级保护野生鸟类 302 种，涉及鸟类动物的 23 个目。我国有分布的 3 种鸨、3 种鹈鹕、5 种犀鸟均为国家一级保护野生动物。

三、检疫风险

近年来，野生动物观光旅游产业的兴起，促进了我国进口大量具有较高观赏价值的野生禽鸟类动物，如巴西火烈鸟、美洲红鹮、坦桑尼亚鹈鹕等，同时，也存在一些动物传染病随进境动物传入的风险。

（一）高致病性禽流感

禽流感病毒（Avian Influenza virus，AIV）感染后可以表现为轻度的呼吸道症状、消化道症状，死亡率较低；或表现为较严重的全身性、出血性、败血性症状，死亡率较高。根据禽流感病毒致病性的不同，分为高致病性禽流感、低致病性禽流感和无致病性禽流感。引起严重的全身症状、高发病率和高死亡率的病型称为高致病性禽流感。高致病性禽流感可引起家禽、野鸟大量死亡，给养禽业带来巨大的损失，也可感染人，引起死亡。高致病性禽流感被 WOAH 列为须通报的动物疫病，是《中华人民共和国进境动物检疫疫病名录》和我国《一、二、三类动物疫病病种名录》中的一类动物疫病。

1. 病原

高致病性禽流感病毒（Highly Pathogenic Avian Influenza virus，HPAIV）属于正粘病毒科（*Orthomyxoviridae*）、A 型流感病毒属（*A Genus influenza virus*），基因组由 8 个节段单股负链 RNA 组成。病毒粒子呈典型的球形或多面形，有囊膜，表面覆盖糖蛋白纤突。血凝素（H）是 HPAIV 的主要保护性抗原，它可以诱导中和抗体产生，起到免疫保护作用。根据糖蛋白 H 和 N 的血清学反应情况，可将 A 型流感病毒分为若干亚型，已经鉴定出 15 个 H 亚型和 9 个 N 亚型，HPAIV 多为 H5、H7 亚型。HPAIV 在环境中的稳定性相对较差，在热、酸、碱、非等渗、干燥等条件下能快速失活，对脱氧胆酸钠、十二烷基硫酸钠等脂溶剂、去污剂敏感。

2. 流行特点

AIV 分布很广，包括非洲、亚洲、大洋洲、欧洲和南、北美洲等，南极的企鹅也有感染 AIV 的血清学证据。在自然条件下，AIV 可以感染很多种野鸟和家禽，尤其是水栖鸟类。目前已经从 13 个目、90 多种鸟中分离到了 AIV，包括雁形目（鸭、鹅和天鹅）、鸻形目（如海鸟中的翻石鹬和矶鹬、海鸥、燕鸥、角嘴海雀、海雀）、鹳形目（苍鹭、朱鹭）、鸽形目（鸽子）、隼形目（食肉鸟）、鸡形目（山鹑和野鸡）、潜水目（潜水鸟）、鹤形目（黑鸭和雌苏格兰雷鸟）、雀形目（栖木鸟如八哥）、鹏鹏目（潜水鸟）和䴙䴘目（海、雀类和织巢鸟）、鲣鸟目（鸬鹚）、鴷形目（啄木鸟鸥类飞鸟）。这些鸟感染 AIV 后一般没有明显的症状。在人造生态环境中，AIV 也可以感染鹦形目（鹦鹉、长尾小鹦鹉）、鹤驼目（鸸鹋）、驼形目（鸵鸟）、美洲驼目（美洲驼）、鸡形目和雁形目中的许多家禽。AIV 还曾导致水貂、海豹和鲸发生过呼吸道感染，也有少数 AIV 感染人的例子。在实验性研究中，AIV 可以感染猪、雪貂、老鼠、豚鼠、小鼠、猫、水貂、非人灵长类动物和人。

AIV 经由已感染的禽鸟的鼻腔、口腔、结膜等分泌物及排泄物被排放到环境中，易感禽鸟通过直接接触传播，或通过气溶胶以及接触污染的饲料、饮水等间接传播。呼吸道中病毒的滴度非常高，气溶胶是主要传播途径，粪尿含毒量相对较低。AIV 还可以通过人（污染的鞋和衣服）或污染生产设备、用具等传播。AIV 的水平传播虽然很普遍，但很少发生垂直传播。

3. 临床症状与病理变化

潜伏期的长短与病毒的量、感染途径、被感染禽的种别有关。HPAIV 在野鸟和家鸭中复制水平很低或几乎不能复制，因而，几乎不产生临床症状。鸡、火鸡和鸡形目的禽鸟感染后，多数在没有任何临床症状的情况下突然死亡，存活的禽鸟有些会出现头颈颤动、站立不稳、歪脖子等神经症状，以及呼吸啰音、打喷嚏和咳嗽等反应；采食和饮水量明显减少，产蛋量陡降甚至完全停止产蛋。鸵鸟感染后出现活动和饮食减少、精神抑郁、羽毛蓬乱、打喷嚏和张口呼吸等症状。另外，有些鸟会出现共济失调、翅膀瘫痪和头颈部颤动等症状；头、面部和颈上部肿大，脚部皮下水肿并伴随有出血点或渗出性出血；无羽毛部位皮肤尤其是鸡冠和肉髯出现坏死灶、出血和苍白现象。内脏器官和皮肤的水肿、出血和坏死性损伤，心外膜、胸肌、腺胃和肌胃黏膜出血尤其明显。

4. 检疫诊断与预防

根据临床症状、病理变化及流行特点可以初步诊断，确诊需采用实验室诊断技术。WOAH 推荐的实验室诊断技术有病原分离鉴定、静脉致病指数（IVPI）、血凝或血凝抑制试验、琼脂扩散试验、RT-PCR 和实时荧光 RT-PCR 等。预防该病应采取综合性生物安全措施。选择当地流行毒株对应疫苗进行免疫接种，可以有效地阻止临床发病和死亡；加强饲养管理，严禁与生产无关人员进入禽舍，工作人员出入要更换消毒过的胶靴、工作服；定期对饲养舍、笼具、用具、器材等进行消毒；粪便、垫料及各种污物要集中作无害化处理；尽量避免家禽与野鸟之间的接触，做好灭鼠灭蝇防鸟工作等。

(二) 新城疫

新城疫 (Newcastle disease, ND) 是由新城疫病毒 (Newcastle disease virus, NDV) 引起的一种禽的急性、热性、败血性和高度接触性传染病, 以高热、呼吸困难、下痢、神经紊乱、黏膜和浆膜出血为特征, 具有很高的发病率和病死率, 严重危害禽鸟。该病被 WOAH 列入须通报的动物疫病, 是《中华人民共和国进境动物检疫疫病名录》中的一类传染病、我国《一、二、三类动物疫病病种名录》中的二类动物疫病。

1. 病原

NDV 为副粘病毒科 (*Paramyxoviridae*)、禽副粘病毒属 (*Avulavirus*) 成员, 基因组为单链 RNA。病毒颗粒具多形性, 有圆形、椭圆形和长杆状等; 有包膜, 包膜为双层结构膜, 由宿主细胞外膜的脂类与病毒糖蛋白结合衍生而来; 表面有长 12 纳米~15 纳米的刺突, 具有血凝素、神经氨酸酶和溶血素。NDV 可以在鸡胚及多种细胞中增殖, 大多数毒株能凝集多种禽和公牛、绵羊等哺乳类动物的红细胞。NDV 对外界环境的抵抗力较强, 病毒对乙醚敏感, 大多数去污剂能将其迅速灭活, 氢氧化钠等碱性物质对它的消毒效果不稳定, 3%~5%来苏尔、酚和甲酚 5 分钟内可将裸露的病毒粒子灭活。

2. 流行特点

ND 于 1926 年首次暴发于印度尼西亚的爪哇岛和英国的纽卡斯尔。鸡、野鸡、火鸡、珍珠鸡和鹌鹑等易感, 鸭、鹅等水禽也能感染该病; 50 个鸟目中有 27 个目、240 多种野生禽鸟可以自然感染, 如鸽、斑鸠、乌鸦、麻雀、八哥、老鹰、燕子等, 伴有临诊症状或呈隐性感染。病禽和隐性感染禽是主要传染源, 病毒分布于所有组织器官、体液、分泌物和排泄物中, 以脑、脾、肺含毒量最高, 以骨髓含毒时间最长。病毒经消化道、呼吸道感染, 也可经眼结膜、受伤的皮肤和泄殖腔黏膜侵入机体。该病一年四季均可发生, 以春秋季较多。

3. 临床症状与病理变化

潜伏期平均为 5 天~6 天。国际上一般将该病分为速发性嗜内脏型新城疫 (VVND)、速发性嗜神经型新城疫 (NVND)、中发型新城疫 (MND) 和缓发型新城疫 (LND) 4 个临床类型。VVND 病禽起初倦怠, 呼吸频率增加, 虚弱, 眼及喉部周围组织水肿, 拉绿色、带血的稀粪, 死亡率可达 90%以上; 有幸存活下来的, 出现阵发性痉挛, 肌肉震颤, 颈部扭转, 角弓反张。NVND 可见明显的呼吸困难、咳嗽和气喘症状；有时能听到"咯咯"的喘鸣声，或突然的怪叫声，继之呈昏睡状态；食欲下降，产蛋量下降或停止；腿或翅膀麻痹，颈部扭转。病变以腺胃、小肠和盲肠最具特征性，腺胃乳头肿胀、出血或溃疡，在与食管或肌胃交界处最为明显。十二指肠黏膜及小肠黏膜出血或溃疡，有时可见到岛屿状或枣核状溃疡灶，表面有黄色或灰绿色纤维素膜。

4. 检疫诊断与预防

根据典型临床症状和病理变化可作出初步诊断，确诊需进一步做实验室诊断。病原分离和鉴定、血凝试验、血凝抑制试验、酶联免疫吸附试验、RT-PCR 等检测方法是实验室常用的诊断技术。诊断新城疫应注意与禽流感、传染性支气管炎、传染性喉气管炎、肾传支等疫病相区别，特别留意这些疫病的并发和继发感染情况。

在疫区或受威胁的地区，预防该病的最好措施是定期进行免疫接种。免疫要及早实施，提前建立局部黏膜抵抗力；需要将活疫苗与灭活苗联合使用，并根据抗体水平及时加强免疫。平时应严格执行防疫规定，尽量避免易感禽鸟与传染源接触。发生该病时应坚决扑杀病禽和同群禽，对病死尸体进行深埋、焚烧等无害化处理；对受污染的用具、物品和环境等彻底消毒。

(三) 鸭病毒性肠炎

鸭病毒性肠炎（Duck virusenteritis，DVE）又名鸭瘟（Duck plague），是由鸭病毒性肠炎病毒（Duck virusenteritis virus，DVEV）引起的鸭、鹅和其他雁形目禽类的一种急性、热性、败血性传染病。该病以病鸭高热、黏膜出血、下痢和部分鸭头肿大为特征，流行广泛，传播迅速，发病率和死亡率都高。WOAH 将其列为须通报的动物疫病，是《中华人民共和国进境动物检疫疫病名录》及我国《一、二、三类动物疫病病种名录》中的二类动物疫病。

1. 病原

DVEV 属于疱疹病毒科（*Herpesviridae*）、疱疹病毒属（*Herpesvirus*）中的一员，病毒粒子呈球形，直径为 120 纳米~180 纳米，有囊膜，病毒核酸型为 DNA。不凝集禽类和哺乳动物的红细胞。能在 9 日龄~12 日龄的鸭胚绒毛尿囊上生长，还能在鸭胚、鹅胚和鸡胚成纤维单层细胞上生长，并可引起细胞病变。不能直接适应于鸡胚，只有在鸭胚或鹅胚中继代后，再转入鸡胚中才能生长繁殖，并致死鸡胚。病毒对乙醚和三氯甲烷敏感，56℃加热 10 分钟或 50℃经 90 分钟~120 分钟可破坏病毒感染性，pH 低于 3 或高于 11 时病毒很快灭活。

2. 流行特点

自然条件下，该病主要发生于鸭，不同年龄、性别和品种的鸭都有易感性。蓝翅鸭、林鸳鸯和红头潜鸭高度易感，番鸭和赤膀鸭中度易感，绿头鸭和加拿大鹅易感性较低，针尾鸭易感性最低。病毒在病鸭体内分散于各种内脏器官、血液、分泌物和排泄物中，其中以肝、肺、脑含毒量最高。传染源主要是病鸭和带毒鸭，其次是其他带毒的水禽、飞鸟之类。消化道是主要传染途径，可通过接触被污染的水源、鸭舍、用具、饲料、饮水等传染；交配以及通过呼吸道也可以传染，某些吸血昆虫也可能是传播媒介。该病一年四季均可流行，以春夏之交和秋季流行最为严重。

自首次报道家养和野生鸭科动物（鸭、鹅和天鹅）发病以来，在迁徙水禽中已暴发过多次，而且死亡率高。动物园、观赏鸟养殖场中的鸟群也暴发过该病。

3. 临床症状与病理变化

潜伏期通常为 3 天~5 天。病初体温升高，高热稽留，精神委顿，头颈紧缩，羽毛松乱，翅膀下垂，两脚麻痹无力，不愿下水。随后病鸭食欲下降甚至停食，渴欲增加；眼睑水肿，流出的浆液性分泌物使眼睑周围羽毛黏湿，而后变成黏稠或脓样分泌物造成眼睑粘连、水肿，甚至外翻；眼结膜充血或小点出血，甚至形成小溃疡；鼻中流出分泌物，呼吸困难，并发出鼻塞音，叫声嘶哑；下痢，排出绿色或灰白色稀粪，肛门肿胀，严重者外翻，周围的羽毛被玷污或结块。病变的特点是出现急性败血症，全身小血管受损，尤其消化道黏膜出血和形成假膜或溃疡；食道黏膜有纵行排列呈条纹状的黄色假膜覆盖或小点出血，假膜易剥离并留下溃疡斑痕，食道与泄殖腔的疹性病变具有特征性。

4. 检疫诊断与预防

根据流行特点、临床症状和病理变化，一般可作出初步诊断，必要时通过病毒分离鉴定和中和试验确诊。在鉴别诊断上，主要注意与鸭巴氏杆菌病（鸭出败）相区别，鸭出败一般发病急，病程短，能使鸡、鸭、鹅等多种家禽发病，不会造成头颈肿胀，食道和泄殖腔黏膜上也不形成假膜，肝脏上的坏死点仅针尖大，且大小一致，取病料抹片镜检可见两极着色的小杆菌，使用磺胺类药物或抗生素治疗有较好疗效。

该病尚无特效治疗药物。除做好生物安全性措施外，采用鸭瘟弱毒活疫苗进行免疫接种，能有效地预防该病的发生。

(四) 鹦鹉热

鹦鹉热（Fowl chlamydiosis）又名禽衣原体病、鸟疫，是由鹦鹉衣原体引起的一种自然疫源性人畜共患病。鹦鹉热主要引起呼吸道和消化道病变，不仅会感染家禽和鸟类，也会危害人类的健康，给公共卫生带来严重危害。鹦鹉热是《中华人民共和国进境动物检疫疫病名录》中的二类传染病、我国《一、二、三类动物疫病病种名录》中的三类动物疫病。

1. 病原

鹦鹉热衣原体属于衣原体目、衣原体科、衣原体属。衣原体属共有鹦鹉热衣原体、肺炎衣原体、沙眼衣原体及牛羊衣原体 4 个种。目前发现的鹦鹉热衣原体有 A、B、C、D、E、F、M56 和 WC 共 8 个禽血清型，其中，M56 分离于麝香鼠、WC 分离于牛。衣原体对普通消毒液非常敏感，如氯化苯、甲烷铵、碘酊溶液、70% 酒精、3% 过氧化氢和硝酸银等几分钟内即能破坏衣原体的感染性。

2. 流行特点

该病在世界范围内均有发生，发病率和分布随禽的种类和衣原体的血清型不同而有很大差异。传染源主要为鸟类，包括鹦鹉、相思鸟、金丝雀、鸽子、海鸥、雏鸡、鹌鹑及其他 400 余种鸟类，鸭、火鸡等家禽也可成为传染源。混于尘埃中的衣原体或感染性气溶胶可经由呼吸道感染；而接触带菌鸟及其分泌、排泄物等污染物，则可经有破损皮肤或黏膜以及消化道等多种途径感染；鸭、鸡、火鸡和一些野生禽可通过蛋垂直传播鹦鹉热。在鸟类之间，以污染的食料与空气传播为主。衣原体患者痰中可长期携带病原，易引起他人感染。该病季节性不十分明显，秋、冬季多发。

3. 临床症状与病理变化

该病潜伏期因感染衣原体数量和毒力不同而有差异，短的只有 10 天，长的可达 9 个月以上。鹦鹉热可引起家禽高热、嗜睡、鼻腔和眼分泌物异常、产蛋量下降，死亡率可达 30%；观赏鸟最常出现的临床症状是食欲减退、体重减轻、腹泻、粪便呈黄色并伴有窦炎以及呼吸道症状。很多鸟特别是大一些的鹦鹉感染后不表现临床症状，但会长期排毒。剖检感染鸟常见肝、脾肿大，纤维素性气囊炎、心包炎和腹膜炎。

4. 检疫诊断与预防

确诊鹦鹉热衣原体感染需要采用实验室诊断方法，病原分离与鉴定、组织化学染色、酶联免疫吸附试验、聚合酶链反应、补体结合试验等是常用的实验室诊断方法。

采取综合性生物安全措施是防制鹦鹉热的基础。目前，尚无有效的商品化疫苗预防鹦鹉热，用金霉素、土霉素等药物治疗是控制鹦鹉热的主要手段。

5. 其他重要疫病

鸟的种类多，其易感疫病也比较多，除前面介绍的高致病性禽流感、新城疫、鸭瘟、鹦鹉热等烈性传染病外，影响禽鸟尤其是养殖家禽健康且被收录于《中华人民共和国进境动物检疫疫病名录》的疫病还有 20 余种，如禽白血病、禽痘、禽支原体病、禽传染性脑脊髓炎等。鉴于一些进口观赏鸟类为野外捕获，缺乏有效的疫情防控手段，也未注射疫苗，其携带疫病状况无法准确掌控，一旦这些疾病传入，不仅严重威胁禽鸟观光旅游业、畜牧业，也将危及人体健康，在进境动物检疫工作中，应引起足够重视。

四、生态风险

因栖息地缩减、割裂、质量下降等原因，野生动物种群生存空间不断受到挤压，物种分散在互不相连的保护区内，形成一个个孤立的小种群，成为"生态孤岛"。其中，不少濒危物种的重要栖息地、鸟类集群活动区域及迁飞通道还面临着土地开发、农业开垦、环境污染等威胁，其迁移、扩散受到制约，物种安全形势十分严峻。有调查资料显示，我国44%的野生动物种群呈下降趋势，现有脊椎动物中的900多种生存受到威胁。

从境外引进禽鸟类等野生动物时，要采取安全可靠的防范措施，防止其进入野外环境。如需将野生动物放生至野外环境，应当进行科学评估，选择适合野外生存的当地物种，避免对生态系统造成危害。

五、危害

鸟是大自然的重要成员、人类的朋友，但由于环境的污染，再加上乱捕滥猎等原因，鸟类资源遭到破坏，种类、数量越来越少。如果鸟类在地球上绝迹，生态平衡将受到破坏，人类将会遭受生态失衡带来的影响。同时，也应考虑到，鸟类易感高致病性禽流感、新城疫、鸭瘟、禽痘、禽支原体病等烈性传染病，是许多疫病的传播媒介、病原体的自然宿主，而且鸟类善于飞行，能在短时间内将病原传播到更远的地方、更大的范围，难以控制。因此，野生鸟类对养殖业尤其是家禽养殖业构成重大威胁，防鸟已经成为养殖行业最基本、最重要的生物安全措施。此外，鸟类也可传播西尼罗热、流感、鹦鹉热等人畜共患病，直接威胁人类健康。

第十八节
爬行动物

一、生物学特性

（一）分类

爬行动物属于动物界（*Animalia*）脊索动物门（*Chordata*）脊椎动物亚门（*Vertebrata*）爬行纲（*Reptilia*），可分为 3 个亚纲 4 个目，即龟鳖亚纲（*Anapsida*）龟鳖目（*Testudines*）、古蜥亚纲（*Archosauria*）鳄形目（*Crocodylia*）、鳞蜥亚纲（*Lepidosauria*）喙头目（*Rhynchocrphalia*）和有鳞目（*Squamata*）。其中，有鳞目包括蚓蜥亚目（*Amphisbaenia*）、蜥蜴亚目（*Lacertilia*）和蛇亚目（*Serpentes*），蚓蜥亚目、蜥蜴亚目和蛇亚目也常被单列为目。

也可根据头骨侧面、眼眶之后的颞颥孔之有无、数目之多少和位置的不同，将爬行动物分为无孔（缺弓）、下孔（单弓）、调孔（阔弓）和双孔（双弓）4 大类。无孔类头骨侧面没有颞颥孔，包括杯龙目和龟鳖目；下孔类头骨侧面有一个下位的颞颥孔，眶后骨和鳞骨为其上界，包括盘龙目和兽孔目；调孔类头骨侧面有一个上位的颞颥孔，眶后骨和鳞骨为其下界，通常为水生爬行动物，主要包括鳍龙目和鱼龙目等；双孔类头骨侧面有两个颞颥孔，眶后骨和鳞骨位于两孔之间，为爬行动物中数量较多的一类。

（二）进化

爬行动物由两栖动物进化而来，心脏有两个心房一个心室，心室有不完全隔膜，体温不恒定，是真正适应陆栖生活的变温脊椎动物，并由此进化出恒温的鸟类和哺乳动物。爬行动物不仅在成体结构上进一步适应陆地生活，其繁殖也脱离了水的束缚，与鸟类、哺乳动物共称为羊膜动物（Amniote）。在生物进化过程中，爬行动物占有极其重要的地位。爬行动物是第一批摆脱对水的依赖而征服陆地的脊椎动物，可以适应各种不同的陆地生活环境。就适应陆地生活而言，爬行动物具有脱离水域的3个必要特征：其卵有丰富的卵黄，胚胎在充满羊水的羊膜腔空间内发育，以防干燥及免遭机械损伤；体表有表皮层转化的角质鳞片，可保护身体免于体液过度蒸发的危险；完全用肺呼吸，进行气体交换。爬行动物也是统治陆地时间最长的动物，其主宰的中生代也是整个地球生物史上最引人注目的时代，在那个时代，无论在大地、海洋还是天空都有其繁庶的族类，爬行动物不仅是陆地上的绝对统治者，还统治着海洋和天空，地球上没有任何一类其他生物有过如此辉煌的历史。

（三）种群特点

爬行动物遍布世界各地，主要分布于温带、热带和亚热带区域。大多营陆栖生活，爬行动物的头骨全部骨化，外有膜成骨掩覆，以一个枕髁与脊柱相关联，颈部明显，第一、二枚颈椎特化为寰椎与枢椎，头部能灵活转动，胸椎连有胸肋，与胸骨围成胸廓以保护内脏（这是动物首次出现胸廓），腰椎与荐椎相关联，外接后肢。除蛇类外，一般有两对5出或4出的掌型肢，水生种类掌形如桨，指、趾间连蹼以利于游泳，足部关节不在胫跗间而在两列跗骨间，成为跗间关节。四肢从体侧横出，不便直立；体腹常着地面，靠爬行行进；只有少数体态轻盈的爬行动物能疾速行进。

喙头目有"活化石"之称，现仅存1个科1个属2个种，即喙头蜥（又称楔齿蜥，*Sphenodon punctatus*）和棕楔齿蜥（*Sphenodon guntheri*）。目前仅存于新西兰北部沿海的少数小岛上，数量稀少。头骨具上、下2个颞孔，脊椎双凹型，肋骨的椎骨段具钩状突；腹部有胶膜肋；肱骨的远端有肱骨孔。在三叠纪种类最多、分布最广，几乎遍及全世界。外形很像蜥蜴，与蜥蜴的差别为有锄骨齿、发达的胶甲，雄性无交接器，泄殖肛孔横裂，有瞬膜（第三眼睑），当上、下眼睑张开时，瞬膜可自眼内角沿眼球表面向外侧缓慢地移动；头顶有发达的顶眼，顶眼有小的晶状体与视网膜，动物幼年时，可透过头顶透明的鳞片（角膜）感受光线的刺激，成年后，由于该处皮肤增厚而作用不明显。体被原始的颗粒状鳞片，多栖居在海鸟筑成的地下洞穴中，彼此和睦相处，主要食物是昆虫或其他蠕虫和软体动物，卵呈长形，寿命可达 300 年。

龟鳖目可分为曲颈龟亚目（*Cryptodira*）和侧颈龟亚目（*Pleurodira*），共有 12 个科 86 个属约 250 余种，遍布各大洲。龟鳖目是现存最古老的爬行动物，身上长有非常坚固的甲壳，受袭击时龟可以把头、尾及四肢缩回龟壳内。龟通常可以在陆上及水中生活，亦有长时间在海中生活的海龟。龟是长寿的动物，在自然环境中可生存百年。

蚓蜥目有 23 个属 140 余种，包括蚓蜥科（*Amphisbaenidae*）、佛罗里达蚓蜥科（*Amphisbaenidae*）、双足蚓蜥科（*Bipedidae*）和短头蚓蜥科（*Trogonophiidae*）。主要分布于南美洲和非洲热带地区，少数分布于北美洲、中东和欧洲等。体呈长圆柱形，具浅沟。无外耳，眼退化。无后肢，多数无前肢。穴居，头顶具大型坚硬鳞片，用于钻洞。既可生活于湿润的土壤中，也可生活在干燥的沙质中。与蜥蜴目近缘。

蜥蜴目是爬行纲动物中种类最多的一个类群，有 16 个科、约 3750 种，除南极洲外，广泛分布于全球各地。多数为中、小型爬行动物。一般种类四肢发达，有指、趾 5 枚，末端有爪，适于爬行和挖掘。少数种类四肢退化或缺失，具长尾。有肩带及胸骨，眼睑可动，舌呈扁平形，能伸缩，但无舌鞘。陆栖，也有树栖、半水栖或穴居的种类。绿鬣蜥（*Iguana iguana*）身长可达 2 米，是西半球最长的蜥蜴，常被当作宠物饲养。海鬣蜥（*Amblyrhynchus cristatus*）分布于加拉帕哥斯群岛，是现存唯一半海生的蜥蜴，善于游泳，在海中进食。中国已知的蚓蜥目动物约有 9 个科 150多种。

蛇目可归纳为 3 个亚目，即盲蛇亚目（*Scolecophidia*）、原蛇亚目（*Henophidia*）、新蛇亚目（*Caenophidia*），包括 18 个科、380 余个属。据赵尔宓《中国蛇类》记载，中国有蛇类约 205 种。随着野外调查的深入，中国蛇类新种和新记录不断增多。根据爬行动物数据库（The Reptile Database）的收录，全世界有蛇 3000 余种，中国有 200 余种。

鳄形目现存 3 个科 8 个属 23 种。共性是体大，笨重，水陆两栖，外貌似蜥蜴，肉食性。腭强大，锥形齿很多，每侧在 25 枚以上，着生于槽中；四肢粗短，有爪，趾间具蹼。体被坚甲，尾侧扁，长而粗壮；眼小而微突；鳄目颅骨坚固联结，不能活动的舌短而平扁，不能外伸；头部皮肤紧贴头骨，躯干、四肢覆有角质盾片或骨板。鳄类的吻部较长，通常在水下活动，只露鼻孔于水上进行呼吸。鳄目多分布于热带、亚热带的大河与内地湖泊，有极少数入海。鱼、蛙与小型兽是其主要食物来源。

二、贸易与保护

（一）贸易

近年来，我国从国外进口大量龟鳖、蛇、蜥、黄头侧颈龟、中美拟鳄龟等爬行动物及其制品，主要用于食用、药用、观赏及饲养等。有的爬行动物由于色彩艳丽、耐饥饿、寿命长、易饲养等，越来越受到宠物爱好者的青睐，伴随着跨境电商新业态的蓬勃发展及"异宠热"的悄然升温，爬行动物成为异宠爱好者的新宠，并迅速发展成为宠物市场的新兴增长点和重要板块。蟒蛇皮、鳄鱼皮及卵制品等也是常见的进口产品原料，蟒蛇皮还是我国民族乐器二胡的重要原料。分析 2004 年~2019 年 CITES 数据发现，短吻鳄属、短吻鼍属、蟒属、鳄属和巨蜥属这 5 个属下物种在贸易整体中占比 84%，而且大多是用于皮革类装饰品。

与正常贸易相比，野生动植物非法交易已经成为全球范围内普遍存在的严重问题，且非法交易数量和金额令人咋舌。2019 年 2 月 21 日，世界动物保护协会发布野生动物异域宠物全球贸易报告，称目前已有超过 500 种鸟类及 500 种爬行动物在全球交易。全球野生动植物贸易年交易额高达 300 亿~420 亿美元，其中非法交易额高达 200 亿美元。根据不完全统计，包括爬行动物、两栖动物和哺乳动物等动物的活体、死体及其制品的野生动物非法交易额每年高达 70 亿~230 亿美元。我国被非法利用的野生爬行动物涉案物种种类多达 128 种，属于 3 个目 4 个亚目 28 个科 88 个属，其中，国家保护级别物种、濒危物种及 CITES 公约附录物种的占比大。

（二）保护要求

全世界有记录的爬行动物共 1 万余种，拉丁美洲和加勒比海地区物种多样化程度最高，其次是亚洲（除西亚外）和中东。据估计，全世界有 19% 的爬行动物受到威胁，淡水环境、热带地区和海洋岛屿上受威胁的爬行动物物种的比例最高。

龟鳖目动物是最受威胁的爬行动物类群，其中，46%~57% 的物种有灭绝的危险。大多数海龟物种具有长寿、晚熟和低繁殖率的特点，人类捕杀和过度利用是造成龟鳖数量下降的主要原因，这使得大多数海龟几乎无法承受持续的捕猎压力。

蜥蜴目动物约占爬行动物总数的60%，其中，高达20%的蜥蜴物种面临灭绝的威胁。大多数蜥蜴物种的繁殖时间相对较短，在最佳生存环境中可达到较高的种群密度。但是，即使蜥蜴有相对较高的繁殖力和早期性成熟特征，受土地开垦、石油和天然气开采、生态系统改造、环境污染等因素影响，特有栖息地范围缩小、温度和结构发生变化，也给蜥蜴存续造成巨大的威胁。

蛇目动物中有约12%的物种面临灭绝的威胁，但由于许多种类的蛇的行为具有隐蔽性，因此难以评估其濒危程度。受威胁程度较高的蛇类通常具有特定的栖息地、地理分布范围较小、体形较大、性成熟较晚或繁殖力较低的特征。

鳄目动物所有物种都受到过度开发和栖息地丧失的影响而导致种群数量下降，估计有75%的鳄目动物受到威胁。对美洲鳄等部分鳄鱼的保护取得了成效，其种群数量得以恢复，但仍有11种鳄鱼被列为濒危程度较高的物种。

在我国现存爬行动物的6个目中，除蚓蜥目外，其余5个目均有列入CITES附录的保护动物，2019年列入CITES附录Ⅰ的爬行纲物种共计89种，如扬子鳄、科摩多巨蜥、马达加斯加陆龟、恒河鳖等；列入CITES附录Ⅱ的共计141种，如滑鼠蛇、眼镜蛇、黄喉拟水龟、亚洲鳖等。中国爬行纲特有种受威胁程度从高到低依次为鳄形目、龟鳖目、有鳞目、蛇亚目和蜥蜴亚目。

三、检疫风险

《中华人民共和国进境动物检疫疫病名录》收录了一类动物疫病、寄生虫病共计16种，二类动物疫病、寄生虫病共计154种，其他传染病、寄生虫病共计41种，涉及水生动物的共43种。二类动物疫病、寄生虫病绝大多数可以感染常见爬行动物或者通过爬行动物传播，此外，爬行动物还可以作为大量细菌、真菌、寄生虫的中间宿主而传播疾病，如龟鳖目常见疾病有水霉病、腐皮病、浮肿病、白眼病、细菌性败血症、疖疮病（嗜水气单胞菌感染）等。

蛙病毒感染（*Infection with ranavirus*）是由虹彩病毒科（*Iridoviridae*）蛙病毒属（*Ranavirus*）引起的具有一系列临床症状和亚临床症状的两栖动物疾病，发病率和死亡率都很高，给水产业造成了重大经济损失。蛙病毒属病毒感染宿主范围十分广泛，其中包括爬行动物。通过野生动物贸易扩散的不仅有人类病原体，还包括家畜和野生生物的病原体，如非洲爪蛙的国际贸易传播壶菌病，其已被确定为导致全球30%两栖动物灭绝的主要原因。据不完全统计，新出现的传染病在人与动物之间传播的可能性正在上升，60.3%的新发传染病是人畜共患病，而71.8%的人畜共患病源于野生动物。因此，包括爬行动物在内的野生动物贸易过程中的进出境检疫风险不容忽视。

四、生态风险

（一）外来入侵物种

在经济社会发展中，引进物种在很大程度上可促进生物多样性。因此，充分考虑食物链关系，正确选择具有生态相似性和某种功能的生物，有计划、有步骤地引进是十分必要的。然而，通过有意或无意的人类活动，使物种离开自然分布区，在引入地自然生态系统中建立种群，对引入地的生物种群造成威胁，这样的物种是外来入侵物种。

外来入侵物种对环境会产生一系列的危害。在生态上，通常会导致被入侵地区原有食物链的破坏，这种危害可能是直接或间接的，可能影响单个物种，也可能影响整个群落，比如捕食当地稀有物种、毒杀捕食者、与当地种竞争等，从而摧毁生态系统、破坏物种多样性。外来入侵者在与当地物种杂交的过程中可能发生基因污染或基因渗入，破坏当地的遗传多样性。此外，入侵物种本身也会在形态上、生理上，或是行为特征上发生变化，进而产生更严重的危害。

爬行类中最有名的外来入侵物种是巴西龟。巴西龟有强大的生态适应性，繁殖能力很强，捕食凶狠，挤占当地龟的生存空间，造成生态失衡，是世界公认的生态杀手，已经被世界自然保护联盟（IUCN）列为100多个最具破坏性的物种之一，多个国家（地区）已将其列为危险性外来入侵物种之一，中国也已将其列入外来入侵物种。

（二）生态环境破坏

许多动植物在原产地，受到稳定的食物链制约，不产生危害，一旦环境改变，原有的生态平衡被打破，就会对人类、环境造成危害。爬行动物种类繁多、个体差异大、多为杂食性且采食特性差异较大，还不乏像鳄龟、蛇类等凶猛品种，如果不能有效控制其引进、生存及繁殖，将严重威胁甚至破坏生态环境。例如，作为我国常见宠物的北美大鳄龟（*Macrochelys temminckii*），因饲养逃逸及不规范放生行为，严重破坏当地的食物链和生态环境。

五、危害

蛙病毒感染宿主范围十分广泛，其中包括爬行动物，发病率和死亡率都很高，给水产养殖业造成了重大经济损失。爬行动物作为大量细菌、真菌、寄生虫的中间宿主而传播疾病，如嗜水气单胞菌感染、细菌性败血症、白眼病等，常对水产养殖业形成一定的威胁。作为新型异宠的巴西龟，可能携带沙门氏菌，对婴幼儿、孕妇有一定危害。爬行动物种类多，食性差异大，如因管理不当造成鳄龟、蛇类等凶猛品种逃逸，会对当地生物多样性甚至生态平衡带来显著影响。

第十九节
两栖动物

一、生物学特性

（一）分类

两栖动物（*Amphibia*）是脊索动物门（*Chordata*）、脊椎动物亚门（*Vertebrata*）、两栖纲（*Amphibia*）动物的俗称，是幼体水生、成体水陆兼栖生活的变温动物（*Poikilotherms*）或外热源动物（外温动物，*Ectotherms*），且繁殖和幼体发育必须在淡水中进行。依据成体、卵群形态、生活习性和地理分布等性状，两栖纲动物分为无足目、有尾目和无尾目3个目。无足目又称"蚓螈目"，全世界共有10个科33个属215个种，我国仅1个科1个属1个种，代表动物为版纳鱼螈；有尾目又称"蝾螈目"，共有10个科68个属约765个种，我国现已知3个科14个属76个种，代表性动物有大鲵（俗称娃娃鱼）、极北鲵、鳗螈等；无尾目又称"蛙形目"，全世界现有54个科456个属约7371个种，我国约有11个科61个属

461 个种，代表种类有林蛙、雨蛙、树蛙、花背蟾蜍、黑斑侧褶蛙等。

（二）生活习性

在漫长的进化过程中，两栖动物在形态结构、生理机能和运动方式等方面得到发展，但不能离开水或潮湿环境，大多数两栖动物对土壤和水的温度及盐分都较为敏感，这些环境因素严格制约着两栖动物的生长发育及其分布范围。两栖动物个体发育需在水和空气两种不同介质中完成。一般是卵生，体外抱对受精、发育，幼体生活在水中，用鳃呼吸，以尾为运动器官。经变态发育，成体以肺呼吸为主，皮肤辅助呼吸，用五趾型附肢作为运动器官，能营陆地生活但不能较长时间耐旱。体温不恒定，随环境而变化。两栖动物除"变态过程"之外，很难以某一性状作为它们的特征。

（三）形态特点

两栖动物皮肤裸露，能分泌黏液，依赖湿润的环境，有辅助呼吸作用。变态期，幼体器官萎缩、消失和改组，这在无尾目中表现得最为突出。无足目是两栖动物中最原始的一类，体细长呈圆筒形，似蚯蚓，四肢及带骨均退化，尾短或无，营洞穴生活，眼和耳退化，但嗅觉较发达。有尾目两栖动物是脊椎动物中一个较小类群，身体较少特化，体形似蜥蜴，仍保留着正常的尾和四肢，四肢通常较细弱，少数种类仅具前肢（鳗螈）；多营水栖生活，身体发生不少退化，肩带大部分是软骨成分，没有锁骨，没有中耳腔和鼓膜，有的终身保留着鱼类才有的侧线器官和鳃系统；大鲵体形较大，体长可达 62 厘米。无尾目是两栖动物中种类最多、分布最广、等级最高的类群，头部扁平，体短而宽，四肢发达，后肢长，善跳跃；幼体具尾，成体尾消失，形成尾杆骨，故名无尾目；有发育很好的中耳和鼓膜。

（四）种群分布

从世界范围看，现存两栖动物几乎遍布除南极洲外的各大洲。大约80% 以上的物种分布于南、北回归线之间的湿热地区，尤以温暖湿润的热带森林中最多，南、北温带种类较少，寒带和海岛上的种类稀少，北极圈内仅个别属、种有分布。岛屿上有分布的，除极少数系人为或偶然因素扩展所至之外，大都与地质史和生物发展史密切相关。

我国有 538 种两栖动物，是两栖动物物种多样性最丰富的国家之一，仅位于巴西（1137 种）、哥伦比亚（811 种）、厄瓜多尔（656 种）、秘鲁（651 种）之后，排世界第 5 位。中国的东北和西北地区两栖动物物种多样性较低，中部和南部地区物种多样性程度较高，更多的物种分布在温暖湿热的山区，包括横断山区、武夷山区、南岭山区，此外，西双版纳、海南岛等热带地区两栖动物多样性也较高。例如版纳鱼螈生活在我国云南勐腊、广东鼎湖山和广西等地，大鲵多栖息于我国华南和西南地区海拔200米~1600米等地的溪流、河流或深水潭中。

二、贸易与保护

（一）贸易

两栖动物用途广，在教学、科研、医药卫生等方面使用较多，常用于解剖、遗传、胚胎发育以及生物工程等研究，是较为理想的实验动物。以科研为目的，进行贸易的人工饲养品种主要有非洲爪蟾（*Xenopus laevis*）、博氏膜蟾（*Hymenochirus boettgeri*）、东方铃蟾（*Bombina orientalis*）、墨西哥钝口螈（*Ambystoma mexicanum*）和虎纹钝口螈（*Ambystoma tigrinum*）；野生捕获的品种包括豹蛙（*Rana pipiens*）、牛蛙（*Ranacatesbeiana*）、甘蔗蟾蜍（*Bufo marinus*）和斑泥螈（*Necturus maculosus*）。

（二）保护要求

两栖动物是非常古老的动物类群，是从水生鱼类过渡到陆生爬行类的一类最原始、最早登陆、具有承上启下意义的四足类动物（Tetrapoda），但也是最脆弱的脊椎动物群体。全球两栖动物约8351种，受威胁（被评估为易危、濒危、极危）比例为34%；我国538种两栖动物中，受威胁的约占30.48%。除了栖息地退化或丧失、过度利用、污染、气候变化等因素外，疾病和生物入侵是导致两栖动物减少的主要因素。已有研究表明，壶菌病至少已造成全世界200多种两栖动物灭绝。

三、检疫风险

（一）壶菌病

壶菌病是由蛙壶菌（*batrachochytrium dendrobatidis*）引起的一种两栖动物传染病。其可感染蛙、蟾蜍、大鲵、蝾螈等350多种两栖动物，导致世界上200多种两栖动物严重衰退或灭绝，对两栖类动物造成极大威胁。

1. 病原

蛙壶菌是真菌界壶菌门壶菌纲壶菌目壶菌科壶菌属中的一员，具有孢子，长卵型，后端带有鞭毛，一般核糖体外有膜包裹，通过接触两栖类角蛋白皮肤而感染。水生环境中壶菌无处不在，蛙壶菌可在自来水和湖水中存活数周，但游走孢子对干燥环境很敏感，常见的季铵盐类和次氯酸钠消毒剂能有效杀死壶菌，47℃经30分钟能有效杀死壶菌，其对紫外线有一定抵抗力。

2. 流行特点

壶菌病的传染源主要为患病两栖类成体，幼体蝌蚪是病原菌的携带者和宿主库，部分野生两栖类动物可终身带菌。主要的传播方式是动物间的直接接触，或接触发病动物棚舍的潮湿铺垫物、水等。患病蛙表皮层的壶菌游动孢子随表皮角质层脱落被释放到水中，健康蛙接触了含壶菌游动孢子的水而感染壶菌病。实验证明，壶菌病可在物种内传播，蝌蚪能被游动的壶菌孢子感染，蝌蚪间能彼此感染，也能感染给变态后的成体；患病蛙类还可以通过身体接触（如繁殖季节的抱对等行为）直接将壶菌的孢子传递给群体中的其他个体。也有研究表明，蛙类体温升高能清除其身体上的壶菌。

壶菌病在世界范围内的广泛传播与人类活动有密切关系，人类活动空间不断拓展，导致了部分含壶菌的野生植物、动物、土壤、水等在世界范围内移动，促进了壶菌病的传播。目前，已在70多个国家（地区）发现壶菌感染，遍布全球各大洲；我国已在10多个省发现壶菌感染，主要在南方，东北、新疆也有发现，交易市场感染率较高，野外采集样本感染率较低。

3. 临床症状

最主要的症状为蜕皮过度、皮肤由纹理粗糙或有颗粒隆起、皮肤由褐色到红色（充血）等变化。患病成蛙腹部、髋部、腿部等皮肤出现弥散性充血、红肿、溃烂，表皮角质化增生、异常脱落；嗜睡、精神委顿、动作异常、厌食，对外界刺激丧失反射，最后死亡。

陆生两栖类的病变常见于腹部和爪，而完全水生两栖类的则会扩散到全身。有的感染壶菌不表现临床症状，但会降低机体免疫力，为其他细菌、真菌等条件性病原体提供生长条件，导致继发或并发感染，出现皮肤溃烂等症状。这种情况下，应与能够引起"红腿"综合征的疫病（包括细菌性败血症和虹彩病毒感染）进行鉴别。

4. 检疫诊断

大多数动物感染后不表现临床症状，但严重感染时，可见皮肤异常脱落、出现红疹皮肤等变化。初步诊断可以直接用显微镜检查湿片、涂片，也可采集活体、濒死或新近死亡的动物，行壶菌分离、培养和鉴定，确诊鉴定常采用巢式 PCR、实时定量 PCR、常规 PCR 等生物学方法，也有学者提出用生物芯片检测蛙壶菌。

（二）蝾螈壶菌病

蝾螈壶菌病是由蝾螈壶菌（*Batrachochytrium salamandrivorans*，Bsal）引起蝾螈的一种传染性真菌病。该病是《中华人民共和国进境动物检疫疫病名录》中的二类传染病。

1. 病原

蝾螈壶菌是壶菌科、壶菌属成员，是一种在表皮细胞内发育的细胞内病原体，能特异性感染蝾螈引发疫病。遗传分析表明，蝾螈壶菌与蛙壶菌属同一个遗传分支，代表菌株为 AMFP13/1，已经分离到 3 株菌株，但没有遗传结构和表型变异的有关信息。目前，尚不清楚 Bsal 在死亡宿主的组织内能存活多久，以及死亡宿主保持传染性的时间。

2. 流行特点

Bsal 主要感染有尾目两栖动物，人工饲养的蝾螈科和小鲵科大多数物种易感，不同品种易感性存在差异，对蝾螈科物种影响较大。Bsal 包囊孢子的传染性在池塘中可保持 31 天，在污染的森林土壤中可保持 48 小时。直接接触患病动物或间接接触受游动孢子/包囊孢子污染的土壤、水等均可感染；脚上附着有游动孢子的鸟类，也可作为 Bsal 的传播媒介。两栖动物变态后期更易受 Bsal 感染。亚洲被认为是 Bsal 的发源地，野外流行率在 2%~4% 之间，在有些群体内可能达到 50%；在欧洲，火蝾螈群体内的流行率在 25%~63% 之间，如果不治疗，蝾螈属的某些品种发病率和死亡率可达 100%。

3. 临床症状

发病率和死亡率取决于环境温度，实验表明，环境温度高于 20℃ 会降低 Bsal 感染水平，高于 25℃ 可以杀死 Bsal 并消除感染。感染 Bsal 的主要症状是两栖动物表皮溃疡（从离散到广泛）、皮肤过度脱落、皮肤出血和/或体液流失、厌食、沉郁、身体姿势异常和抽搐。

4. 检疫诊断

可采用湿片法、组织切片法通过显微镜检查实施简单的鉴定，也可采集活体、濒死或新近死亡的动物进行壶菌分离、培养和鉴定，确诊鉴定采用实时定量 PCR 方法，也可尝试用生物芯片。

（三）蛙病毒感染

蛙病毒感染（infection with Ranavirus species）是由蛙病毒（*Ranavirus*）引起鱼类、两栖类、爬行类等变温脊椎动物的一种致死性传染病。易感动物无论处于野生环境还是人工养殖状态，该病都能造成严重危害，故又称为"冷血动物杀手"。该病是《中华人民共和国进境动物检疫疫病名录》中的二类传染病。

1. 病原

蛙病毒属于虹彩病毒科（*Iridoviridae*）蛙病毒属，基因组为大型线性双链 DNA。病毒对酸、碱、乙醚、三氯甲烷、紫外线等理化因子敏感；不耐高温，在 55℃经 15 分钟即失去活性，但在 40℃条件下病毒粒子活力能保存 7 天左右，在-20℃或-70℃条件下至少能保存 2 年；对干燥或反复冻融等有一定的耐受性。

2. 流行特点

蛙病毒宿主十分广阔，至少有 52 个科、175 种变温脊椎动物可感染蛙病毒。有尾目和无尾目的大部分物种易感，易感阶段包括幼体、变态期和成体整个生命阶段。人工养殖或野生的大鲵、鲟鱼、鲈鱼、林蛙、牛蛙、甲鱼等种群均能感染蛙病毒。感染的两栖动物幼体及成体，污染的水体、渔网、船只及器具等是主要传染源。蛙病毒具有极强的传播能力，传播方式有多种，主要通过接触、摄食等途径传播，两栖动物幼体同类相食是一种普遍与重要的病毒传播途径；此外，鸟类也能传播病毒。

3. 临床症状与病理变化

病蛙临床症状主要表现为水肿、出血、淋巴组织、造血组织、肝、脾、肾小管坏死，皮肤上不规律地分布着灰白色斑块，肠壁上有红斑，心脏、肾脏具有斑点，肝脏苍白易碎，胆囊扩大。病理检查可见胸腺和其他淋巴组织的淋巴细胞数量减少、坏死，肝坏死，脾脏的胞浆散布着包涵体，肾小管上皮变性。不同种类两栖动物感染蛙病毒的死亡率有差异，如在相同条件下，灰树蟾（*Hyla versicolor*）、美洲狗鱼蛙（*Rana palustris*）的死亡率分别是 66%和 68%，约是蟾蜍的 3 倍。

4. 检疫诊断方法

通过组织病理学技术、免疫组织化学技术、原位杂交技术以及电子显微镜观察技术，结合免疫学、分子生物学技术手段，能够进行准确诊断。

病原学可用病毒分离与鉴定和 PCR 诊断技术，血清学检查常用 ELISA、FAT 诊断技术。

(四) 嗜水气单胞菌感染

该病是由嗜水气单胞菌引起蛙的传染性疫病，以皮肤红斑、趾表皮脱落溃烂、肝脏肿大、腹水等为特征。近年来，嗜水气单胞菌对甲鱼、鲤鱼、鳗鱼、牛蛙、林蛙等养殖的危害尤为严重，已被确定为致病微生物，并成为公共卫生关注的对象。

1. 病原

嗜水气单胞菌属弧菌科（*Bronaceae*）、气单胞菌属（*Aeromomas*），是一种嗜温性、有动力的气单胞菌。革兰氏阴性；呈短杆状，两端钝圆，直形或略弯，大小约为（0.8~1.0）微米×（1.0~3.5）微米；电子显微镜下可见极生单鞭毛，部分具有侧鞭毛，有运动力；在水温 14℃~45℃ 范围内可繁殖，以 25℃~30℃ 为最适温度；pH 6~11 范围内均可生长，pH 7.2 为最适值。

2. 流行特点

嗜水气单胞菌广泛分布于池水、淤泥等自然环境中，是自然生态系统和水生动物肠道正常菌群之一。嗜水气单胞菌分为致病性和非致病性菌株，致病性菌株属于典型的条件致病菌，可引起淡水鱼类、两栖类、哺乳动物等多种动物的全身性败血症或局部感染，甚至导致动物死亡。

嗜水气单胞菌最早是在人类腹泻性疾病中被发现的。20 世纪 80 年代末，其曾导致我国江苏、浙江、上海、湖北等 20 多个省市养殖的淡水鱼类频繁死亡，造成较为严重的经济损失，受到国内外水产界的高度重视。在美国、印度等国家或地区，嗜水气单胞菌引起的病害，也同样造成了当地水产养殖业的重大经济损失。目前，医学、食品安全等领域十分关注嗜水气单胞菌。

3. 临床症状与病理变化

病蛙的临床症状各异，主要表现为精神不振，低头伏池，有的潜伏在水中，食欲不振，行动迟缓；有的腿部、腹部及头腹部表面出现红斑，腿内部红肿；有的病蛙的指、趾有不同程度的发炎或皮肤肌肉溃烂；有的肝脏、肾脏、脾脏等内脏器官充血肿大；有的腹部有大量腹水，肠道充血红肿，皮肤出现白斑，内脏器官坏死，肾脏硬化。人感染该菌可发生急性腹泻、胃肠炎、败血症、伤口感染、中耳炎、腹膜炎等。

4. 检疫诊断

确诊该病需要采用实验室技术，主要方法包括细菌的分离鉴定、斑点酶联免疫吸附试验（Dot-ELISA）、葡萄球菌 A 蛋白协同凝集试验（SPA-CoA）、间接 ELISA、核酸探针等检测技术，这些方法都存在着操作复杂、特异性不强的缺点。国内外已开始应用核酸探针、PCR 等分子生物学方法检测嗜水气单胞菌。

（五）其他重要疫病

细菌、病毒、真菌和寄生虫等病原微生物均可引起两栖动物疫病。由细菌引起的两栖动物疫病包括细菌皮肤败血症、黄杆菌病、分枝杆菌病和衣原体病。真菌、类真菌疫病包括壶菌病、产色真菌病、水霉病和鱼孢霉病。原生动物寄生虫病包括各种变形虫、纤毛虫、鞭毛虫和孢子虫，常见的后生寄生虫病包括各种黏虫、蠕虫（特别是吸虫和线虫）和节肢动物。随着国内异宠潮的兴起，两栖动物被追捧，从境外引进的数量、品种以及来源地范围有扩大的趋势，但非法引进、未经检疫的两栖动物可携带多种疫病和有害生物，给国门生物安全带来巨大的风险，严重威胁我国本土动物安全。

鉴于壶菌病、蛙病毒的危害，欧洲的部分国家（地区）、美国已将其纳入两栖动物入境检疫项目，我国也在进境两栖类动物监测中增加了对这两种疾病的检疫。

四、生态风险

（一）生物入侵

进境外来两栖类动物因逃逸、弃养、放生等因素散布在自然环境中。若这些外来物种具有较强的繁殖能力和生存适应能力，将会与本地物种发生生态位竞争（食物、生活空间等的竞争），并与本地生态系统、物理环境相互作用，导致原有生态系统结构产生变化、难以支持本地物种的生存和繁殖，逐步使本地物种种群数量减少甚至灭绝。外来物种对本地物种产生排斥和取代现象达到一定规模，极有可能构成生物入侵，对生态环境产生不良影响。

中国是受生物入侵影响严重的国家之一，据统计，截至 2020 年，我国已鉴定出至少 660 种外来入侵物种（AIS）。其中，50 种入选世界 100 种最严重入侵物种名单，71 种对自然生态系统已造成或具有潜在威胁的被列入中国外来入侵物种名单，215 种外来入侵物种已侵入 67 个国家级自然保护区。牛蛙是进入我国最早、分布最广、危害最大的外来两栖动物。牛蛙原产于北美洲，现已在全世界 50 多个国家和地区分布。牛蛙作为食用蛙类引入我国，但牛蛙运动能力很强，在运输、养殖过程中，容易成为"漏网之蛙"，逃逸到野外并在当地的自然环境中繁殖、扩散。牛蛙体形大，食性研究证明其成体和幼体均可以吞食当地小型蛙类的成体和蝌蚪，可能改变当地两栖动物区系。如在云南，牛蛙是导致滇池蝾螈灭绝和泸沽湖地区四川棘蛙等本地物种种群数量减少的主要原因。因不科学的放生，2014 年在平均海拔 3645 米的西藏拉萨拉鲁湿地也发现了牛蛙种群，对当地造成极大的生态影响。

（二）生态和进化危害

外来物种对入侵区域环境会产生一系列的生态和进化危害。生态上通常会导致入侵区域原有营养级关系的破坏，这种危害是直接或间接的，自上而下或自下而上的，不仅可影响单个物种，也可影响整个群落，比如，捕食当地稀有物种、毒杀捕食者、与当地物种竞争、携带寄生虫等。外来两栖动物还可能导致严重的进化危害，如，其在与本地物种杂交的过程中可能发生基因污染或基因渗入，干扰本地品种的繁殖，破坏当地的物种多样性、遗传多样性。此外，入侵物种本身也会在形态上、生理上，或是行为特征上发生变化，进而产生更严重的危害。

值得注意的是，与人类对自然的破坏不同，外来入侵物种对环境的破坏及生态系统的威胁是长期的、持久的。当人类停止对某一环境的污染后，该环境会逐渐恢复，而当外来物种入侵后，入侵物种个体不会自动消失，会在新的环境中大肆繁殖和扩散，要想控制和消除十分困难。外来物种的排斥、竞争等导致的本地特有物种的灭绝是不可恢复的。

五、危害

蝾螈壶菌病、壶菌病及蛙病毒感染可引起大鲵、鲟鱼、鲈鱼、林蛙、牛蛙、甲鱼等特色养殖动物大规模死亡，严重影响我国养殖业的发展与珍稀物种的保护。两栖动物是食物链中的重要环节，对维持生态系统平衡意义重大。具有较强繁殖和生存能力的外来两栖动物，会与本地物种形成生态位竞争，导致本地生态系统结构的改变，使本地物种种群数量减少甚至灭绝，对生态环境产生不良影响。

第二十节
观赏鱼

一、生物学特性

（一）分类

全世界鱼类分 5 个纲、57 个目、515 个科、4497 个属，约有 27977 个种和亚种，中国有 5 个纲、46 个目、299 个科、1214 个属、3166 个种。国际观赏鱼市场由 3 大系列组成，即温带淡水观赏鱼、热带淡水观赏鱼和热带海水观赏鱼。在国内，根据常见种类和水温特性，将观赏鱼分为金鱼、锦鲤、热带淡水鱼和热带海水鱼 4 大类。

金鱼、锦鲤和热带淡水鱼通常归为淡水观赏鱼。据不完全统计，我国所饲养的淡水观赏鱼大约有 500 种，其中包括近 300 种金鱼和部分锦鲤，200 多种热带鱼。大部分金鱼和锦鲤并非生物分类意义上的种，而是种内的不同品种，国内饲养较普遍的热带淡水鱼主要有丽鱼科、脂鲤科、鲤科、胎鳉科等。目前我国大宗淡水观赏鱼品种主要有金鱼、锦鲤、孔雀鱼、七彩神仙鱼、龙鱼等，其中孔雀鱼、七彩神仙鱼是世界性养殖品种。

海水观赏鱼绝大多数生活在热带海区的珊瑚礁丛中，因而也称珊瑚礁鱼类。这些鱼类颜色特别鲜艳，体表花纹丰富，形态各异，具有很高的观赏价值。热带海水观赏鱼由 30 多个科组成，较常见的品种有雀鲷科、蝶鱼科、棘蝶鱼科、粗皮鲷科等。许多品种都有自我保护的本性，有些体表生有假眼，有的尾柄生有利刃，有的棘条坚硬有毒，有的体内可分泌毒汁，有的体色可任意变化，有的体形善于模仿，充分展现了大自然的神奇魅力。常见的海水观赏鱼有神仙鱼、蝴蝶鱼、小丑鱼、粗皮鲷、笛鲷、鹦鲷等。

（二）形态特征

金鱼又名金鲫鱼，在分类学上和鲫鱼属于一种，与鲤鱼近似，中国习惯将金鱼分为金鲫种、文种、龙种、蛋种。金鲫种体形似鲫，平头，单尾鳍，俗名草金鱼，目前市场上主要有红、红白、五花、长尾等。文种体形短而宽，头部有平头、高头、虎头的变化，具背鳍，各鳍发达，双尾鳍，常见品种有鹤顶红、红狮子头、五花狮子头、红白花狮子头、五花皮球珠子、皇冠珠子、红皮球珠子等。龙种俗名龙睛，眼球发达，凸出于眼眶外，各鳍发达，双尾鳍，市场常见有墨龙睛、墨蝶尾、红蝶尾、龙睛球等。蛋种体形粗短，似鸭蛋，无背鳍，各鳍短小，具双尾鳍，常见有红虎头、红头虎头、红泡、墨泡、五花泡、朱砂泡等。

锦鲤是由鲤鱼经长期选育而形成的突变种，体较长，呈纺锤形，横断面呈椭圆形，观赏价值体现在姿态、色彩、花纹等方面。锦鲤被称为"会游泳的艺术品""水中活宝石"，以日本锦鲤最为著名，其早期由中国传入日本，经日本近 200 年的选育，至今已培育出了约 100 多个品种。根据色彩、斑纹以及鳞片的分布情况，锦鲤主要分为红白系、大正三色系、昭和三色系、写鲤系、浅黄秋翠系、光泽系、花纹皮光鲤系、光写鲤系、别光系、衣类系、丹顶系、变种鲤系、金银鳞系 13 个品系。

热带淡水鱼主要来自热带和亚热带地区的河流、湖泊，它们分布地域极广，品种繁多，大小不等，体形特性各异，颜色五彩斑斓。目前热带淡水鱼主要有孔雀鱼、七彩神仙鱼、龙鱼等。孔雀鱼体形娇小，其身上图案五彩缤纷，尾鳍和体腹上有蓝红色圆斑，其周围有淡色花纹，似孔雀尾翎花色，有的形如字母，被称为外文孔雀；有的像蛇纹，被称为蛇皮孔雀；有的似豹皮，被称为豹尾孔雀。七彩神仙鱼又称铁饼、七彩燕，素有"热带鱼之王"美誉，头尾长 10 厘米~15 厘米，近圆形，侧扁，尾柄极短，背、臀鳍对称，体呈艳蓝色或深绿色、棕褐色，从鳃盖到尾柄，分布着 8 条间距相等的棕红色横条纹。龙鱼是骨舌鱼科鱼类的总称，为原始物种，可称得上是"活化石"，体形较大，成鱼体长可达 50 厘米~100 厘米，气势威武，体态匀称，并具有类似四肢的鳍，有一个大口及排列整齐的鳞，鳞较大，能反射不同的光芒，加之体态雍容典雅，其有很高的观赏价值，被誉为"水族之王"。

神仙鱼是珊瑚礁鱼类的代表，最大特点是前鳃盖骨上有一硬刺，无头甲。神仙鱼在生长过程中，身上的颜色、斑纹会发生变化；无论色彩、斑纹、形态、泳姿都胜过其他鱼，有"鱼中之王"和"鱼中之后"之称。蝴蝶鱼色彩鲜艳，体色基本与其生活环境中的珊瑚、礁石相似，体形侧扁、呈圆碟状，口小而尖；蝴蝶鱼有一明显的特征，即其尾柄或背鳍上多生有眼形黑斑,很像一只眼睛,而其真眼则被一道深色的直线条纹所遮掩,用以迷惑捕食者,这是蝴蝶鱼独特的保护色。小丑鱼体色为黄或红,间有白色条纹,由于体形小、颜色鲜明,形态滑稽,似马戏团中的小丑而得名,也叫"公仔鱼"。粗皮鲷俗名"倒吊",体形单薄,背、臀鳍扁而薄,似剃刀,因而它的英文名叫"Scalpel"(手术刀)或"Surgeon-fish"(医生鱼);粗皮鲷的尾柄两侧均生有尖锐的棘刺,是它用以防卫的武器。笛鲷体形侧扁,呈椭圆形或稍延长,背鳍较长,连续或中间内凹,尾鳍浅凹或分叉。鹦鲷体细长、侧扁,嘴可伸出,两颌牙齿分开,即使闭起来也无法密合,因此取名鹦鲷;鹦鲷的雌鱼、雄鱼、成鱼、幼鱼的斑纹色彩都不同,且雌鱼性成熟后会发生性转变。

(三) 生活习性

金鱼对水质要求不是很严格,地下水、河水及自来水经暴晒消毒后一般可以使用。水温应控制在20℃~25℃之间,此温度下金鱼代谢最旺盛。光照对金鱼的生长十分重要,它有提高水温、杀菌、提亮体色等作用。每天早晚要各进行1次换水,换水量以吸净水中污物为度,添加等量新水,温差应控制在2℃~4℃之间。每日换水后各投喂1次,做到每日定质、定时投喂,并根据天气、鱼活动情况等适当调节投饵量。饵料以天然动物性饵料为最佳。

锦鲤是鲤鱼的变种,它性格温和,不同年龄的锦鲤都能一起生长,不会自相残杀,具有生命力强、繁殖率高、适应性好等特点。锦鲤常适宜在池塘、湖泊、江河等水域的中下层生活,往往呈群游摄食状态,主要摄食藻类、水生植物、软体动物、面食、米饭等。在锦鲤养殖过程中,对水质、水温等条件没有严格要求,在水温为2℃~30℃的条件下都能够养殖,但20℃~26℃是其最适水温。锦鲤不能够很好地适应温度突变,当温差突然达到2℃~3℃时,就容易生病。锦鲤具有较快的生长速度,一般一龄鱼种体重超过50克,体长能够达到10厘米~20厘米。锦鲤寿命比较长,通常能够存活几十年。在自然条件下,锦鲤在2冬龄达到性成熟,亲鱼初次达到性成熟的体重通常为500克~600克。锦鲤通常在每年4~6月且水温超过18℃时进行繁殖,其具有很强的繁殖力,正常情况下,一尾体长在30厘米~40厘米的雌鱼能够产30万~40万粒卵。

孔雀鱼的适应性很强,性情温和,喜欢洁净的微碱性水质,适宜水温为22℃~24℃,喜光,食性杂,活饵、人工饲料都喜食,性成熟的雄孔雀鱼的生殖器成尖形的交接状，雌鱼性成熟的标志是臀鳍上前方的腹部有一块黑色胎斑，胎斑颜色越黑，表明其离临产期越近。

龙鱼为杂食性或肉食性，新鲜的鱼肉、贝肉、卤虫、小鱼、小虾、红虫等都可投喂，生长迅速，性情凶猛，寿命可达20多年，所产的卵粒径大数量少，为保护后代，亲鱼常把卵含在口腔中孵化；适合水温在20℃以上混浊、缓慢的水流，雌鱼性成熟年龄一般为3岁，而雄鱼比雌鱼晚1年。

神仙鱼最佳生长水温为25℃~28℃，喜欢pH 6.2~6.8的弱酸性软水，水中需有阔叶水草生长和光照，喜食水蚯蚓、孑孓和鱼虫等天然饵料，性格孤僻，不爱群居，有繁殖需要时才找配偶，12月龄性成熟，受精卵48小时后孵出鱼苗，四五天后仔鱼能够自由游动时，都吸附到双亲体上，以吸取父母体表黏液为食，故称奶子鱼，这一阶段持续约一周。神仙鱼比较娇贵，喜大空间和水流，喜欢栖息于岩礁、珊瑚、流水等场所；对于大、中型神仙鱼，要避免同缸饲养，尤其是大小相同的鱼，它们会互相攻击；若体形、色彩或斑纹相差较大则可混养；神仙鱼的饲料主要以切碎的鱼、虾、贝肉为主，平时还应辅以生菜、菠菜等绿色食物，小型神仙鱼还喜食海苔、藻类，也可喂一些人工食饵。

蝴蝶鱼比较活跃，游速很快，但十分胆怯，常躲在岩石缝中，喜阳光、喜水流；饲养时要避免把同种及同样大小的鱼养在一起，也不可与小型海葵、珊瑚一起饲养，以免被吞食；另外，一些小型蝴蝶鱼还喜欢用嘴啄食其他病鱼体上的寄生虫，导致感染；蝴蝶鱼的饲料主要以切碎的沙蚕、蚯蚓、贝肉、虾干为主，辅以卤虫或人工饲料。

小丑鱼在自然海域中常与海葵共生，栖息在海葵中，摄食海葵的分泌物或浮游动物，并把海葵作为庇护所，用以抵御强敌，因而养小丑鱼的缸中最好混养些海葵；小丑鱼生性好斗，要避免两条以上的红、白小丑鱼同饲，若水族箱中有岩礁、珊瑚等隐避物，则可同养；小丑鱼不挑食，可喂以海水卤虫、碎鱼、虾肉或人工食饵。

粗皮鲷喜水流，要求水质清新，溶氧高；避免两条同种同大的粗皮鲷一起饲养；喜食藻类，如果只喂鱼、虾肉，易引起便秘或肠炎，因而平时应多喂海苔、海带、裙带菜或半熟的生菜、菠菜，且要切碎。

笛鲷食量较大，抢食猛，生长快，且喜攻击小鱼，因而不可与其他小鱼一起饲养；平时饲养可以喂一些鱼虾肉、虾干或人工食饵。

鹦鲷一般白天活动，夜间会躲入沙中或岩礁中睡觉；有的种类似裂唇鱼一样,身披一层黏液状的透明膜睡觉;易饲养,且可和其他鱼混养;可喂一些底栖类和甲壳类动物,再辅以海藻和蔬菜。

(四) 分布

金鱼起源于中国,我国金鱼先传入日本,而后传入世界各地,目前,中国和日本是世界上主要的养殖金鱼的国家。孔雀鱼原产于委内瑞拉、圭亚那、西印度群岛等地,小巧玲珑、彩色斑斓、繁殖力强,各品种之间相互杂交又产生了复杂多样的后代,所以孔雀鱼尽管品种繁多,但很难找到两尾完全相同的孔雀鱼。神仙鱼生性清逸,灵性近人,原分布于南美洲亚马孙河水系。龙鱼在350万年前的石炭纪就已出现,在漫长的地质年代中,由于地壳的变化和大陆架的移动,龙鱼从南美洲逐渐传入亚洲、大洋洲和非洲,亚洲龙鱼分布在马来西亚半岛、菲律宾、印度尼西亚(加里曼丹岛和苏门答腊岛)、柬埔寨、越南和老挝等地,这些地区雨量充沛,属典型的热带、亚热带气候。

海水观赏鱼主要来自印度洋、太平洋中的珊瑚礁水域,品种多、体形怪异,体表色彩丰富,极富变化,常见产区有菲律宾、马来西亚、印度尼西亚、巴西、斐济、日本、澳大利亚、美国夏威夷州、印度、斯里兰卡、马尔代夫、中国台湾地区等。

二、贸易概况

(一) 贸易量

当前,全球观赏鱼年零售额约60亿美元,再加上养殖观赏鱼所用的器材、药物、饲料等,整个产业的年产值达140亿美元。其中,热带淡水鱼交易量最大,占市场总值的80%~90%;其次是热带海水及半咸水鱼种,包括无脊椎动物;再次是冷水性淡水品种,包括金鱼及锦鲤;最后是寒带海水及半咸水鱼种等。观赏鱼的贸易品种共有1600多种,淡水品种和海水品种各约占50%。在热带淡水鱼中,养殖品种占90%,野外采捕品种占10%;在热带海水观赏鱼中,95%为野外采捕,5%为人工繁殖。

亚洲是全球观赏鱼最大的出口地区,占全球出口量的59.1%,按观赏鱼出口国家(地区)所占的份额,依次为新加坡、马来西亚、印度尼西亚、中国、日本、菲律宾、斯里兰卡、泰国、印度。其他地区的出口量:欧洲20%、南美10%、北美4%。美国、日本及欧洲等工业化国家(地区)是观赏鱼的主要进口国家(地区),其中,美国是最大的进口国,进口值约占全球的四分之一，其次为日本，约占全球的十分之一，其他主要进口国包括德国、英国、法国、新加坡、比利时、意大利、荷兰、中国、加拿大。新加坡及中国香港是观赏鱼的主要转运站。

（二）主要贸易国家（地区）

新加坡是观赏鱼国际贸易中最大的中转地和集散地。其除出口本国培育生产的淡水品种外，还低价收购印度尼西亚、菲律宾、斯里兰卡、马尔代夫等国家（地区）的海水观赏鱼，经精选、分散包装、贴上商标后再以高价出口至世界各地。新加坡观赏鱼的外销市场遍布世界80余个国家和地区，出口量排前十的分别为美国、英国、日本、德国、法国、意大利、荷兰、中国台湾、西班牙和澳大利亚。主要出口品种为红莲灯鱼、孔雀鱼、鲶科鱼类、金鱼、玛丽鱼、飞船鱼（丝足鲈）、月光鱼、三间鼠鱼、丽鱼科鱼类、虎皮鱼等。马来西亚是全球观赏鱼第二大出口国，其出口量占全球份额的13.3%，主要出口品种有当前最受欢迎的亚洲龙鱼、七彩神仙鱼和锦鲤等。

中国是亚太地区新崛起的观赏鱼养殖国家之一，广东、福建、江苏、上海及京津地区等已成为国内观赏鱼生产、交易的热点地区。金鱼是传统的出口产品，但中国观赏鱼的年出口量还很少，仅占世界出口总量的3%左右。

（三）主要贸易品种

豆娘鱼、波浪雀鲷、蓝刻齿雀鲷、红海双带小丑、白条双锯鱼、眼斑双锯鱼、黑双带小丑、黄尾副刺尾鱼、裂唇鱼、马夫鱼是全球十大海水观赏鱼贸易品种。这些观赏鱼分属于雀鲷科、刺尾鲷科、鳞鲀科、隆头鱼科、盖刺鱼科、蝴蝶鱼科和海龙科，主要分布在印度洋和太平洋热带珊瑚礁海域。在《濒危物种红色名录》中，绝大部分观赏鱼为无危物种。

三、检疫风险

（一）鲤春病毒血症

鲤春病毒血症（Spring Viraemia of Carp，SVC）是一种由鲤春病毒血症病毒（Spring Viraemia of Carp virus，SVCV）引起的急性、出血性传染病，以全身出血及腹水、发病急、死亡率高为特征，常常于春季暴发并引起幼鱼和成鱼死亡。该病的发病及死亡率高，造成的经济损失严重，被世界动物卫生组织（WOAH）列为须通报的动物疫病，是《中华人民共和国进境动物检疫疫病名录》及我国《一、二、三类动物疫病病种名录》中的二类动物疫病。

1. 病原

SVCV 又称鲤弹状病毒，是弹状病毒科（*Rhabdoviridae*）、水疱病毒属（*Vesiculovirus*）的暂定成员。病毒的基因组为线性、单链、负股 RNA，不分节段，包含 5 个开放阅读框，分别编码 SVCV 5 种主要的结构蛋白，从基因组 RNA 的 3' 端到 5' 端依次为核蛋白 N、磷蛋白 P、基质蛋白 M、糖蛋白 G 和 RNA 聚合酶蛋白 L。目前发现的引起鱼类重要疾病的弹状病毒有 5 种，即 SVCV、梭子鱼苗弹状病毒（Pike Fry Rhabdovirus，PFRV）、病毒出血性败血症病毒（Viral Hemorrhagic Septicemia virus，VHSV）、传染性造血器官坏死病毒（Infectious Hematopoietic Necrosis virus，IHNV）和鳗鱼弹状病毒，其中，SVCV 和 PFRV 与水疱性口炎病毒属成员的蛋白质谱相似，暂被划归为水疱性口炎病毒属成员。电镜下，SVCV 呈弹状形态，并具有呈螺旋对称的内核壳体。脂溶剂、热、3%福尔马林、0.01%有机碘、2%氢氧化钠和紫外线可使病毒灭活。

2. 流行病学

在自然条件下，SVC 能感染鲤、锦鲤、金鱼、草鱼、鲢、鳙、黑鲫、鲫等，鲤最易感。SVCV 也能感染欧鲶、虹鳟、白斑狗鱼等非鲤科鱼类，但杂交鲤对 SVCV 不易感。SVCV 可感染各种年龄的鲤鱼，其中幼龄鱼更易感。病鱼、死鱼以及被污染的水和网具等是主要传染源。病毒可在鱼体内停留 10 周以上，感染后康复的鲤鱼成为病毒携带者，但可以抵制 SVCV 的再次感染。当病鱼感染出现临床症状时，其肾、脾、鳃、脑中含有大量病毒，通过粪、尿排出体外。病毒可在体外水中保持感染活性 4 周以上。病毒可从鳃、消化道及伤口侵入鱼体内，也可以通过寄生的鲺、蛭或附卵和污染物传播。亲鱼产卵也可以将病毒进行垂直传播。鲤春病毒血症最早流行于欧洲、中东和俄罗斯，近年来传播到美洲和亚洲。春季多发。

3. 临床症状与病理变化

潜伏期约 20 天。水温是 SVCV 感染的关键环境因素，水温在 5℃～10℃ 时，宿主机体内的免疫应答通常受到抑制，SVCV 最容易侵染鲤鱼；水温在 10℃～15℃时，感染鱼最易出现病毒血症、发病死亡，主要症状是腹水、水肿和出血性败血症；水温在 17℃以上时，鱼苗和成鱼很少发生显性感染，但鱼苗在水温 22℃～23℃ 时可感染发病。SVC 的出现除与水温有直接关系外，与鲤鱼的年龄、饲养密度及环境条件均有关系。鲤鱼自然感染 SVCV 后最初表现为趋向水流，濒死鱼体色发黑、呼吸缓慢、腹部膨胀、侧泳并泳动失调，在皮肤、鳃部和眼部出现淤血斑，肛门发炎水肿，鳃部苍白。剖检常见鱼鳔出血，内脏器官水肿，腹水及卡他性肠炎。

4. 检疫诊断与预防

诊断该病一般需要采用实验室诊断技术。常用检测病原的分子生物学和免疫学方法有免疫组织化学方法、荧光抗体技术、细胞培养、ELISA 和 PCR 技术等。对于 SVC 感染有临床症状的，可用病毒分离法、免疫荧光法或酶联免疫法等确诊，理想的方法是经过细胞培养、病毒分离后，再用免疫荧光法、酶联免疫法、中和试验、PT-PCR 等方法确认。

水温在 20℃ 以上时，鲤鱼机体内可产生较高水平的干扰素和抗体，能抵御 SVCV 的攻击，因此，到目前为止，没有在热带和亚热带暴发 SVC 的报道。常采用综合性预防措施，防止水污染；放鱼前对池塘和鱼种进行消毒；培育抗病力强的鱼种；保证饵料质量，合理投饵；小的养殖场可以通过控制水温、溶氧量、pH 值等理化因子，避免 SVC 的暴发。

（二）锦鲤疱疹病毒病

锦鲤疱疹病毒病（Koi herpesvirus disease，KHVD）是由锦鲤疱疹病毒（Koiherpesvirus，KHV）感染鲤鱼及锦鲤等变种而引起的一种高致病性急性传染病。以色列和德国于 1998 年首次报道 KHVD，英国 1996 年从大量死亡鲤鱼组织样本中检测出 KHV DNA，目前该病在世界范围内流行。该病的危害已引起世界动物卫生组织（WOAH）和联合国粮食及农业组织（FAO）的高度关注，被世界动物卫生组织（WOAH）列为必须通报的疾病，是《中华人民共和国进境动物检疫疫病名录》及我国《一、二、三类动物疫病病种名录》中的二类动物疫病。

1. 病原

锦鲤疱疹病毒（KHV）属于鲤疱疹病毒 III 型，是双链 DNA 病毒。成熟病毒颗粒有囊膜，球状，核衣壳呈二十面体对称，直径 100 纳米~110 纳米，由 31 种病毒多肽组成，其中，21 种多肽分子量与鲤疱疹病毒相似、10 种多肽与斑点叉尾鮰病毒相似，与其同科的鲤疱疹病毒和斑点叉尾鮰病毒之间有免疫交叉反应。研究表明，水温在 23℃~25℃ 条件下，KHV 可在水中存活 4 小时~21 小时；环境温度持续在 15℃ 下，经历 3 天时间水中及底泥中的 KHV 显著减少。

2. 流行特点

对 KHV 易感的鱼主要为普通鲤鱼、锦鲤和剃刀鱼，一些杂交品种也可感染 KHV。所有阶段的鱼体都可能感染 KHV，体重在 2.5 克~6 克及以下的幼鱼比体重 230 克以上的成鱼更易感染。病鱼和 KHV 暴发后幸存的鱼是主要传染源。KHV 主要通过水平传播，可由接触病鱼，或者通过发病死亡鱼类污染了的水体、底泥等传播。鲤鱼的体表和鳍的表皮是 KHV 的主要侵入口，鳃的损伤与病毒感染也有直接联系，KHV 通过体表和鳃扩散到全身各个器官，可在患病鱼的肾脏、脾脏、肝脏和肠中检测到大量 KHV。该病多发于春、秋季。KHVD 于 1998 年首先发生于以色列，目前已在英国、澳大利亚、美国、德国、以色列、南非、马来西亚、新加坡、印度尼西亚、韩国、日本、中国台湾等 22 个国家和地区暴发流行，其快速传播可能与感染病原的活鱼在各国（地区）间运输贩卖有关。

3. 临床症状与病理变化

潜伏期一般为 14 天，KHV 能在鱼体内潜伏相当长的时间而不致病。水温是决定锦鲤疱疹病毒病发病的主要原因，KHV 发病最适温度是 23℃~28℃（低于 18℃，高于 30℃不会引起死亡），在水温不适宜的条件下，易感品种会感染病毒但不发病。若鱼已感染 KHV，水温 18℃~27℃间持续时间越长，疾病暴发的可能性越大。发病鱼的临床症状主要为病鱼停止游泳，眼凹陷，皮肤上出现白色的斑块与水疱，鳃出血，组织坏死，也具有大小不等的白色斑块；鳞片有血丝，体表黏液增多、增稠。病鱼一般在出现症状后 24 小时~48 小时死亡。镜检可见表皮细胞大量增殖，严重者出现退化和坏死，细胞中出现核内包涵体，肝脏、脾脏、肾脏、胃肠道实质细胞坏疽、有大量巨噬细胞。

4. 检疫诊断与预防

锦鲤疱疹病毒病的临床表现与许多普通的细菌感染和寄生虫侵袭相似，不能单纯通过观察鱼的外部特征或临床表现来进行决定性的判断，确诊还需必要的实验室诊断。目前的诊断方法有细胞培养分离技术、电镜技术、PCR、ELISA、原位杂交技术及 LAMP 法等，其中，PCR 和细胞培养分离技术是世界动物卫生组织推荐的诊断方法。

目前尚无治疗锦鲤疱疹病毒病的有效方法。防制 KHVD 应采取综合性生物安全措施，加强饲养管理，提高机体的免疫力；从外部引种时加强检疫，不从疫区引种；及时清除、销毁病死鱼，做好日常防疫消毒，消灭传染源；加强疫病监测，掌握流行规律等。

（三）传染性造血器官坏死病

传染性造血器官坏死病（Infectious haematopoietic necrosis，IHN）是由传染性造血器官坏死病毒（Infectious haematopoietic necrosis virus，IHNV）引起的以鲑鳟鱼类为主的一种急性高度传染性疫病，以水肿、出血和急性死亡为特征，造成严重的经济损失。该病被世界动物卫生组织（WOAH）列为必须通告的动物疫病，是《中华人民共和国进境动物检疫疫病名录》及我国《一、二、三类动物疫病病种名录》中的二类动物疫病。

1. 病原

IHNV 属于弹状病毒科、粒外弹状病毒属。病毒颗粒呈子弹状，长 150 纳米~190 纳米，宽 65 纳米~75 纳米，具囊膜，囊膜含有宿主脂质和病毒糖蛋白突起。基因组为不分节段的反义单链 RNA，约 11000 个核苷酸，按顺序编码核蛋白（N）、磷酸蛋白（P）、基质蛋白（M）、糖蛋白（G）、非病毒粒子蛋白（非结构蛋白）（NV）和聚合酶（L）6 种蛋白质。IHNV 的分离株均为同一个血清型，但有许多和糖蛋白有关的中和亚型以及和核蛋白有关的非中和亚型。IHNV 对热、酸、醚等各种理化因子敏感，但在淡水中特别是在有机物质存在下至少会存活 1 个月。

2. 流行病学

虹鳟、太平洋鲑、大西洋鲑等鲑鳟鱼易感，太平洋鲱、大西洋鳕、高首鲟、白斑狗鱼、海鲫鱼和管吻刺鱼等非鲑鱼类也有一定易感性。各种年龄的鲑鱼都能感染，越年幼的鱼越易感。病鱼和带毒康复鱼是主要传染源，IHNV 主要存在于感染鱼的肾、脾、脑和消化道中，在亲鱼的精、卵液中也可找到病毒。IHNV 随各种排泄物（粪、尿）排到水里，经污染水或饲料途径传播，也能够随鱼卵进行垂直传播。该病最早于 1940 年~1950 年发现于美国，之后由于进出口受感染的鱼及鱼卵蔓延至整个北美洲、亚洲、欧洲，我国在 1985 年首次发现该病。

3. 临床症状与病理变化

潜伏期为 7 天~14 天。水温是 IHN 感染的重要环境因素，该病主要在 8℃~12℃时流行，10℃为发病高峰。水温低于 10℃时鱼会出现慢性感染，水温在 5℃以上时，鱼开始有临床症状但死亡率比较低；水温高于 10℃时鱼会出现急性感染，鱼苗死亡率可高达 100%；当水温升高到 15℃以上，感染鱼会产生干扰素和抗体，该病很快得到抑制。IHN 流行时可见感染鱼昏睡、活动异常、表皮发黑、眼突出、皮肤充血，大多数被感染的鱼大量出血并常见拖假粪即肠黏膜脱落的症状。剖检最引人注目的是脾、肾等造血器官组织坏死，偶尔可见肝、胰坏死。

4. 检疫诊断与预防

诊断该病需采用实验室方法，最常用的是在 13℃~18℃ 条件下用鱼类细胞系（如 RTG-2、CHSE、FHM）分离培养 IHNV，可出现细胞病变（CPE），再用中和试验、免疫荧光、DNA 探针和 PCR 来鉴定病毒。

目前，该病尚无有效治疗方法，控制 IHN 主要依靠实施严格的生物安全措施。引进鱼苗时应严格隔离检疫；避免与污染物接触；在孵化时应彻底消毒受精卵，可以杀灭附着在卵子表面的病毒，从而阻断卵传播的途径；采用无病毒污染的纯净水孵化；鱼苗培育场（车间或池）与可能携带病毒鱼养殖场（池）分开；以鱼内脏作为鱼苗、鱼种的饵料时，必须煮熟处理后再投放等。

（四）流行性造血器官坏死病

流行性造血器官坏死病（Epizootic haematopoietic necrosis，EHN）是由一种虹彩病毒感染所引起的全身性疾病，主要感染赤鲈、虹鳟、欧鲇和鮰，主要流行于欧洲和澳大利亚，是世界动物卫生组织（WOAH）规定须通报的动物疫病，也是《中华人民共和国进境动物检疫疫病名录》中的二类传染病。

1. 病原

病原为流行性造血器官坏死病毒（Epizootic haematopoietic necrosis virus，EHNV），属虹彩病毒科、蛙病毒属。目前已发现 3 个相似的病毒种，感染不同的宿主，分别称为流行性造血器官坏死病病毒、欧洲鲇鱼病毒（European sheatfish virus，ESV）和欧洲鮰病毒（European catfish virus，ECV）。EHNV 目前仅流行于澳大利亚，ECV 和 ESV 仅在欧洲检测到。这 3 种病毒都感染鱼的肝、脾、肾等造血组织和其他组织。

2. 流行病学

因这 3 种病毒都感染鱼体的肝、脾、肾造血组织和其他组织，引起各自的宿主发生相似的病症。养殖鱼密度太高或水质太差均可促进疾病暴发。赤鲈对 EHNV 极为敏感，幼鱼和成鱼都可受 EHNV 感染，幼鱼对该病毒更易感。EHNV 对赤鲈的致死与流行与水温、水质恶化情况有直接关系。水温为 12℃~18℃ 时 EHNV 的潜伏期为 10 天~28 天，为 19℃~21℃ 时潜伏期为 10 天~11 天，天然水体中的河鲈在水温低于 12℃时一般不会发病。EHNV 对虹鳟危害相对较小，只有少量群体易感，自然感染水温为 11℃ ~20℃，潜伏期为 3 天~10 天，人工感染在 8℃ ~21℃均可发生。EHNV 易感染刚出生至体长 125 毫米虹鳟，并可致死。ECV 和 ESV 主要引起欧洲鲴和欧洲鲇鱼发病死亡，在欧洲有较高的发病率和死亡率。

3. 临床症状和病理变化

主要症状为易感鱼大量死亡，垂死鱼运动失衡、鳃盖张开、头部四周充血。病鱼体色发黑，皮肤、鳍条和鳃损伤坏死，解剖后有时可见肝表面有直径 1 毫米~3 毫米的小白点，肝、脾、肾造血组织和其他组织坏死。

4. 检疫诊断与预防

该病无特征性的临床症状，无法根据流行病学、临床症状和病理变化作出初步诊断，通常需要采用实验室检测来作出诊断。EHNV 对蓝太阳鱼鳃细胞系（Bluegill fry cell line，BF-2）、大鳞大马哈鱼胚胎细胞系（Chinook salmon embryo cell line，CHSE-214）或鲤上皮乳头瘤细胞系（Epithelioma papulosum cyprini cell line，EPC）较为敏感，其中以 BF-2 最为敏感。可将鱼肝、脾、肾的组织匀浆液接种上述细胞，BF-2 经 22℃、24 小时的培养，待细胞病变（CPE）出现后再用免疫荧光、ELISA 或酶联免疫试验等方法检测 EHNV；或将病鱼组织直接采用经免疫荧光、酶联免疫吸附试验或 PCR 方法中的两种检测 EHNV，其结果均为阳性的可判定为 EHNV，而仅一项为阳性的判定为 EHNV 疑似。

预防该病应从落实兽医卫生制度和加强养殖管理入手。严格落实苗种场、良种场防疫措施，加强疫病监测与检疫，掌握流行病学情况；加强饲养管理，培育或引进抗病品种，提高抗病能力；及时剔除病鱼或疑似病鱼，尤其是带毒怀卵雌鱼，切断病毒垂直传播的途径，并对养鱼设施进行彻底消毒。

（五）鲑鱼传染性胰脏坏死病

鲑鱼传染性胰脏坏死病（Infectious pancreatic necrosis in trout，IPN）是由鲑鱼传染性胰脏坏死病病毒引起鲑科鱼类以胰脏坏死为特征的一种高度传染性急性病毒病。该病于 1940 年首次发现于加拿大，目前已遍及欧洲、亚洲和美洲等地，是我国《一、二、三类动物疫病病种名录》中的三类动物疫病。

1. 病原

鲑鱼传染性胰脏坏死病病毒（IPNV）是双 RNA 病毒科

（*Birnaviridae*）、水生双 RNA 病毒属（*Aquabirnavirus*）的一员。病毒颗粒呈二十面体，有单层衣壳，无囊膜，直径为 55 纳米~65 纳米，基因组为双片段的双链 RNA。IPNV 有许多血清型，各型之间有血清学交叉反应。病毒对外界环境的抵抗力极强，对热稳定，耐酸，对脂溶剂、EDTA 及胰酶不敏感；但紫外线、$35×10^{-6}$ 碘剂、2% 氢氧化钠溶液均可灭活病毒。

2. 流行病学

主要危害河鳟、虹鳟、褐鳟、银鲑以及大西洋鲑等幼鱼。3 月龄~4 月龄的幼鱼受影响最大，死亡率在 90% 以上；6 个月以上的鱼不发病。在不同的条件下，发病率有较大的差异，主要取决于宿主的种类、品系、年龄、病毒株的毒力差异以及水温。水温对鱼病来说至关重要，10℃~14℃ 为发病高峰。已证实感染 IPNV 的虹鳟鱼苗在 6℃ 的死亡率要远远低于 10℃ 的死亡率，而在 16℃ 时则损失极少。河鳟在 10℃ 感染 IPNV 的死亡率为 74%，15.5℃ 时为 46%，而在 4.5℃ 时大多数鱼都不发病。自然感染的范围不仅限于鲑鳟鱼类，许多非鲑科鱼类及其他水生动物，至少有 20 个科的成员曾感染 IPNV，从低等的圆口动物七鳃鳗到高等的硬骨鱼都可感染。此外，贝类、甲壳以及鱼类的寄生吸虫带毒，但它们的发病率远远低于鲑科鱼，大多数为无症状的带毒者。

3. 临床症状和病理变化

该病的潜伏期为 6 天~10 天。感染初期，生长发育良好、外表正常的鱼苗死亡率骤然升高，并出现突然离群狂游、翻滚、旋转等异常游泳姿势，随后停于水底，间歇片刻后重复上述行为。病的末期，鱼体变黑，眼球突出，腹部明显肿大，并在腹鳍的基部可见到充血、出血，肛门常拖一条灰白色粪便。剖检发现肝、脾明显褪色，消化道无残留物，胃里有时带有乳白色或黄色的黏液，有时在幽门处有点状出血。IPN 的病理组织学特征变化为胰脏组织坏死。

4. 检疫诊断与预防

根据流行病学、临床症状和病理变化可作出初步诊断，确诊需要采用实验室诊断技术。协同凝集试验（COAT）已应用于直接检测病鱼组织中的病毒抗原和鉴定 IPNV；免疫转印技术（IBT）对检测、鉴定 IPNV 具有高度的特异性和敏感度；中和试验、酶联免疫吸附试验、间接荧光抗体技术、核酸探针技术都已应用到 IPNV 检测、鉴定中。

（六）病毒性出血性败血症

病毒性出血性败血症（Viral hemorrhagic septicemia，VHS）是由病毒性

出血性败血症病毒（Viral hemorrhagic septicemia virus，VHSV）引起的一种鱼的较严重疫病。VHSV 是弹状病毒科（*Rhabdoviridae*）的成员，病毒粒子呈子弹形状，含有单链 RNA 基因组。弹状病毒科有一个重要的病毒——狂犬病病毒（Rabies virus），VHSV 跟狂犬病病毒亲缘关系较近，但 VHSV 只对鱼类具有致病性，而对人类并无威胁。该病是《中华人民共和国进境动物检疫疫病名录》中的二类传染病。

1. 流行病学

VHS 通过病鱼或带毒鱼的排泄物、卵子、精子等排出病毒，在水体中扩散传播。VHSV 能够经鱼鳃侵入鱼体而感染，各种鲑鳟鱼及少数非鲑科鱼易感，不同年龄和品种均可感染，尤以 1 月龄的鱼易感染，鱼苗和亲鱼则较少发病。VHS 的主要流行季节是冬末春初水温在 6℃~12℃时，水温上升到 15℃以上时发病率降低。

2. 临床症状和病理变化

在自然条件下，VHS 的潜伏期为 7 天~25 天。根据症状的严重程度及表现差异，VHS 可以分为急性型、慢性型和神经型 3 种类型，临床主要特征是出血，组织病理变化主要是肾脏、肝、脾细胞呈现区域性变性及坏死、细胞质空泡变性、细胞核浓缩或破裂、坏死区有淋巴细胞浸润，横纹肌的肌束间有出血病灶。

3. 检疫诊断与预防

常用诊断 VHS 的实验室方法是病毒分离与鉴定。病毒分离时可以采集病鱼的内脏、血液或腹水等病料，处理后接种 RTG-2、FHM、EPC 等鱼细胞，在 15℃环境下培养 24 小时~48 小时出现细胞葡萄串样聚集、崩解病变。进一步诊断包括荧光抗体法、免疫扩散试验及中和试验等免疫学方法以及 PCR 等分子生物学方法。

（七）病毒性神经坏死病

病毒性神经坏死病（Viral nervous necrosis，VNN），又称病毒性脑病和视网膜病（Viral encephalopathy and retinopathy，VER），是一种严重危害海水鱼类鱼苗的病毒性疾病。VNN 是世界动物卫生组织规定须通报的动物疫病，是《中华人民共和国进境动物检疫疫病名录》及我国《一、二、三类动物疫病病种名录》中的二类动物疫病。

1. 病原

该病的病原为病毒性神经坏死病毒（Viral nervous necrosis virus，VN-

NV)，属于野田村病毒科（*Nodaviridae*）、乙型野田村病毒属（*β-nodavirus*），病毒颗粒直径约为 25 纳米~30 纳米，二十面体对称，无囊膜，衣壳由 180 个亚单位组成。该病毒基因组包括两条正义非聚腺苷酸化的 RNA 单链（RNA1 和 RNA2）。该病毒对外界环境具有相当强的抵抗力。

2. 流行病学

目前已发现该病至少可在 11 个科 22 种鱼中流行，常发生在尖吻鲈、赤点石斑鱼、棕点石斑鱼、巨石斑鱼、红鳍多纪、条斑星鲽、牙鲆和大菱鲆等海水鱼鱼苗中。在自然状态下，病毒可经精、卵垂直传播引起。近期，从患病的淡水观赏孔雀鱼鱼苗、七带石斑鱼的成鱼体内也分离或检出 VNNV，表明 VNNV 已从海水鱼传播到淡水鱼，从幼鱼传播到成鱼。VNN 流行于美洲和非洲以外几乎所有养殖地区，给各国（地区）海水养殖业造成巨大的损失。

3. 临床症状和病理变化

潜伏期一般为 4 天。不同种类的鱼临床症状不同，以神经症状为主，鱼苗出现不正常的螺旋状或旋转式游动现象，静止时腹部朝上，一旦用手触碰，病鱼会立即游动等；其他症状包括病鱼体色苍白、鳔过度膨胀、厌食、消瘦等，发病严重的鱼苗死亡率极高。最常见的病理变化是中枢神经组织空泡化、坏死，通常出现在视网膜中心层，造成视网膜损伤。病毒的致病性与鱼龄有关，首次出现临床症状的时间越早，死亡率越高，受感染鱼群死亡率可达 100%。

4. 检疫诊断与预防

主要用光学显微镜观察病鱼的脑和视网膜的组织切片进行初诊，用免疫学方法检测 VNN 呈阳性，用 RT-PCR 方法检测病毒的衣壳蛋白基因呈阳性，用电镜或负染样品观察到病毒粒子均可作出确诊。

应加强饲养管理，改善繁育场卫生条件、降低放养密度。在繁殖鱼苗时，采用 PCR 技术对亲鱼进行筛查，剔除隐性带病毒雌鱼，切断病毒传播途径。

四、生态风险

(一)破坏水生动物栖息地

珊瑚礁是鱼类等许多水生动物的重要栖息地,捕捞野生海水观赏鱼过程中常常会破坏珊瑚礁,对海洋生态系统产生许多潜在威胁。到目前为止,全世界超过19%的珊瑚礁原始面积已彻底消失,15%的珊瑚礁在未来10年~20年内将遭受严重"漂白"威胁,20%的珊瑚礁在20年~40年内将遭受"漂白"威胁,据估计,88%的珊瑚礁正在遭受人为的中度或重度威胁。此外,为了更加容易捕获目标鱼类,东南亚一些国家(地区)利用氰化物、喹那丁等毒药甚至使用炸药进行捕猎,这会对珊瑚礁生态系统造成毁灭性的破坏。

(二)影响水生动物多样性

海水观赏鱼从捕获到终买买家手中要经过很多环节,由于毒药的迟发性毒性、包装和运输操作不当、长期禁食、疾病频发等原因,出口的海水观赏鱼死亡率超过80%。由此可推测,被捕获的野生海水观赏鱼数量远远大于目前的实际交易量。虽然大部分海水观赏鱼物种在《濒危物种红色名录》中为无危状态,但过度捕捞或以不当方式捕捞,会导致大量海水观赏鱼死亡,直接威胁物种存续,影响水生动物多样性。

(三)生物入侵破坏生态系统

外来生物入侵对生态系统的破坏具有不可逆转性。生物入侵除自然因素外,人为因素也不容忽视。野生动物被放养或弃养后,有的对各类环境的适应性较强,对环境有较强的耐受性,可在野外形成自然种群,并能在新生态环境中通过竞争占据适当的生态位,排挤相应生态位的土著种,威胁当地生物多样性,导致一些物种濒危或灭绝。

五、危害

观赏鱼可能携带的鲤春病毒血症、锦鲤疱疹病毒病、传染性造血器官坏死病、斑点叉尾鲴病毒病、病毒性出血性败血病、传染性鲑贫血病、流行性溃疡综合征、流行性造血器官坏死病、异尖线虫病、真鲷虹彩病毒病等疫病是水产养殖业常见疫病,其暴发时可引起幼鱼或成鱼死亡,有的发病率和死亡率高,目前还缺乏有效控制的药物和方法,造成的经济损失极为严重。此外，在捕捞热带海水观赏鱼过程中，会对珊瑚礁和海洋生态系统造成一定影响。

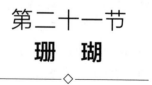

第二十一节
珊　瑚

《 一、生物学特性

（一）分类

珊瑚（Coral）在分类学中属于刺胞动物门（*Cnidaria*）、珊瑚纲（*Anthozoa*），为珊瑚虫群体或骨骼化石。珊瑚虫是一种海生圆筒状腔肠动物，它以捕食海洋里细小的浮游生物为食，食物从其口进入，食物残渣由其口排出，无头与躯干之分，没有神经中枢，只有弥散神经系统，是海洋中的低等动物。当受到外界刺激时，整个动物体都会有反应。珊瑚虫的大小随着种类不同而变化，小的直径为 1 毫米～2 毫米，大的直径可达数厘米。在广义上，珊瑚通常包括软珊瑚（*Alcyoniidae*）、柳珊瑚（*Gorgoniidae*）、红珊瑚（*Corallidae*）、石珊瑚（*Scleractinia*）、角珊瑚（*Antipathidae*）、水螅珊瑚（*Milleporidae*）、苍珊瑚（*Helioporidae*）、笙珊瑚（*Tubiporidae*）等。在狭义上，我们常提及的珊瑚属于珊瑚虫纲石珊瑚目。

（二）生存环境

与珊瑚共生的虫黄藻通过光合作用产生多糖类等有机物质，为珊瑚提供营养来源，同时，共生藻老化后在珊瑚体内死亡，经消化细胞的分解，也成为珊瑚的营养物质。除了被动捕食之外，珊瑚虫还可以主动捕食海洋中细小的浮游生物。珊瑚虫在生长过程中能吸收海水中的钙和碳酸根离子，然后分泌出碳酸钙，形成骨骼外壳。老一代珊瑚虫死后留下遗骸，新一代继续发育繁衍，像树木抽枝发芽一样，向高处和两旁发展。年复一年，珊瑚虫分泌的石灰质骨骼，连同藻类、贝壳等海洋生物残骸一起，堆积成一个个珊瑚礁体。

珊瑚礁生态系统是由造礁珊瑚生物群体形成的特殊生态系，内部有美丽的造礁珊瑚和各种珊瑚礁所特有的生物，珊瑚礁生态系统是热带海洋中的特色生态系统，具有极高的生产力和物种多样性，与红树林生态系统以及海草生态系统并称为海洋三大生态系统。珊瑚礁面积在海洋中不足0.25%，但在其中生活的海洋生物却占海洋生物总数的25%，被称为"热带海洋沙漠中的绿洲"。造礁珊瑚生长的水温一般为20℃~30℃，最佳盐度范围是34‰~36‰，最佳水深为20米以内，适宜与造礁珊瑚共生的虫黄藻进行光合作用。热带光照强、时间长，平均光照率在50%以上，有利于珊瑚礁的生长。

(三) 种群分布

由于珊瑚具有长距离扩散的能力和长寿等特征，大多数珊瑚的地理分布范围广泛。从纬向看，超过半数的珊瑚在南北半球的温带地区均有分布；从经向看，不同种类的珊瑚分布范围有明显差别，但仍有近一半的珊瑚的分布范围和整个印度洋一样宽。

二、贸易与保护

(一) 贸易

近年来，进口观赏水生动物产业快速发展，家庭海水水族箱越来越受到追捧。珊瑚因其鲜艳的色彩和曼妙的姿态特别受欢迎，因海水鱼缸中的活体珊瑚造景及水族馆的珊瑚展览需要，活体珊瑚（不包括红珊瑚）贸易已形成了一个独立的产业，活体珊瑚贸易量不断增加。海水水族贸易（Marine aquarium trade，MAT）是珊瑚贸易的主要途径之一，涉及从40多个国家或地区捕捞1800余种野生海水鱼、上千种无脊椎动物和珊瑚。珊瑚的国际贸易占其贸易总量的76%。据推测，珊瑚主要供应给装饰装修业和水族馆，约有140种石珊瑚作为水族品种进入交易市场。印度尼西亚是珊瑚的主要出口国，美国是珊瑚进口大户；我国珊瑚主要来源于印度尼西亚、菲律宾、马来西亚、澳大利亚、肯尼亚等国家或地区。

(二) 保护要求

作为热带海洋最突出、最具有代表性的生态系统，珊瑚礁对于维持生态平衡、渔业资源再生、生态旅游观光、海洋药物开发及保护海岸线等至关重要。在过去的几十年中，由于遭受人为和自然的双重压力，全球变暖、水温上升导致珊瑚白化死亡；泥沙淤积、城市污染、挖礁、炸鱼和滥采珊瑚活体等，导致全球珊瑚礁严重退化，尤其是靠近陆地和高密度人群的珊瑚礁情况更为严峻。据报道，拥有全球 30% 珊瑚礁的东南亚，已有约 60% 的珊瑚礁遭到破坏，其中菲律宾达 70%、印度尼西亚达 80%。照此趋势，40 年内整个东南亚的珊瑚礁将全部退化。另据全球珊瑚礁监测网测算，在过去几十年间，全球珊瑚礁退化数量已超过四分之一，未来 20 年至少还有四分之一面临退化。如果人类不采取有效措施，按现有的退化速度，珊瑚礁可能在 21 世纪末就从地球上消失，全球依赖珊瑚礁生活的几亿人口将失去收入或者是维持生存的食物。

目前，在全球已知的 845 种珊瑚中，约三分之一面临灭绝的威胁。为了更好地保护珊瑚资源，30 多个国家（地区）已经禁止或限制硬珊瑚的采集和出口，所有硬骨珊瑚均已被列入《濒危野生动植物种国际贸易公约》（CITES）的附录Ⅱ中。尽管如此，珊瑚所设定的出口配额经常与最大持续产量不相匹配，仍存在非法交易行为。生态系统恢复与重建的主流理念是以"自然恢复为主，人工修复为辅"，通过对珊瑚礁生态系统实施科学的保护和管理，维持珊瑚礁的结构、生物群落及相关物种种群的多样性，构建一个协调、稳定、健康和可持续的珊瑚礁生态系统，使人们能永久地利用和享受珊瑚礁资源，达到生态效益、社会效益和经济效益统一。近年来，为了保护和管理珊瑚礁生态系统，许多国家（地区）制定了一系列政策和措施，取得了较好的成效。

三、检疫风险

珊瑚疫病有 30 多种，常见的有黑带病、黑斑病、白带病、白色瘟疫、白斑病、黄带病和细菌性白化 7 种。不同珊瑚疫病杀死珊瑚组织的速率不同，白色瘟疫、白斑病最快，黑带病和白带病次之，而最慢的是黄带病和黑斑病。自 20 世纪 70 年代以来，珊瑚疫病已遍及 54 个国家或地区，波及 106 种珊瑚，最易感染的是造礁石珊瑚，包括鹿角珊瑚（*Acropora cervicornis*、*Acropora palmata*）、块状珊瑚（*Monastrea annularis*、*Colpophyllia natans*、*Monastrea faveolata*）等。

（一）黑带病

病理学研究表明，黑带病病原体是由多种细菌组成的，包括硫酸盐还原菌、硫化物氧化菌、氰细菌。硫酸盐还原菌代谢产生大量的 H_2S，而硫酸盐氧化菌能将 H_2S 还原成硫，在菌团底部产生高浓度的有毒硫化物，以每月

0.2厘米~10厘米的速度杀死活体珊瑚组织，使珊瑚表面出现黑带。当珊瑚组织的死亡速率超过珊瑚生长速率时，黑带病细菌即能杀死整个珊瑚体。珊瑚黑带病最初通常在珊瑚体上表面出现一条直径为1厘米~2厘米的黑色小带，随后黑色小带水平扩散，破坏珊瑚组织，珊瑚露出白色的石灰质骨骼。黑带则明显介于白色骨骼区域与健康珊瑚组织之间，宽度一般为0.5厘米~1厘米，有些窄至1毫米~2毫米，最宽的黑带可达7厘米，厚约1毫米。通常黑带病在活珊瑚体表面的传播速度为3毫米/天，有时可达1厘米/天。该病病原在水温高的季节最为活跃。黑带病一般会在一段时间后自动消失，通常不会杀死整个珊瑚体，留下已死亡珊瑚的裸露骨骼和健康的珊瑚体，裸露的骨骼将迅速被藻类等覆盖。珊瑚黑带病是目前分布最广泛的珊瑚疫病，至少有64种造礁石珊瑚易受黑带病感染，其中，加勒比海有19种，最易受黑带病感染的是块状珊瑚。

（二）黑斑病

黑斑病的症状为珊瑚组织表面出现多形性紫色、黑色或棕色的斑点，斑点有时可扩大为一个圆环，将死亡珊瑚裸露的白色骨骼与活珊瑚组织分开。珊瑚表面黑斑病伤口的大小、位置是动态变化的，旧的伤口消失后，可在珊瑚体表的其他位置出现新的伤口。目前，对珊瑚黑斑病了解还不多，也有研究表明，珊瑚黑斑病的患病率与水温具有相关性，提示该病是珊瑚对高温压力的应激反应，而非特定病原体疫病。

（三）白带病

白带病有两种类型，两者症状相似，都表现为珊瑚组织以恒定速度脱离珊瑚骨骼，呈白色条带状裸露。白带宽度为几厘米到20厘米，顺着珊瑚枝蔓延扩散，从珊瑚的底部到顶端，最后导致整个珊瑚群体死亡。裸露的骨骼逐渐被藻类覆盖。已知能感染白带病的珊瑚有34种，比如鹿角珊瑚易感，在加勒比海、红海、澳大利亚（大堡礁），菲律宾和印度尼西亚附近海域等地均发现了珊瑚白带病。两种白带病的区别是一种白带稍窄，感染从珊瑚底部开始；另一种白带较宽，感染从珊瑚顶部扩展到底部，且从白化的边缘层能分离出某种弧菌。

（四）白色瘟疫

白色瘟疫有3种类型，症状相似，主要表现为突兀的白色线条或段带，将健康珊瑚组织与刚裸露的珊瑚骨骼分开。不同类型白色瘟疫的区别主要在于珊瑚病患组织扩散速率和组织损失速率不同，白色瘟疫Ⅰ型最弱，Ⅲ

型最强。白色瘟疫与白带病症状极为相似，但感染的珊瑚种类不同，普遍认为白带病仅感染鹿角珊瑚，而白色瘟疫则只感染块状、片状珊瑚礁和除鹿角珊瑚以外的其他枝状珊瑚。多数易受黑带病感染的珊瑚亦易受白色瘟疫感染。白色瘟疫Ⅱ型一般从珊瑚体底部往上扩散，而白色瘟疫Ⅰ型则可从珊瑚的任何位置开始扩散，并能在珊瑚体间相互感染。扩散性更强的白色瘟疫Ⅲ型主要感染大型造礁珊瑚，感染通常由珊瑚体中心开始，伤口扩散速度可达每天几十厘米。已知白色瘟疫Ⅱ型能感染32种珊瑚，是3种白色瘟疫中感染珊瑚种类最多的，也是唯一检测出病原体的，经16SrRNA基因测序分析确定为橙单胞菌（*Aurantimonas coralicida*）。

（五）白斑病

白斑病的主要病症是珊瑚组织出现不规则的白色斑块，病变部位珊瑚组织消失，露出骨骼，病变面积不等，从几平方厘米到80多平方厘米，能同时出现在珊瑚群体的任何表面。病情扩散迅速，每天可扩散大概2.5平方厘米，当海水温度升高时尤甚。该病具有高度的传染性，鹿角珊瑚对白斑病易感，在白斑病严重时，不同位置的病变面积不断扩大并能联结到一起，最终导致整个珊瑚体组织脱落，裸露骨骼很快被各种藻类覆盖。经鉴定，病原为黏质沙雷氏菌（*Serratia marcescens*）。由于黏质沙雷氏菌广泛存在于人体、昆虫和其他动物的肠道、水体、土壤和植物中，是常见的致病菌，因而推测其暴发原因可能与排放污水有关。

（六）白化病

珊瑚白化是由于珊瑚体内失去与之共生的虫黄藻或共生的虫黄藻失去体内色素而导致的。与珊瑚共生的虫黄藻经光合作用提供珊瑚生长所需的63%的营养，白化引起珊瑚虫黄藻营养不良、生长速度减缓，有性繁殖受抑制等，也可能导致珊瑚恢复能力降低，提高二次疫病感染概率。珊瑚的白化与海水温度的升高息息相关，夏季发病率较高。珊瑚白化的机制可分为细胞机制和光抑制机制两方面，从细胞角度上分析，珊瑚白化的原因主要是失去了虫黄藻，而死亡或原位分解、胞外分泌停止、细胞坏死、宿主细胞分离等均可造成虫黄藻的缺失；光抑制是指光合系统捕获和处理光电子的能力降低。高温、高辐射等任何威胁，都能导致虫黄藻的光合作用效率降低，使珊瑚白化。

也有观点认为，珊瑚白化是由特定病原体引起的，可能是一种细菌性白化，溶珊瑚弧菌（*Vibrio coralliilyticus*）感染鹿角珊瑚、弧菌（*Vibrio* shiloi）感染地中海珊瑚等均可引起白化。

（七）黄带病

黄带病的主要病症是珊瑚表面出现黄带或黄环，随着时间的推移变成黄色大斑块，中心首先感染的珊瑚组织死亡，其裸露的白色骨骼被藻类覆盖，疾病逐渐向外辐射，缓慢杀死珊瑚。珊瑚黄带病的扩散速度为每月0.7厘米，与其他珊瑚疾病相似，黄带病在暖水季节的传播速度快于冷水季节。1996年，巴拿马海域曾广泛暴发黄带病，主要感染造礁珊瑚。尽管黄带病的病原还未知，但根据黄带病的症状特点推测，黄带病可能是由虫黄藻疾病引起的，据研究，患黄带病珊瑚组织中虫黄藻的数量比正常组织中虫黄藻的数量减少了41%~97%。

四、生态风险

（一）水温升高

海水升温会破坏大多数的珊瑚与虫黄藻的共生关系，导致大量的虫黄藻从珊瑚体内排出，引起珊瑚白化。许多研究表明，珊瑚对于温度变化非常敏感，升温易致珊瑚共生功能体从稳定健康的状态转变为条件性致病菌或潜在致病菌主导的状态，是引起珊瑚发病的重要因素之一。海水异常高温还会增加病原菌的种类，高温时珊瑚通常会产生过多黏液，既为原有细菌生长提供了充足的碳、氮来源而加速生长，又可引起新的细菌入侵，增加珊瑚发病的概率。例如，1998年厄尔尼诺现象导致全球异常变暖，使亚太地区的珊瑚死亡率高达90%，全球16%的珊瑚礁被摧毁。

（二）海水酸化

所谓海水酸化，就是全球大气二氧化碳浓度增加导致表层海水酸化和海洋碳酸盐系统改变。海水酸化会降低珊瑚的钙化效率，减缓珊瑚礁的生长，使其骨骼变脆，难以抵御台风等带来的过激的水流或波浪的冲击，严重影响珊瑚礁生态系统。极端条件下，珊瑚将完全丧失骨骼，不能建礁或为珊瑚礁提供支撑。此外，不同的珊瑚种类对于海水酸碱度的敏感程度不同，有些珊瑚物种在酸性提高后出现共生微生物的减少和条件性致病菌的增加。

（三）海水污染

许多研究已经证实海水污染是造成珊瑚礁退化的重要原因。污水增加了珊瑚礁海域中营养盐的含量，促使藻类暴发式生长，珊瑚虫因得不到足够的光照而死亡。富含有机物的底泥加速了异养微生物的繁殖，缺氧和毒性硫化物高浓度富集，导致珊瑚窒息死亡。此外，沿岸进行的工程施工、采矿活动、伐木以及农业活动等都可能会造成水土流失。大量固体颗粒冲进海洋，不仅阻挡了光线，而且覆盖在珊瑚表面阻断珊瑚虫呼吸。

（四）过度捕捞

生物资源丰富的珊瑚礁区面临过度捕捞、渔业资源逐步枯竭的风险。珊瑚礁生态系统中有两条重要的食物链：鱼类捕食海胆，海胆摄食珊瑚；法螺捕食长棘海星，长棘海星捕食珊瑚。海胆和长棘海星的数量一旦失控，将会对珊瑚礁生态系统造成严重破坏。

五、危害

珊瑚主要通过形成珊瑚礁来维持生态系统平衡。珊瑚礁是全球物种多样性程度最高、资源最丰富的生态系统，被誉为"海洋中的热带雨林"，为蠕虫、软体动物、海绵、棘皮动物、甲壳动物、鱼类等许多海洋动植物提供了生活环境。分布于热带海洋的珊瑚礁，是集生态资源、环境调节、休闲娱乐、海岸保护、国土安全、矿产油气和科学文化等于一体的重要的海洋生态系统，对人类社会和海洋生态环境的健康与可持续发展起到了至关重要的作用。近50年来，在人类活动和全球变暖的影响下，全球珊瑚礁遭受疫病、温度升高、海水酸化、海水污染、过度捕捞等因素不同程度的威胁，面临快速退化的风险。

第三章
进境野生动物生物安全风险管理措施

CHAPTER 3

自然状态下，野生动物与自然环境不断斗争，既要克服环境变化带给种群延续的压力，又要克服饥饿、天敌、疫病等对生命的威胁。物竞天择，适者生存。从远古走来，野生动物在山水林田湖草沙等环境中形成了较为稳定、和谐的生态体系，展现了自然与动物和谐共生的美好画面。

人类为了满足日益增长的物质和文化生活需要，在探索自然、了解自然的过程中，也在尝试着改造自然。一些改造自然的活动，给生物安全带来新的挑战，如改变野生动物已经适应、熟悉的环境，或者将野生动物从栖息地迁到其从未接触过的地方，这不仅会对野生动物种群数量、世代更替产生影响，也可能给迁入地的生态平衡带来冲击。因此，如何防范外来物种入侵、保护我国生物多样性和生物安全成为新时代海关的新职能。海关进出境动物检疫需要跳出传统框架，把握新机遇、应对新挑战，不断强化风险管理理念，健全口岸生物安全管理措施，降低野生动物跨境移动带来的影响或冲击。

第一节
风险分析

————————◇————————

什么是风险？目前没有统一的定义。《韦氏词典》对风险的定义是"面临着伤害或损失的可能性"，《现代汉语词典（第7版）》把风险解释为"可能发生的危险"，国际标准化组织（ISO）将风险定义为"不确定性对目标的影响"，环境领域认为风险是"未来对人类社会造成不利影响的程度"，保险业则将风险定义为"危害或损失的可能性"，我国发布的进出境动物检疫行业标准《进出境动物和动物产品风险分析程序和技术要求》中，将风险定义为"在一定时期内，危害发生的可能性及发生后潜在的不利后果（包括对经济、环境影响）"。虽然对风险的表述或定义有所差异，但均涉及"可能性"和"不利后果"，这是"风险"的主要特征。学者威尔逊（Wilson）认为，风险的本质是不确定性。

风险管理理念是动物检疫的核心理念，贯穿动物防疫全过程。进境野生动物检疫是动物疫病外防输入的要求，也是保障国家非传统安全的重要手段。对野生动物检疫采取风险管理措施，既是我国进出境动物检疫工作经过长期的理论探索和实践总结的成功经验，也是国际通行做法。例如，《中华人民共和国动物防疫法》依据疫病对人、动物构成危害的程度，可能造成损失和影响的大小，以及需要采取措施的力度，将动物疫病风险分为一、二、三等，实施分类管理和处置。

WTO/SPS 协定和世界动物卫生组织（WOAH）制定了建立进出境动物检疫风险管理体系指南，该体系以风险分析为核心，配套动物疫病监测、安全风险监控、风险预警及应急处置等多项风险管理措施。这套风险管理体系在全球范围内实施和推广，对防控重大动物疫情的发生和流行，保障国际动物和动物产品贸易，促进多/双边合作发挥了重要作用。从内容来看，在制定指南、标准，设置兽医机构规模，确定组织实施方式等过程中，该风险管理体系综合考虑了风险因子的性质和数量、来源辨别、引入途径、影响范围、后果轻重、控制难易等要素的不确定性，以达到降低风险或将风险控制到可接受水平的目的。如风险因子性质，就进境野生动物而言，应该包括疫病传播、物种入侵等生物安全风险，也应该包括野生动物因具有珍稀、濒危、凶猛、带毒等属性而造成的监管工作风险。

第二节
检疫准入

检疫准入是指进出境动植物检疫主管机构根据我国法律、法规、规章以及国内外动植物疫情疫病和有毒有害物质风险分析结果，结合对拟向中国出口农产品的国家或地区的质量安全管理体系的有效性评估情况，准许某类产品进入中国市场的相关程序。检疫准入制度是 WTO/SPS 的重要措施，被各国（地区）尤其是发达国家（地区）广泛应用于国际动物及其产品贸易中，我国对进口大多数动物及其产品实施检疫准入制度，包括进境野生动物。检疫准入制度主要是在首次进口某类产品或解除禁止进口时实施，涉及对拟进口产品进行风险分析，对输出国家或地区监管体系评估与审查，磋商检验检疫卫生条件和要求，对境外养殖、加工、生产企业注册登记等多个方面的技术管控措施，是进境检疫把关工作中的第一道关，对于提高进境动物及其产品质量安全水平、严防疫情传入和不合格产品进境、维护国门生物安全等具有重要意义。"十四五"以来，严防外来物种入侵成为海关动植物检疫工作的首要职责之一，外来物种入侵监测预警成为新时代海关动植物检疫监管的重要内容，外来物种入侵对生物多样性和生态环境的影响被同时纳入动植物检疫准入风险评估体系。

实行检疫准入制度的国家或地区，其主管机构应制定公布准入流程和准入技术要求，以便贸易方参与。我国进境动物检疫准入程序，简要来讲依次分为申请、问卷调查、风险分析、风险评估、技术磋商、进境等工作环节。申请指出口国（地区）官方检疫主管机构根据贸易需求，向中方主管机构提出书面申请，并说明拟出口具体农产品的名称、种类、用途、出口商等信息。问卷调查指的是中方根据申请，向出口国（地区）官方检疫主管机构发送一份涉及该种产品输华风险分析资料的调查问卷，请出口国（地区）答复。如出口国（地区）在提出书面申请时随附了答卷或充足的技术资料，可免于问卷调查。在收到出口国（地区）书面申请和调查问卷后，中方组织专家根据 WOAH 标准和我国的有关规定，遵循以科学为依据，透明、公开、非歧视以及对贸易影响最小等原则，执行或者参考有关国际标准、准则和建议，开展风险分析。在风险分析过程中，中方可根据工作需要请出口国（地区）官方再补充有关资料；如必要，中方将派出专家组赴输出国（地区）进行实地考察、评估，进一步深入了解该国（地区）动物检疫法律法规体系、官方机构运行机制、疫病防控体系及运行状况、检疫技术水平和发展动态等情况。根据风险分析结果，拟定风险管理措施，双方并就风险管理进行磋商、交流，以签署双边检疫议定书、确认证书样式和内容、发布进境检疫要求等形式达成的一致意见。最后，中方将输出国（地区）该产品纳入检疫准入管理体系，准予输华贸易。

检疫协定指国家或者地区为了共同防止某些动物传染病、寄生虫病和植物病虫害传播，保护人类和动植物的生命或健康，就动植物或其产品贸易所必须实施的检疫措施而签订的协定，类似性质的约定包括检疫协议、议定书、备忘录等。一个国家或地区单方面制定的进境动植物或其产品所采取的检疫措施常称为检疫要求。检疫协定大多数为双边的，即由两个主权国家签订的，也常被称为双边议定书或双边协议。检疫协定通常明确双方官方主管机关及其职责、权利、义务，不仅对输出国家或地区疫病疫情状态、种养殖企业管理水平、生产过程控制、加工工艺流程、包装材料和运输工具卫生、运输途中管理等进行明确约定，而且对拟开展贸易的动植物及其产品实施检疫的疫病病名、检疫时机、检测方法、判定标准等作出具体规定。这些检疫措施，是基于风险分析结果制定的，也充分考虑了输出国家或地区动植物疫情疫病控制能力，科学性、针对性、可操作性强。此外，双方通过协商可修改或废止检疫协定，灵活而与时俱进。《中华人民共和国进出境动植物检疫法》规定，除声明保留的条款外，"中华人民共和国缔结或者参加的有关动植物检疫的国际条约与本法有不同规定的，适用该国际条约的规定"，可见，双边或多边检疫协议，具有法定优先性。检疫协定是检疫准入的重要内容，各项检疫措施的有效实施，是进境野生动物安全的重要保障。

由于野生动物贸易近年来才形成一定规模，对野生动物疫病研究还不够深入，关于野生动物的检疫议定书较少，为防止动物传染病、寄生虫病传入，保护人类和动物的生命或健康，我国分类制定进境野生动物检疫要求作为技术法规，以满足进境野生动物贸易需求。

检疫许可又称检疫审批，是国家动植物检疫审批主管机构依照法律的有关规定，根据风险分析结果，对部分风险较高的拟输华动植物及其产品进行审查，最终决定是否批准其进境的过程。检疫许可是一种行政许可，依企业申请而进行，要求企业在进境动植物及其产品前获得批准，是为保护国内农、牧、渔业的生产安全，降低外来动植物疫情疫病传入风险而制定的又一种重要检疫准入措施。检疫许可体现国家动植物检疫主权属性，是世界各国（地区）普遍采用的做法。

根据《中华人民共和国进出境动植物检疫法》及其实施条例的有关规定，我国进境所有活动物均须办理检疫许可，既包括猪、马、牛、羊、鸡、鸭、鹅等家养畜禽，也包括鸟、兽、蛇、龟、虾、蟹、贝、鱼、蚕、蜂等野生动物。货主或其代理人在申办进境动物检疫许可时，需在申请表中明确进境动物的名称、数量、来源国家或地区、运输工具、运输方式、入境口岸、隔离检疫场所等信息，动物检疫审批主管机构重点审核申请进境动物及来源国家（地区）是否在检疫准入名单内、输出国家或地区当前是否有相关重大动物疫情，决定签发检疫许可证的，有时在许可证上还进一步明确检疫依据、产地预检、检疫项目、检疫机构等具体检疫要求。目前，我国应用进境动植物检疫许可证管理系统实行电子审批，办理检疫许可不收费，但国家依法发布禁止有关检疫物进境的公告或禁令后，签发机关可以撤回已签发的检疫许可证。进境野生动物检疫许可证一次有效，有效期为 12 个月，可以跨年度使用，这大幅提高了检疫许可工作和进境野生动物贸易效率。

在进出境动植物及其产品贸易实践中，生产、加工和存放单位注册登记分出口和进口两种情形。出口注册登记的主要对象是国内生产经营企业，依据输入国家或地区法律法规等要求进行，以满足对方准入要求，促进相关产品出口；进口注册登记主要对象是向中国输出动植物产品的国外生产、加工和存放单位，依据的是我国进出境动植物检疫法律法规，是检疫准入的一部分。对境外企业注册登记，从技术标准要求上看，企业既要符合输出国家或地区法律法规和标准的相关要求，并需达到与中国有关法律法规和标准的等效要求；从管理程序上看，输出国家或地区主管机构先对企业进行审查再向我国推荐，我国主管机构对推荐材料进行审查。必要时，经商输出国家或地区主管机构，我国可派出专家组赴输出国家或地区，抽查申请注册登记的企业，现场考察安全监管体系，符合要求的予以注册登记，并在主管机构官方网站上公布相关信息，不符合要求的，不予注册登记。对已获注册登记资格的境外企业，我国主管机构还保留对其生产安全监管体系进行回顾性审查的权力，以督促其持续符合我国检疫要求。不难看出，注册登记制度是提升进口动植物及其产品质量、降低安全风险的又一项重要措施，也是国际上的通行做法。

野生动物种类繁多、习性各异、活动范围广、疫病疫情复杂，频繁的跨境移动对口岸检疫安全乃至输入地生物安全造成巨大威胁。充分利用注册登记风险管理手段，依法对境外野生动物暂养场、隔离场等实施注册登记，将风险控制在源头，对降低进境生物安全风险具有重要意义。

第三节
口岸检疫

风险布控是根据风险分析、评估的结果或政策法规确定的作业重点，提出风险处理意见、处理要求或监管要求，应用信息化系统预先设定风险控制指标的监控模式。其工作机理是信息化系统对收集到的数据进行随机抽选，凡是被计算机抽中的，信息化系统发出控制命令，提出作业要求并传递给作业现场，由现场实施查验。从现场查验方式看，风险布控可分为舱单布控、预定布控、预警布控、即决布控、随机布控等几种形式。完整的风险布控流程依次分为收集信息、风险分析、确定风险点、实施布控、开具验单、查验实货、结果反馈、分析校正风险系数。进出口货物风险参数越高，被布控的概率就越大。国际货物贸易中，口岸监管机关普遍采取风险布控的方式对货物实施随机抽查。

野生动物长期生长在卫生状况不明的自然环境中，可能携带大量的致病菌、病毒等病原微生物，以及对人体有害的寄生虫，极有可能成为烈性传染病的传染源，比如，历史上对人类社会造成巨大影响的埃博拉、裂谷热、沙拉热等，均起源于野生动物。当人畜与相关野生动物接触，或被吸血节肢动物叮咬时，就给疫病传播创造了条件，引起疫病的暴发和流行。此外，野生动物大范围跨区域移动，也可能对输入地物种及生态带来严重破坏。基于上述风险，将进境野生动物检疫业务列入高风险范畴，强化风险布控，加大检疫力度，丰富查检作业和监控监测手段，是保障国家生物安全的必然要求。

检疫申报是进出境动植物检疫物的货主或其代理人填写报关单、随附有关单据、向口岸海关申报、接受检疫的过程。货主或其代理人凭此手续，提货、发货、交寄、领出相关货物。海关申报是法定程序，是进出境动植物检疫物的货主或其代理人的责任行为，也是口岸检疫过程中的一个重要环节。

货主或其代理人在口岸申报时，自主判定受理机构是否恰当、核查单证是否齐全有效、申报时间是否足够，实际是一次安全风险排查过程，对进境野生动物检疫有重要意义。我国法律要求检疫申报时提供检疫许可、装箱单、输出国家或地区官方检疫机构出具的检疫证书等单证，便于口岸动植物检疫机构第一时间了解掌握境外检疫流程、动物健康状况以及运输途中安全措施是否到位等信息，研判评估野生动物生物安全风险概况。要求向口岸海关申报，由口岸海关实施检疫，发现动物疫情疫病等不合格情形，便于采取退运、销毁等处理措施，将安全风险化解到口岸一线，尽可能减少污染面。要求在野生动物进境前15天报检或预报，给口岸海关充足的时间制订检疫方案，准备检疫用器械、设备、耗材、检测试剂等，避免仓促施检、出现检疫工作质量事故。

进境动物抵达口岸，海关派员登机（轮、车）实施现场检疫。登临前在做好个人防护的同时，用警戒线划定隔离区域，禁止无关人员及车辆靠近；对运输工具、接卸动物场地及通道、装卸设施进行清洁并进行预防性消毒；在运输工具的旋梯前放置消毒垫等。登临检疫要求有兽医背景且具相关资质的海关检疫人员执行，主要内容分核查单证和临床检查两部分。核查单证包括审核检疫许可证、原产地证、装箱单、输出国家或地区官方签发的正本检疫证书等单证，询查运输路线、运输日志，了解动物运输途中的健康状况，检查运输途中的死亡及动物诊疗记录。临床检查包括查看动物精神状态、行为是否异常，有无传染病和寄生虫的临床症状和死亡等情况，核实进口动物的数量、品种以及动物脚环号、耳标号、芯片号等身份信息是否与单证一致，在较短的时间内，通过望、闻、问、摸、测等手段，及时准确判断动物整体健康状况。现场检疫无异常，允许动物卸运，调离至指定场所实施隔离检疫，监督对动物的铺垫材料、剩余饲料和排泄物等作除害处理，对使用过的运输工具、相关场地、装卸设施进行消毒。

　　进境野生动物种类多、来源广、单批次数量小，因其凶猛、带毒、敏感等，危险性相对较高，给现场检疫带来一定困难。在动物装载舱入口，需注意动物粪尿气味是否正常，以推断舱内的通风情况及动物健康状况。粪尿气味如正常但浓度大，说明动物健康整体良好但通风不良，需留意动物易患眼病；粪尿气味如发酸臭，则要留意动物患传染病的可能性。进入舱后或在接卸隔离区域，巡视动物的整体反应情况、可视黏膜是否正常，有无分泌物，必要时，在确保安全的前提下可用手持红外测温仪对动物体温进行抽测。

第四节
隔离检疫

────────◇────────

　　隔离检疫指动物经口岸检疫查验合格，调离至符合动物卫生防疫条件的隔离检疫场所隔离一段时间，开展临床检查、疫病监测等检疫活动的过程，是进境动物检疫特征性口岸生物安全措施。隔离检疫场所的建设应符合相应动物卫生防疫条件和标准，如选址要交通便利，无重大动物疫病流行，远离野生动物自然保护区、自然栖息地，周围无相关动物饲养场、屠宰场、兽医院等；要有围墙、饲养舍、病畜禽舍、饲料区、消毒池、动物保定栏、无害化处理、更衣室、防鼠防鸟等功能设施设备，且布局合理；要制定并落实防疫消毒、饲养管理、疫情报告、出入场管理、无害化处理等工作制度。海关对隔离检疫场所进行审核，符合条件的签发隔离场使用证明。隔离场使用证明是申办检疫许可时的必要条件。

动物入境前，要实地监督核查隔离场检疫设施、环境卫生、药品器械、饲草饲料、防护用具、饲养管理、人员资质等情况，为野生动物进场隔离做好充分准备，避免出现紧急状况，降低疫病传入、传出隔离场风险。动物入隔离场前 10 天，检查所有场地、设施设备、器械清洁状况，监督采用认可的有效方法消毒处理至少 3 次，每次间隔 3 天。敦促隔离场使用人提前准备充足的饲草、饲料和垫料，核实其符合法律法规的规定，不得来自严重动物传染病或者寄生虫病疫区，按规定进行熏蒸消毒处理。核查隔离场准备的防疫消毒、治疗、免疫、驱虫、防蝇等药品种类是否齐全、数量是否充足，检查隔离场消毒、诊疗器材、动物保定、麻醉、无害化处理、耳号（脚环号、芯片号）扫描、防逃逸、防鼠防鸟等设施设备能否正常使用。核查隔离场准备的一次性口罩、帽子、手套、防护服、雨靴等个人防护用品，数量、规格、型号应满足采样、监管、饲养管理等人员工作需求。核查饲养和管理人员需进行活动性肺结核、布氏杆菌病、病毒性肝炎等人畜共患病检测结果，取得健康证明的方可进入隔离场工作。对隔离场工作人员进行动物防疫、饲养管理等相关基础知识培训，提高有效执行隔离场各项防疫措施的能力。

动物抵达入境口岸，货主或其代理人办理通关手续，检疫人员登临检疫，承运人和机场（港口、车站）工作人员接卸动物，运往隔离场，现场人员、接卸器械、运输车辆等可能影响动物卫生的因素多，强化这期间检疫监管对进境野生动物安全举足轻重。海关检疫人员应全程监管动物卸离运输工具过程，检查接卸动物的场地、通道、接卸工具等清洁消毒情况。在接卸现场设置一定范围明显检疫区域，不允许与接卸动物无关人员、车辆进入检疫区域。在运输工具的旋梯前放置消毒垫、消毒器械，监督上下运输工具人员按要求进行鞋底、手部消毒。监督对运输车辆进行清洁消毒，认真检查装好动物车辆的牢固性、密闭性，防止运输途中动物逃逸、排泄物撒漏。组织车辆按次序进入接卸区，依次装卸动物。按规定的路线行驶，不得经过相关重大动物疫病疫区。运输途中尽量保持匀速行驶，严禁急停急启，防止动物滑倒。装运动物的车辆抵达隔离场后，应核对动物的数量及健康状况，与隔离场进行交接。完成运输任务的车辆进行彻底清洁消毒后方可允许其离开隔离场。要求货主或其代理人在沿途巡查，做好工作预案，以快速处置突发事件。

进境野生动物隔离检疫期一般为30天。隔离检疫期间，需要开展的工作较多，主要包括采集所需血液、拭子等样品并送实验室进行疫病检测，按规定进行免疫和变态反应如皮内注射、点眼等，核实动物芯片、刺号、耳号、脚环等标识信息，对病死动物无害化处理，定期巡查动物群体健康状况，跟踪患病动物诊疗情况。必要时，检查动物体格、发育、营养、精神、体态、姿势与运动、行为、被毛、皮肤、眼结膜、体表淋巴结、体温、脉搏及呼吸数等，以诊断动物健康状况。在对野生动物采样前，要确认检查采样方案和保定设施的类型、大小、高度、牢固度是否满足相关动物采样的需要，以防出现意外。如长颈鹿不可麻醉动物且其极易受惊，须搭建与其体形相适应的采血台，采样过程中还要保持安静，防止发生应激猝死。又如大猩猩智力较高，对麻醉药的耐受差异很大，采样时要设计专门保定笼具防其伤人，请专业麻醉师进行麻醉，防止药物过量造成动物猝死、量少达不到麻醉效果，还需防范其抢夺麻醉枪等危险工器具而造成人员和动物健康威胁。

隔离检疫期间，需要按照疫病监测计划对进境野生动物实施疫病监测。疫病监测是进出境动物检疫监管的重要基础和有效手段，是动物疫病预防体系中不可缺少的关键环节，疫病监测结果既可作为评价进出口动物是否合格的主要依据，又可作为对原产地动物疫病卫生状况进行评价、制修订双边检疫议定书以及对进出境动物及产品采取风险预警和快速反应的重要决策参考。按照惯例，开展疫病监测，需要发布疫病监测指南，明确工作原则、工作依据、适用范围、职责分工、工作内容、工作要求以及保障措施，指引各参与单位相互协调、有效配合、落实到位。此外，还要制订年度监测计划，确定监测动物类别、疫病种类、监测频率和周期、抽样方案、检测方法、检测及确诊实验室、检测标准、不合格处置等要素，并动态调整，作为具体工作内容，以实现监测目标。

当前，我国年度进境野生动物疫病监测计划，将监测疫病分为重点监测疫病、一般监测疫病、潜在风险疫病、指令检查疫病4种。其中：重点监测疫病主要关注具有较高传入风险的一类动物疫病、国内制订消灭计划的二类疫病、重要的人畜共患病和既往进口贸易中检出率较高的动物疫病等；一般监测疫病主要关注检疫议定书或检疫要求规定检测除重点监测疫病外的其他动物疫病；潜在风险疫病主要关注新发动物疫病、有证据显示输入国家（地区）发生的动物疫病；指令检查疫病主要关注风险预警需要快速响应而开展的特定疫病。监测疫病抽批比例均为 100%，重点监测疫病每批（野生观赏鸟除外）逐头（只）采样、检测，一般监测疫病按照 1% 流行率、99% 置信度进行采样、检测，潜在监测疫病按照 5% 流行率、99% 置信度进行采样、检测。野生观赏鸟按总数量的 10% 比例采样，最低采样数量 30 只，少于 30 只的，逐只采样。

进境野生动物在隔离检疫期间，海关监督隔离场使用人落实防疫、饲养管理、疫情报告等各项制度，配合完成隔离检疫任务，是保障动物安全的重要措施。检查门卫室 24 小时值班情况，严格落实出入场登记制度，未经同意，不允许与隔离检疫无关人员进入隔离场。人员、车辆、物品出入隔离场的，要按规定进行防疫消毒后，方可进出隔离区。从事与隔离动物相关的实验室工作，或近期参观过其他农场、屠宰厂或者动物交易市场等的人员，不允许进入隔离场。隔离场不得饲养除隔离动物以外的其他动物，禁止将与隔离动物同类或者相关的动物及其产品带入隔离场内。严禁转移隔离检疫动物和私自采集、保存、运送检疫动物血液、组织、精液、分泌物等样品或者病料。严禁将隔离动物产下的幼畜、蛋及乳等移出隔离场。未经批准，不得将生物制品带入隔离场内，不得对隔离动物进行药物治疗、疫苗注射、人工授精和胚胎移植等处理。监督将疑似患病动物及时移入患病动物隔离舍（室、池），由专人负责饲养管理；对死亡动物应当按照规定作无害化处理。禁止自行处置（包括解剖、转移、急宰等）患病、死亡动物，监督对疑似患病和死亡动物停留过的场所和接触过的用具、物品，进行消毒处理。监督粪便、垫料及污物、污水集中存放和无害化处理情况，隔离期间严禁将粪便、垫料及污物移出隔离场。

核查隔离检疫期间所使用的饲料、饲料添加剂与投入品符合法律、行政法规的规定和国家强制性标准的规定情况。督促饲养人员按照规定作息时间做好动物饲喂，及时清理粪便，定期对饲养舍、场地进行清洗、消毒，保持饲养舍、场区和所有用具的清洁卫生。督促隔离场保持设施完好和环境清洁卫生，做好防火、防盗、灭鼠、防蚊蝇等工作。

隔离检疫期满，按规定出具入境货物检疫证明，对检疫合格的动物予以放行，允许依法销售、使用。放行后，监督隔离场使用人清理隔离场，也是保障进境野生动物安全的重要环节。在需要时，向地方相关部门通报隔离检疫情况，包括发现的问题、监测疫病、采取的措施以及放行日期等，通知其监督、指导做好运输工具装载前的清洁消毒工作。监督对病死动物进行无害化处理，对隔离场场地、设施、器具进行清洗消毒。监督隔离场按要求对动物的粪便、垫料、污物、污水进行无害化处理，符合防疫要求的方允许运出隔离场。剩余的饲料、饲草、垫料和用具等需运出场外的，要监督进行无害化处理或者防疫消毒。督促隔离场使用人建立完善档案，保存好进境野生动物隔离检疫日常管理、诊疗、预防消毒、无害化处理、合格动物流向等各种工作记录。隔离检疫场需要再次使用的，还要指导使用人对检疫设施设备进行维护，始终保持符合使用条件。

第五节
检疫处理

检疫处理是进境动物检疫执法不可分割的重要组成部分，是维护国门生物安全的最后一道防线。检疫处理对象包括进境动物、运输工具、包装材料、铺垫材料、污染场地及工器具等，进境动物检疫通常采用消毒、扑杀和销毁等检疫处理方式。

消毒目的是消灭被传染源散播于外界环境中的病原体，以切断传播途径，阻止疫病继续蔓延。消毒是预防疫病传播的一项重要措施，是保障进境动物生物安全的重要一环。根据消毒的目的，可将消毒分为预防性消毒、随时消毒和终末消毒三种情况。预防性消毒指结合平时饲养管理对隔离场畜舍、场地、用具、饮水等进行的定期消毒，以及对装运动物器具、场地、运输工具等在使用前和使用后进行的消毒，以达到预防传染病的目的；随时消毒指在发生传染病时，对病畜隔离舍、场地以及被病畜分泌物、排泄物污染的一切场所、用具和物品随时进行的消毒，以及时消灭刚从病畜体内排出的病原体；终末消毒指患病动物解除隔离、痊愈或者死亡后，或者在疫区解除封锁前，为了杀灭可能残留的病原体所进行的全面彻底的大消毒。

　　常见的消毒方法主要有机械性清除、物理法、化学法和生物法等几种。通过打扫畜舍、洗刷地面、清理粪便、通风换气等机械的方法，在去除污物的同时，清除大量的病原体，是最常用的方法。物理消毒法主要通过加热、辐射、微波、紫外线等方法，使病原体蛋白凝固变性，失去正常代谢机能，达到杀灭病原体的目的。其中，加热法最常用，如用煮沸法消毒兽用器械，用火烧法消毒铁质笼具、保定栏等。化学法指用化学药品的溶液来消灭病原体，是使用最广泛、最便捷的方法，根据对病原体蛋白质的作用，主要将化学消毒剂分为凝固蛋白、溶液蛋白、氧化蛋白、阳离子表面活性、烷基化等类别消毒剂，如酚、酸、醇等是凝固蛋白类消毒剂，氢氧化钠、生石灰等是溶解蛋白消毒剂，季铵盐类是阳离子表面活性剂，含氯制剂、过氧化物类等是氧化蛋白消毒剂，福尔马林、环氧乙烷、戊二醛等是烷基化消毒剂。生物消毒法主要利用微生物发酵产生高热，经过一段时间，可以杀死病毒、细菌、寄生虫卵等病原体，以达到消毒的目的，多用于粪便无害处理。

　　使用化学法消毒时，应根据消毒对象，如器械、地面、运输工具、动物活体等情况科学采取刷洗、浸泡、喷洒或熏蒸消毒技术，尽量选择对人体、动物和环境毒性低、刺激性、腐蚀性小和消毒效果稳定的消毒剂。同一消毒对象可交替使用几种消毒剂，保持有效的消毒药浓度，维持合适的药物作用时间。消毒前尽量清除消毒物品表面的有机物。

　　进境动物经检疫不合格的，依法采取退回、扑杀、销毁等检疫处理措施，消灭传染源，防止疫病发生、发展和传播。《中华人民共和国进出境动植物检疫法》规定，检出进境动物检疫疫病名录中一类传染病、寄生虫病的动物，连同其同群动物全群退回或者捕杀处理并销毁尸体；检出二类传染病、寄生虫病的动物，对阳性动物作退回或者捕杀处理并销毁尸体，同群其他动物在隔离场或其他指定地点隔离观察。在进出境野生动物贸易实践中，因检出疫病不合格而进行退回处理的案例极少，通常情况下，都采取扑杀、销毁处理措施。

　　常用的扑杀方式有窒息法、电击法、注射法、射杀法等。这些扑杀方式各有特点，应根据不同动物选择合适的方式。窒息法是通过向动物所在封闭舍或容器内充入二氧化碳、氮、氩等惰性气体，动物因缺氧而致死，此法适用于禽鸟、羊亚科和猪科动物的幼仔等小型动物的扑杀。电击法指用一定剂量的电流电击动物的头部、背部或胸部，使动物瞬间失去意识或死亡，此法适用于猪、羊等中体形动物的扑杀。注射法指通过静脉注射高剂量的麻醉剂、镇静剂，使动物中枢神经系统机能减退、失去意识而死亡，此法适用于少量的牛科、马科等大型动物的扑杀。射杀法指用猎枪、手枪或特制工具，射击动物要害部位致其死亡，适合远距离扑杀躁动不安的动物。扑杀动物原则上采取不放血的方式，且扑杀后要及时销毁尸体，尽量缩小疫病污染面。

销毁指用焚毁、掩埋、化制、化尸窖或其他物理、化学、生物学等生物安全方法处理病害动物尸体，以彻底消灭其所携带的病原体。焚烧指将动物尸体投入焚化炉或用其他方式烧毁碳化，是杀灭病原体最彻底的方式，适用于所有染疫动物的销毁。掩埋时要选择远离学校、公共场所、居民住宅区、村庄、动物饲养和屠宰场所、饮用水源地、河流等地区挖坑，坑底铺 2 厘米厚生石灰，掩埋前对需掩埋的病害动物尸体焚烧处理，病害动物尸体上层应距地表 150 厘米以上，掩埋后将掩埋土夯实，焚烧后的病害动物尸体表面以及掩埋后的地表环境应使用有效消毒药喷洒消毒。此法适用于大批量动物尸体的生物安全处理，但不适用于患有炭疽等芽孢杆菌类疫病，以及牛海绵状脑病（BSE）、痒病的染疫动物的处理。化制常指在高温、压力的作用下，将病死动物尸体消解转化为无菌溶液和干物质骨渣，同时将所有病原微生物彻底杀灭的过程，此法适用于中心城市畜禽无害化处理。化尸窖处理法是指在地面挖坑后用砖和混凝土建造密封的化尸窖，将病死动物尸体投入其中，添加化尸菌剂，随着时间的推移使其腐烂降解的方法，此法适用于在隔离场内对批量畜禽尸体无害化处理，但不适用于患有芽孢杆菌类疫病动物尸体的处理。

第六节
应急处置

在进境动物防疫体系中，风险管理理念被融入各项防疫措施、体现在各个环节，以将风险降低到可接受的水平，追求管理风险成本低于有效处置突发风险成本，提高管理效率。可见，进境动物检疫不能保证零风险，发生动物疫情风险尤其是重大动物疫情风险时需要采取紧急处理措施，以最大限度减少疫情的影响。应急处置是动物防疫体系的重要组成部分，是防止疫情传播的保险性措施。

应对突发重大动物疫情，需要事先制定疫情应急处置预案，明确适用范围、工作原则，确定应急指挥体系的构成及其职责，规定疫情报告、确认和预警程序，分级分类提出应急响应措施，强调应急所需人员、物质、经费、技术等方面的保障。此外，还需要明确预案演练、评估与修订、宣传和培训、奖惩等管理要求，以提高口岸应对动物疫情的组织、反应、处置和保障能力，防止动物疫情传入传出，保护农牧渔业生产安全和人体健康。

风险预警可以简单理解为预报发生疫病疫情的可能性，是疫情防控中的重要措施，在重大动物疫病的预防、控制和扑灭过程中起着极为关键的作用。在动物卫生领域，世界动物卫生组织（WOAH）、世界卫生组织（WHO）、联合国粮食及农业组织（FAO）等国际组织和发达国家（地区）十分重视动物疫病的早期预警，为此建立完善的预警体系，以尽早发现疫情，及时采取措施消灭疫情，将疫情带来的影响和损失降到最小。风险预警信息主要来源于口岸动物疫病监测结果，以及动物卫生相关的国际组织、贸易国家或地区的政府机构、我国农业和卫生部门等发布的疫情信息，在收集疫情信息时，注意详细了解疫情发生的时间、地点，发病的动物种类和品种、动物来源、临床症状、发病数量、死亡数量、是否有人员感染、已采取的控制措施等具体情况。在信息收集的基础上，对得到的信息进行鉴别、整理、分类和分析，研判发生动物疫情的可能性，预测疫情类型、涉及范围、危害程度和发展趋势，必要时建议主管部门发布疫情警示通报，启动疫情应急预案中相应的处置措施。

当前，我国进出境重大动物疫情应急处置预案，将疫情分为 A、B、C 三类。A 类指境外发生的重大动物疫情或者疑似重大动物疫情，B 类指境内发生的重大动物疫情或者疑似重大动物疫情，C 类指出入境检疫工作中发现的重大动物疫情或者疑似重大动物疫情。按照重大动物疫情的发生、发展规律和特点，分析其危害程度、可能的发展趋势，将疫情预警分为特别严重、严重、较重和一般四个风险级别。

在进境野生动物检疫过程中，收到主管部门发布的疫情警示通报，要立即启动处置措施，予以应急响应。应急响应措施的启动早、速度快、落实严、范围小，是控制、扑灭疫情的关键。根据我国现行的应急处置预案，应分类实施应急响应措施。

关于 A 类疫情预警，当境外疫情有可能传入并危害动物安全和人体健康时，应急响应措施主要有：停止签发从疫区国家或地区进口相关动物及其产品的进境动植物检疫许可证，撤销已经签发的进境动植物检疫许可证；禁止直接或间接从疫区国家或地区输入相关动物及其产品，对已运抵口岸尚未办理报关手续的，作退回或销毁处理；禁止疫区国家或地区的相关动物及其产品过境，对已进入我国境内的，严格监管并押运到出境口岸；禁止寄递或旅客携带来自疫区的相关动物及其产品进境，一经发现来自疫区的相关动物及其产品，作退回或销毁处理；加强对来自疫区的船舶、飞机、火车、汽车等运输工具的检疫和防疫消毒，如发现有相关动物及其产品，作封存处理，运输工具上卸下的废弃物、泔水等在监督下作无害化处理；在毗邻疫区的边境地区和入境货物主要集散地区开展疫情监测等。

关于 C 类疫情预警，在进境或者过境野生动物检疫过程中，确诊为进境动物一类传染病、寄生虫病的，应急响应措施主要包括：按规定程序上报疫情信息；暂停办理相关动物及其产品的出入境检疫手续，过境动物或动物产品暂停运输；划定疫点、疫区等空置场所，实行出入登记制度，严格限制人员、其他动物和产品、病料、器具、运输工具和其他可能受污染的物品等进出控制场所，严禁无关人员和车辆出入控制场所；对全部动物作扑杀、销毁处理，对动物的运输工具、容器、被污染场地等进行严格消毒；对控制场所内的所有运载工具、用具、圈舍、场地、饲料和用水等进行终末消毒，对动物粪便、垫料等可能受污染的物品进行无害化处理等。

第四章
野生动物保护

CHAPTER 4

第一节
野生动物的利用

————————◇————————

一、利用形式

野生动物资源丰富、价值较高、市场巨大，野生动物资源的开发利用逐渐产业化。对于野生动物产业范围的界定，学界尚无定论。部分学者认为，野生动物产业是指专门从事野生动物资源保护、再生、恢复、增殖和积累的产业部门，以野生动物保护、养殖、改良及管理等为活动内容。也有学者认为，野生动物产业泛指以野生动物及其产品为基础而逐渐发展的行业，常见的且与人们生活密切相关的利用形式主要包括野生动物养殖业、观赏旅游业、医药保健品业、服饰工艺品业、狩猎业等。还有学者认为，野生动物产业是指为维护自然平衡、合理开发和持续利用野生动物自然资源，以野生动物及其产品为基础建立起来的跨行业、跨部门的综合性产业，主要包括养殖业、加工业、贸易业及观赏旅游业。

根据实现过程的不同，可将野生动物资源的利用分为消耗性利用和非消耗性利用两类。研究学者认为，对于野生动物资源的利用，应当按照第一、二、三产业分类进行划分，也可以将其分为三类，第一类指野生动物资源繁育养殖，其包括毛皮动物养殖、观赏动物养殖、肉用动物养殖、药用动物养殖，以及野生动物资源所占比重较小的实验动物养殖；第二类为野生动物资源加工，其包括野生动物资源工艺品、服装服饰、制药、食品加工等；第三类则为野生动物资源贸易、狩猎业、观赏旅游业以及文化产业等。

二、影响

合理开发、有序利用野生动物资源，能充分体现野生动物资源价值，保证其可持续发展。然而多年来，全球野生动物资源利用和保护协调不充分、步调不一致，各国（地区）有关野生动物的立法缺漏、监管乏力，对野生动物的管理出现系统性失灵，野生动物资源被无序利用，大规模开发和交易野生动物、违法猎捕滥食野生动物、走私野生动物及其制品猖獗等，不仅导致大量野生动物濒临灭绝，而且给生物多样性、动物福利、环境健康和公共卫生等领域带来诸多负面影响，后果非常严重。

在这些负面影响中，最突出的是对公共卫生造成的影响。野生动物是多种人畜共患病的病原宿主，是一个巨大的人畜共患病病原库，例如，狐蝠是尼帕病毒的宿主，在马来西亚，森林被砍伐、干旱和森林大火导致狐蝠的种群移动和密度发生改变，造成人类感染尼帕病毒；2003 年的 SARS，目前研究认为与蝙蝠和果子狸有关；禽流感疫情在全球范围的传播，与野生候鸟的迁徙密切相关。近几十年来，新发传染病严重威胁人类、动物和生态健康，制约经济发展，影响社会稳定和国家安全，危及野生动物及其环境和全球生物多样性，是野生动物和家养动物、人类面临的共同威胁。

另一个重大影响是野生动物灭绝速度加快。据统计，近 600 个动物物种有濒临灭绝的危险，其中，20 世纪以来，110 个哺乳动物种和亚种在地球上消失，平均每年灭绝 1 种珍贵动物，野生动物濒危程度不断加剧。

第二节
国际公约

◇

野生动物是世界自然历史的遗产，是人类的宝贵资源和共同财富，其携带的基因潜在价值巨大，很可能成为新的食物、药物、化学原料、病害虫的捕杀物以及建筑材料和燃料等可以持续利用的资源。越来越多的国家（地区）逐渐认识到，有效保护野生动物，拯救珍稀濒危物种，积极寻求野生动物保护的国际合作，是摆在人类面前的一个刻不容缓的任务。我国也积极行动，主动参与签署《濒危野生动植物种国际贸易公约》《生物多样性公约》《保护野生动物迁徙物种公约》等多个有影响力的保护公约或条约，为保护野生动物奠定法律基础。

一、《濒危野生动植物种国际贸易公约》

《濒危野生动植物种国际贸易公约》（The Convention on International Trade in Endangered Species of Wild Fauna and Flora，CITES），又称《华盛顿公约》。20 世纪 60 年代初，世界自然保护联盟等组织注意到野生动物国际贸易对部分野生动物族群已造成直接或间接的威胁，为能持续使用野生动物资源，呼吁各国（地区）政府正视此问题，对野生动物国际贸易实施管制。经过十年的努力，世界各国（地区）认识到有效地保护野生动植物资源的重要性，为加强合作，控制国际贸易活动，1973 年 3 月 3 日在美国首都华盛顿签署 CITES。CITES 正本以中文、英文、法文、俄文和西班牙文写成，各种文本都具有同等效力，是一项在控制国际贸易、保护野生动植物方面具有权威、影响广泛的国际公约，在全面控制和管理野生动植物及其产品、制成品国际贸易，促进各国（地区）合理开发和保护野生动植物资源发挥着重要作用。

CITES 目标不是完全禁止野生物种的国际贸易，而是通过对野生动植物物种进行分级和颁发许可证的方式，采取国际贸易管制措施，以达到野生物种资源利用的永续性。根据野生动植物物种现状和受国际贸易的影响情况，CITES 将管制国际贸易的物种归类为Ⅰ、Ⅱ、Ⅲ 3 类，作为公约的 3 个附录，每个附录对贸易管理措施作出明确规定。其中，附录Ⅰ的物种为若再进行国际贸易会导致灭绝的动植物，明确规定禁止其进行国际贸易；附录Ⅱ包括所有虽未濒临灭绝，但如对其贸易不严加管理，就有灭绝危险的物种；附录Ⅲ包括成员认为属其管辖范围内，应该进行管理以防止或限制开发利用，而需要其他成员合作控制的物种。

二、《生物多样性公约》

《生物多样性公约》（Convention on Biological Diversity，CBD）于 1992 年 6 月 5 日在巴西里约热内卢举行的联合国环境与发展大会上签署，1993 年 12 月 29 日正式生效。CBD 认为，生态系统、物种和基因必须服务于人类的利益，但自然资源不是无穷无尽的，不应该以导致生物多样性长期减弱的利用方式和利用速度来获得。CBD 提出保护生物多样性是人类的共同利益、是发展进程中不可缺少的一部分，这一理念已经成为人类共识。CBD 的主要目标是保护生物多样性、生物多样性的可持续利用、以公平合理的方式共享遗传资源。CBD 涵盖了所有的生态系统、物种和遗传资源，把传统的保护和可持续利用生物资源的经济目标联系起来，保护濒临灭绝的植物和动物，最大限度地保护地球上的多种多样的生物资源。

CBD 建立了公平合理地共享遗传资源利益的原则，尤其是在商业用途方面，涉及生物技术发展、转让、惠益共享和生物安全等多个快速发展的领域。CBD 规定，为补偿发展中国家（地区）为保护生物资源而日益增加的费用，发达国家（地区）应以赠送或转让技术等更实惠的方式提供资金，为保护世界上的生物资源提供便利；签约国（地区）应制订计划保护濒危的动植物，为本国（地区）境内的植物和野生动物编目造册；建立金融机构以帮助发展中国家（地区）实施保护动植物的计划；使用他国（地区）生物自然资源的，需与他国（地区）共享研究成果、盈利和技术等。

三、《保护野生动物迁徙物种公约》

《保护野生动物迁徙物种公约》（Convention on Migratory Species，CMS），又名《波恩公约》《养护野生动物移栖物种公约》。野生动物种类繁多，在环境、生态、遗传、科学、美学、娱乐、文化、教育、社会和经济等方面的价值日益增大，是地球自然系统中无可代替的一部分，为了可持续利用野生动物资源，为了保护陆地、海洋和空中的迁徙物种的活动空间，该公约于 1979 年 6 月 23 日在德国波恩签订。CMS 认为，国家（地区）是生活在国家（地区）管辖边界内或通过国家管辖边界的野生动物迁徙物种的保护者，在其管辖边界内，有义务保护和有效管理野生动物迁徙物种，并与所有国家（地区）采取协调一致的行动。

CMS 是一个针对迁徙物种保护的国际公约。迁徙动物不止在一个地方栖息，而是在国与国、地区与地区之间进行长途迁徙，迁徙途中的每一个栖息地对动物种群的存续都十分重要。因此，需要针对珍稀迁徙物种本身以及其迁徙路线和栖息地等，共同采取一些特殊措施，以使这些物种能在地球长期生存下去。CMS 还包括多个协议与合作备忘录，如对西非大象、大猩猩和赛加羚羊及其物种栖息地的保护等。

四、《国际重要湿地特别是水禽栖息地公约》

《国际重要湿地特别是水禽栖息地公约》（Convention on Wetlands of Importance Especially as Waterfowl Habitat），简称《拉姆萨尔公约》。1971

年 2 月，在伊朗的拉姆萨尔召开了湿地及水禽保护国际会议，会上通过了《拉姆萨尔公约》。《拉姆萨尔公约》主张以湿地保护和明智利用为原则，在不损害湿地生态系统的范围内持续利用湿地。《拉姆萨尔公约》主要内容包括：缔约方有义务将境内至少几个以上的有国际重要意义的湿地列入湿地名单，并加以保护；缔约方应根据本国（地区）的制度对所登记的湿地进行保护和管理，并在其生态学特征发生变化时向秘书处报告。截至 2022 年 11 月，世界有 172 个国家（地区）成为该公约的缔约方，全世界登记湿地总数为 648 个，总面积 4343 万平方千米。

该公约中的湿地指天然或人工、长久或暂时的沼泽、湿原、泥炭或水域地带（浅水湖泊、河流、泛洪区等），包括静止或流动的淡水、半咸水或咸水水体，以及海洋和低潮时水深不超过 6 米的浅海水水域。湿地分海洋系统、河口系统、河流系统、湖泊系统和沼泽系统等几种类型，水塘、海湾、沼泽地、三角洲、湖泊、浅海、珊瑚礁石、泛滥平原和季节性河流等水陆相接的自然地域都是湿地。湿地是鱼类和水禽等多种生物的栖息、活动及繁衍的重要场所，也是人类食物主要来源地之一，世界鱼类总产量的三分之二和世界上半数人口食用的大米都产自湿地，此外，湿地还有调节洪水、稳定地区微观气候、净化水质的作用。然而，围湖造田、截流筑坝、引水灌田等，导致湿地在不断减少；向河口、海口排污，水产集约养殖等，导致湿地的质量在下降，这些变化直接影响了在此栖息及移动的生物种群的生存。

第三节
国内法律法规

野生动物作为生态系统的重要组成部分，在促进地球生态系统良性循环中发挥着不可或缺的作用。为加大野生动物保护力度，改善野生动物生存环境，合理利用野生动物资源，世界上具有影响力的国家（地区）纷纷出台法律法规，细化保护野生动物措施，规范利用野生动物活动，积极践行签署的野生动物保护公约等。我国野生动物资源丰富，加强野生动物保护，既是切实履行缔结的关于野生动物保护系列国际公约、条约、协议等，展现良好国际形象的要求，也是保障人民群众生命健康安全，推进生态文明建设，促进人与自然和谐共生的应有之意。

针对野生动物的保护和利用活动，我国出台了《中华人民共和国野生动物保护法》《中华人民共和国渔业法》《关于全面禁止野生动物交易、革除滥食野生动物陋习、切实保障人民群众生命健康安全的决定》《中华人民共和国陆生野生动物保护实施条例》《中华人民共和国水生野生动物保护实施条例》《中华人民共和国濒危野生动植物进出口管理条例》等多部重要法律法规，配套主管部门出台的规章和司法解释等，从不同层面、不同角度进行保护和规范利用，相关法律法规体系趋于健全。

一、《中华人民共和国野生动物保护法》

《中华人民共和国野生动物保护法》分总则、野生动物及其栖息地保护、野生动物管理、法律责任和附则五章，共 58 条，目的是保护野生动物，拯救珍贵、濒危野生动物，维护生物多样性和生态平衡，推进生态文明建设，其中，将野生动物界定为珍贵、濒危的陆生、水生野生动物和有重要生态、科学、社会价值的陆生野生动物。

该法自 1989 年 3 月 1 日施行以来，全国人民代表大会常务委员会对其进行多次修改、修正和修订，在从源头防控重大公共卫生风险、对野生动物的分级分类管理和保护、健全执法管理体制及职责、革除滥食野生动物陋习、坚决取缔和严厉打击非法野生动物市场和贸易、加大违法行为的处罚力度等方面进一步强化和完善。现行《中华人民共和国野生动物保护法》，坚持人民至上、生命至上，把防范公共卫生风险放在首位；坚持全面保护、系统保护，扩大野生动物保护管理范围，实行全链条管理；坚持突出重点、源头防控，禁止滥食野生动物、严厉打击非法野生动物市场和贸易；坚持问题导向，应改必改，聚焦野生动物保护领域面临的突出问题，进一步完善制度设计等原则，是我国野生动物保护利用法律法规体系中的核心，在野生动物保护利用方面发挥着极为重要的作用。

二、《中华人民共和国渔业法》

对珍贵、濒危的水生野生动物以外的其他水生野生动物的保护，适用《中华人民共和国渔业法》。《中华人民共和国渔业法》自 1986 年 7 月 1 日实施以来，对于保护渔业资源，促进渔业发展，满足城乡居民生活需求，维护国家渔业权益，发挥了重要的作用，但是，随着改革的深化、开放的扩大和社会主义市场经济的发展，渔业管理出现了重要的养殖水面不断被侵占、对渔业资源的掠夺性捕捞加剧、新缔结国际公约协定等规定的义务实施不到位、渔业执法手段和力度不够、一些违法行为不能及时惩处等许多新情况、新问题。面对这些新情况、新问题，全国人民代表大会常务委员会对该法先后进行了多次修正，以进一步加强渔业资源的保护、增殖、开发和合理利用，发展人工养殖，保障渔业生产者的合法权益，促进渔业生产的发展。

三、相关决定

为了全面禁止和惩治非法野生动物交易行为，革除滥食野生动物的陋习，维护生物安全和生态安全，有效防范重大公共卫生风险，切实保障人民群众生命健康安全，加强生态文明建设，促进人与自然和谐共生，2020年2月24日十三届全国人大常委会第十六次会议表决通过了《关于全面禁止野生动物交易、革除滥食野生动物陋习、切实保障人民群众生命健康安全的决定》（简称《决定》），并于公布之日起施行。

《决定》明确规定，凡《野生动物保护法》和其他有关法律禁止猎捕、交易、运输、食用野生动物的，必须严格禁止；全面禁止食用国家保护的"有重要生态、科学、社会价值的陆生野生动物"以及其他陆生野生动物，包括人工繁育、人工饲养的陆生野生动物；全面禁止以食用为目的猎捕、交易、运输在野外环境自然生长繁殖的陆生野生动物；对违反《野生动物保护法》和其他有关法律规定，猎捕、交易、运输、食用野生动物的，在现行法律规定基础上加重处罚；因科研、药用、展示等特殊情况，需要对野生动物进行非食用性利用的，应当按照国家有关规定实行严格审批和检疫检验等。《决定》具有法律效力，对猎捕、交易、运输、食用陆生野生动物作出严格规范，扩大了法律调整范围，注重从源头防范和控制重大公共卫生安全风险，保障人民群众生命健康安全。

四、相关名录

《国家重点保护野生动物名录》，最初由原林业部和原农业部根据《野生动物保护法》共同制定，1988年12月10日得到国务院批准，1989年1月14日由林业部和农业部发布施行。直接附录于《野生动物保护法》，用于保护野生动物及其栖息地，如在处理偷猎、非法运输、倒买倒卖、食用野生动物等违法犯罪行为的时候，是量刑的重要参考。

2021年2月5日，经国务院批准，国家林业和草原局、农业农村部联合颁布了调整后的《国家重点保护野生动物名录》。《国家重点保护野生动物名录》共列入国家重点保护野生动物980种和8类，其中国家一级野生保护动物234种和1类，国家二级保护野生动物746种和7类。上述物种中，686种为陆生野生动物，294种和8类为水生野生动物。与1989年《国家重点保护野生动物名录》相比，新《国家重点保护野生动物名录》新增517种（类）野生动物，其中，大斑灵猫等43种被列为国家一级保护野生动物，狼等474种（类）被列为国家二级保护野生动物；保留了原《国家重点保护野生动物名录》所有物种，将豺、长江江豚等65种由国家二级保护野生动物升为国家一级保护野生动物，将熊猴、北山羊、蟒蛇3种野生动物国家一级保护野生动物调整为国家二级保护野生动物。此次调整，不仅大大扩充了野生动物保护的范围，而且根据目前的保护现状调整了部分野生动物的保护等级，对维系生物多样性具有重大现实意义。

第四节
动物保护组织

一、世界动物保护协会

世界动物保护协会（World Animal Protection，WAP）创立于1981年，前身是动物保护联盟、动物保护联合会，是一个国际性组织，总部设在英国伦敦，在加拿大、美国、德国、丹麦、肯尼亚、哥伦比亚、哥斯达黎加设有地区办事处。WAP在联合国和欧洲议会驻有代表，在联合国拥有全面咨商地位，是联合国认可的国际动物福利组织。

为在全球范围内提高动物的福利标准，推动世界动物保护，WAP将动物分为农场动物、工作动物、伴侣动物、试验动物、野生动物、演艺动物等多个类别，并分别实施保护政策。WAP原则上反对捕捉和杀死野生动物，坚决反对非必要的捕捉和杀死野生动物；在允许捕捉和饲养野生动物的地区，应严格实施捕捉、饲养许可制，并尽可能控制在较高的人道主义水平。WAP 在全球 70 多个国家（地区）积极活动，在世界范围内广泛倡议保护动物就是造福人类，所有动物的基本需求都应当得到尊重和保护，积极推动和加强野生动物保护的观念和实践。WAP 的这些倡议得到了世界多数国家（地区）的广泛认可，在进境野生动物检疫监管过程中需要重点关注。

二、世界自然保护联盟

世界自然保护联盟（International Union for Conservation of Nature，IUCN），又称国际自然与自然资源保护联盟，是世界上规模最大、历史最悠久的全球性非营利环保机构，也是自然环境保护与可持续发展领域唯一作为联合国大会永久观察员的国际组织。1948 年在法国枫丹白露（Fontainebleau）成立，总部位于瑞士格朗。IUCN 是很独特的世界性联盟，是政府和非政府机构都能参加的少数几个国际组织之一，其会员组织分为主权国家和非营利机构，各专家委员会则接受个人作为志愿成员加入。目前有来自 161 个国家的 200 多个国家和政府机构会员、1000 多个非政府机构会员；超过 16000 名学者以个人会员加入专家委员会。IUCN 推动保护自然资源的完整性和多样性，倡议可持续利用自然资源，在拯救濒危动植物种、建立国家公园和保护区、评估物种及生态系统的保护等领域处于世界领先地位。

1963 年，IUCN 开始编制并维护《濒危物种红色名录》。根据数目下降速度、物种总数、地理分布、群族分散程度等准则，该名录将物种保护级别分为 9 类，最高级别是灭绝（Extinct，EX），其次是野外灭绝（Extinctin the Wild，EW），其他顺次是极危（Critically Endangered，CR）、濒危（Endangered，EN）、易危（Vulnerable，VU）、近危（Near Threatened，NT）、无危（Least Concert，LC）、数据缺乏（Data Deficient，DD）、未评估（Not Evaluated，NE）。该名录评估的物种超过 13 万，是收录全球动植物物种保护现状最全面的名录，也被认为是生物多样性状况最具权威的指标。

三、世界自然基金会

世界自然基金会（World Wide Fund for Nature or World Wildlife Fund, WWF），原名世界野生动植物基金会，1961 年成立，总部位于瑞士格朗。WWF 自成立以来，一直致力于保护世界生物多样性及生物的生存环境，在全世界 80 多个国家（地区）有办公室，员工 2500 余名，拥有 500 多万志愿者和 100 多个国家（地区）参与的项目网络，投资项目 13000 多个，涉及资金约 100 亿美元，是在全球享有盛誉的、最大的独立性非政府环境保护组织之一。

WWF 因其黑白两色的大熊猫徽标而广为人知，60%的资金来自个人捐赠，是一个以解决问题为目标的环保组织。WWF 通过与各国（地区）、各级政府、各国际性机构及其他非政府组织和项目当地民众通力合作，实现环保目标，在淡水保护、森林保护、气候变化、野生物动物贸易等方面具有较大的影响力，并且正在启动开展与这些保护项目密切相关的政策项目。作为中国政府邀请来华开展保护工作的第一个非政府国际组织，WWF 在中国的项目由 1980 年的大熊猫及其栖息地保护逐渐扩大到物种保护、淡水和海洋生态系统保护与可持续利用、森林保护与可持续经营、可持续发展教育、气候变化与能源、野生物贸易、科学发展与国际政策等领域。至今，WWF 在中国共资助开展了 100 多个重大项目，总额超过 3 亿元人民币。

四、野生动植物保护国际

野生动植物保护国际（Fauna & Flora International, FFI）成立于 1903 年，原名皇家野生动物保护协会，总部设在英国剑桥。20 世纪初，FFI 促成建立的克鲁格（Kruger）和塞伦盖提（Serengeti）国家公园，证实了经济、社会和环境之间可以协调发展，是世界上著名的自然保护重要示范。FFI 早年间还参与和促成世界自然保护联盟（IUCN）、世界自然基金会（WWF）、国际野生物贸易研究组织（TRAFFIC）、《濒危野生动植物种国际贸易公约》（CITES）组织等全球性保护组织的创立，是世界上历史最悠久的国际非营利保护组织，也是公认的保护领域创新者。

FFI 提倡在科学基础上，充分考虑人类的需求，选择可持续性的方法保护全球的濒危物种和生态系统。FFI 通过与地方机构建立伙伴关系，在保护地的管理、土地合理利用规划、生物多样性调查与监测、栖息地的恢复、保护意识的提升等方面培养地方机构的保护能力，来实现自身目标。FFI 项目分为非洲、美洲、亚太、欧亚和全球 5 个类型区，在全球 40 多个国家（地区）开展工作，支持和参与 300 多个保护项目。

五、大自然保护协会

大自然保护协会（The Nature Conservancy，TNC）成立于 1951 年，总部设立于美国弗吉尼亚州阿灵顿市，在世界范围内拥有 100 多万会员、700 余名科学家以及 3500 多名员工，管护着全球超过 50 万平方千米的 1600 多个自然保护区，8000 千米长的河流以及 100 多个海洋生态区，是全球最大的国际自然保护组织之一。

TNC 通过在全球范围内保护具有重要生态价值的陆地和水域，使具有全球生物多样性代表意义的动物、植物和自然群落得以永续生存繁衍，期望世界森林、草地、沙漠、河流和海洋健康持久，以提升人类福祉。TNC 采取合作而非对抗性的策略，逐步发展了一套科学、全面、实用的保护工作方法，即自然保护系统工程。借此方法，甄选出最具优先保护价值和最具代表性的陆地景观、海洋景观、生态系统和生物物种。

六、国际野生生物保护学会

国际野生生物保护学会（Wildlife Conservation Society，WCS）成立于 1895 年，总部位于美国纽约，同时管理着纽约中央公园动物园、景观公园动物园、皇后区动物园及纽约水族馆 4 个城市动物园。WCS 在全球拥有 3000 多名员工，其中包括从事科学探险、生命景观专家、野外兽医专家、保护教育专家、能力培训专家等专业技术人才，主要通过设立野外研究课题、诊治野生动物、编写中小学教材、在世界各地培训教师和兽医等方式，致力于保护野生生物及其栖息地，目前，在亚洲、非洲、南美洲及北美洲的 64 个国家（地区）开展 500 多项野外项目。

WCS 在中国的工作始于 20 世纪 80 年代，开展了西部羌塘保护项目、东北虎保护项目、爬行动物项目、华南地区野生动物贸易项目，并设有中国边境野生生物卫士奖，在北京、拉萨、珲春、广州设有办公室。在 WCS 参与协助下，中国在多个领域取得成就，如建立维护中国物种信息系统（CSIS），为公众提供一个中国生物多样性信息和数据的检索、查询平台；

应用《濒危物种红色名录》等级标准，对中国一万多种野生动植物物种进行评估，出版多卷《中国物种红色名录》，为野生动植物物种科研、教学、保护、可持续发展、决策等工作提供重要参考；根据物种丰富度，出版《中国生物多样性地图集》，直观清晰地展示了中国生物多样性的组成、分布、濒危情况以及保护现状，为保护决策、环境影响评估、宣传教育等提供基础信息；出版了《中国鸟类野外手册》与《中国兽类野外手册》，全面描述了中国鸟类和哺乳动物各物种的生物学特征与地理分布，是研究工作者和野生动物爱好者的重要参考书目。

七、中国野生动物保护协会

中国野生动物保护协会（China Wildlife Conservation Association，CWCA）于 1983 年 12 月成立，总部设在中国北京，1984 年加入世界自然保护联盟（IUCN），是中国科学技术协会所属全国性社会团体，也是一个具有广泛代表性的、国内最大的生态保护组织。CWCA 的宗旨是推动中国野生动物保护事业与社会经济的可持续发展，促进人与自然的和谐共生。CWCA 的主要任务是组织动员社会力量，参与支持野生动物保护工作；广泛开展科普宣传教育，提高全社会的生态保护意识；开展国内外科技交流与合作，促进野生动物保护科学技术的发展；接收野生动物保护捐赠资金和组织实施保护项目，拯救珍稀濒危物种，保护生物多样性。

CWCA 自成立以来，通过"世界野生动植物日""爱鸟周""保护野生动物宣传月"和举办展览、论坛等多种形式的宣传教育、科技交流活动，向全社会普及科学知识，宣传法制观念，推动科技、文化交流，为提高全民自然保护意识发挥了积极作用。通过与一些国家的野生动物保护机构开展大熊猫等珍稀野生动物国际合作交流活动，推动了我国野生动物保护事业的发展，增强了世界对中国的了解，促进了我国与各国（地区）人民的友谊。

第五节
常见保护措施

◇

　　地球上丰富的野生动物资源是人类赖以生存的基础，充分利用野生动物价值是人类社会发展的必然选择，保护野生动物、保护自然，努力创造人和自然存续的和谐世界，维护自然生态环境平衡，正在成为现代人类文明的共识。人类社会的文明与进步体现在许多方面，其中之一就是野生动物保护观念的产生与逐渐成熟。人类朝着这个方向已经迈出了坚实的步伐，如签署了许多重要保护公约、制定了系列法律法规、组建了众多保护组织等，这些举措，对促进地球生态系统良性循环发挥着不可或缺的作用，也取得了显著成效。

　　分析这些野生动物保护措施，其终极目标可以概括为保存濒危动物种、种群和关爱动物的健康、快乐两个方面，前者重点是保护野生动物的生命，后者关注的是野生动物的保健和福利。日常生活中，常见的一些野生动物保护措施，也是围绕这两个方面的目标进行的。

一、保护区

　　建立野生动物自然保护区是目前国际公认的就地保护野生动物的最有效方式。野生动物自然保护区对有代表性或重要保护价值的自然生态系统，珍稀濒危野生动物的天然集中分布区所在的陆地、水体或海域，依法划出一定范围予以特殊的保护和管理。野生动物自然保护区的建立，可以最大限度地让动物生活的区域处于原始状态，尽可能远离人类社会，避免人类社会对野生动物造成危害，保护野生动物的存活率。

　　根据相关国家标准，我国自然保护区分为 3 大类别，9 个类型。第一个类别是自然生态系统类，包括森林生态系统类型、草原与草甸生态系统类型、荒漠生态系统类型、内陆湿地和水域系统类型、海洋和海岸生态系统类型自然保护区；第二个类别是野生生物类，包括野生动物类型和野生植物类型自然保护区；第三个类别是自然遗迹类，包括地质遗迹类型和古生物遗迹类型自然保护区。我国的自然保护区建设已步入法治化道路，对自然保护区分为国家、省、市、县四级。截至 2019 年，已建立各级各类自然保护地 1.18 万处，占国土陆域面积的 18%，领海面积的 4.6%。自然保护区分布有 3500 万公顷的天然林，2000 万公顷的天然湿地，保护着 90.5% 的陆生生态系统类型、85% 的野生动植物种类、65% 的高等植物群落。我国自 2015 年开始探索国家公园管理体制，先后在 12 个省市开展了 10 处国家公园体制试点，总面积超过 22 万平方千米；2021 年，我国正式设立三江源、大熊猫、东北虎豹、海南热带雨林、武夷山等第一批国家公园，把自然生态系统最重要、自然景观最独特、自然遗产最精华、生物多样性最富集的部分保护起来，保持自然生态系统的原真性和完整性，保护生物多样性，给子孙后代留下珍贵的自然资产。

二、驯养和繁殖

野生动物的驯养和繁殖也是保护的有效措施。通过驯养和繁殖野生动物，一方面可以生产出大量满足野生动物贸易和应用需要的动物产品，缓解甚至杜绝对野生动物的贸易压力，另一方面可以通过科学的繁育技术，进行野生动物的保护性易地繁育。在野生动物栖息地无法被保全的地区，易地繁育保护是为保留濒危野生物种而采取的最后手段。需要注意的是，易地繁育保护不是一项维持濒危物种的可靠措施，只有在自然栖息地得到保护或者恢复，野外物种数量得到恢复的时候，才可能实施恢复放归，而且只有当最初导致种群数量下降的因素被消除时，才有可能启动释放圈养种群的计划，否则难以成功。

根据用途不同，野生动物的驯养和繁殖分为三类。第一类是观赏、娱乐野生动物，如鹦鹉、孔雀、鳄鱼等；第二类是为人类提供动物产品、制品等生产野生动物，如梅花鹿、狐、貂等；第三类是保护濒临灭绝的野生动物，如大熊猫、金丝猴等。对驯养和繁殖的野生动物，应按照公认的标准改善和提高动物福利，使野生动物放归后能适应自然、融入自然。

三、打击非法行为

因野生动物独具的商业价值驱动，走私、滥捕、滥猎、滥食野生动物等非法行为屡禁不止，有的地方还十分猖獗。这些非法行为，过度消耗了大自然野生动物资源，是威胁野生动物种群存续的重要因素。加强野生动物保护，要不断应对走私、滥捕、滥猎、滥食野生动物等非法行为的挑战。

开展清网、清套、清夹等针对性行动，加强打击非法捕杀（捞）野生动物行为。全面清理网站平台出售野生动物及其制品和网上销售猎套、猎夹、地枪等猎捕工具，加强网上违法违规行为治理。深入排查交易市场实体店铺和宾馆饭店、养殖场（户）、动物展演展示单位、猎具渔具店铺等，加强非法经营市场清理整顿。落实道路、水路等运输企业依法履行有关法律法规对野生动物运输的要求，加强对承（收）运货物和物品的监督检查。加大对出入境货物和行邮物品的口岸查验力度，强化口岸信息经营和风险分析研判，坚决查处非法进出口象牙、穿山甲等珍稀濒危野生动物及其制品行为，严厉打击走私行为。

野生动物是可再生资源，做好野生动物保护管理，要了解野生动物规律，以科学的态度和措施，实施资源的保护和发展，规范利用的方式方法以及范围和尺度，最终实现资源保护与利用兼顾，为人类社会可持续发展奠定基础。要坚持生态文明理念和科学发展的思想，大力保护和发展野生动物资源，充分认识自然生态系统和野生动物的观赏、美学、精神和文化价值，并进行科学合理的利用，为人类发展服务。

参考文献

———◇———

［1］邴旭文．常见海水观赏鱼及饲养［J］．科学养鱼，1998，7：40-41.

［2］蔡宝祥．家畜传染病学［M］．北京：农业出版社，1993.

［3］蔡宝祥，殷震，谢三星，等．动物传染病诊断学［M］．南京：江苏科学技术出版社，1992.

［4］蔡波，王跃招，陈跃英，等．中国爬行纲动物分类厘定［J］．生物多样性，2015，23（3）：365-382.

［5］常东峰，王雪，贺丞，等．寨卡病毒研究进展［J］．微生物学免疫学进展，2019，47（5）：59-64.

［6］陈思行．亚洲的龙鱼及其品种［J］．水产科技情报，2004，31（6）：276-281.

［7］陈思行．全球观赏渔业发展概况［J］．水产科技情报，2010，37（1）：24-28.

［8］陈文，裴铁柱，李艳玲，等．出口实验猴产业发展中检验检疫问题研究［J］．中国动物检疫，2017，34（10）：18-23.

［9］丁晨曦，朱旭辉，艾乐乐，等．寨卡病毒致病机制和预防治疗的研究进展［J］．中国病毒病杂志，2018，8（3）：228-233.

［10］杜念兴．兽医免疫学［M］．上海：上海科学技术出版社，1993.

［11］冯诗齐．大食蚁兽独特的摄食机能［J］．自然杂志，2000（2）：100.

［12］古文鹏，代解杰．非人灵长类实验动物种质资源与应用展望［J］．国家实验动物专家委员会简报，2019，（9）.

［13］管晓庆，陈志海．寨卡病毒病研究进展［J］．传染病信息，2017，30（1）：15-19.

［14］何宏轩．野生动物疫病学概论［M］．北京：科学出版社，2014.

［15］贺争鸣，李根平，朱德生，等．实验动物使用与管理指南［M］．北京：科学出版社，2016.

［16］黄恭情．野生动物疾病与防治［M］.北京：中国林业出版社，2001.

［17］黄茫茫，马国栋，陈攀．国际邮件邮寄进境动物检疫风险分析［J］.中国动物检，2018，（35）4：35-37.

［18］华育平．野生动物传染病检疫学［M］.北京：高等教育出版社，1999.

［19］胡诗佳．中国两栖爬行动物贸易状况与保护建议［J］.多种经营.2010：37-40.

［20］贾婷，龚光建，吴秀山，等．一例大食蚁兽感染艾美耳球虫的报道［J］.野生动物，2013，34（5）：285-286.

［21］金宁一，胡仲明，冯书章．新编人兽共患病学［M］.北京：科学出版社，2007.

［22］李纯，张立．野生动物疫病学［M］.北京：中国出版社，2003.

［23］李晋文，向志光．简析猴B病毒在人类的致死性［J］.中国比较医学杂志，2017，27（9）：98-103.

［24］李兰娟．埃博拉病毒病的发病机制［J］.浙江大学学报（医学版），2015，44（1）：1-8.

［25］李先平．外来两栖爬行动物在全球的潜在入侵风险［D］.中国科学院大学.2016.

［26］刘焕亮．中国淡水爬行动物主要养殖种类生物学研究进展［J］.大连水产学院学报，2005，03（20）：61-68.

［27］刘辉，郑利莎，陈海良．关于野生动物防疫检疫管理的思考［J］,中国动物检疫，2016，33（12）：48-59.

［28］刘瑞玉．中国海洋生物名录［M］.北京：科学出版社，2008.

［29］刘胜利．动物虫媒病与检验检疫技术［M］.北京：科学技术出版社，2011.

［30］刘秀梵．兽医流行病学原理［M］.北京：农业出版社，1993.

［31］刘裕田，何剑斌．野生动物结核感染、检测与控制［J］.上海畜牧兽医通报，2007，（5）：56-57.

［32］骆小年，刘刚，闫有利．我国观赏鱼种类概述与发展［J］.水产科学，2015，34（9）：580-588.

［33］马本贺，马爱军，孙志宾，等．海水观赏鱼产业现状及其存在

的问题 [J]. 海洋科学, 2016, 40 (10)：151-159.

[34] 梦梦, 马建章, 纪建伟, 等. 我国野生动物进出口贸易动态与对策分析 [J]. 林业资源管理, 2018 (3)：20-23.

[35] 潘瑶, 周凤建, 唐兰萍, 等. "观赏第一鱼"——孔雀鱼的养殖 [J]. 北京水产, 2006, 5：58-59.

[36] 施大钊, 王登, 高灵旺. 啮齿动物生物学 [M]. 北京：中国农业大学出版社, 2008.

[37] 宋宗水. 外来物种进入与生态环境变化 [J]. 中国农业资源与区划, 2004, (25) 1：11-14.

[38] 苏志星, 岳彦峰, 蒋科技, 等. 国内外海水观赏鱼产业与研究现状 [J]. 南方水产科学, 2021, 17 (1)：101-112.

[39] 孙泉云, 等. 野生动物结核病感染研究的进展 [J]. 国外畜牧学：猪与禽, 2010, 30 (6)：87-88.

[40] 谭伟龙, 张燕, 江芳毅. 登革病毒致病机制研究进展 [J]. 中华卫生杀虫药械, 2021, 27 (5)：389-394.

[41] 田克恭, 贺争鸣, 王群, 等. 实验动物疫病学 [M]. 北京：中国农业出版社, 2015.

[42] 王新革, 于海波, 于洪. 锦鲤的养殖要点和疾病防治 [J]. 现代畜牧科技, 2016, 5：31.

[43] 吴照春, 吴家兵. 寨卡病毒病研究进展 [J]. 华南预防医学, 2016, 42 (5)：487-490.

[44] 夏咸柱, 高宏伟, 华育平. 野生动物疫病学 [M]. 北京：高等教育出版社, 2011.

[45] 肖治术, 张礼标, 许磊, 等. 以兽类为例探讨我国陆生野生动物疫病监管中面临的问题与对策 [J]. 生物多样性, 2020, 28 (5)：566-578.

[46] 薛志静, 王君, 宋秀平, 等. 登革热病毒分子生物学特性及检测方法研究进展 [J]. 中国媒介生物学及控制杂志, 2019, 30 (2)：224-227.

[47] 徐国景, 唐利军, 易工城, 等. 实验动物管理与实用技术手册 [M]. 武汉：湖北科学技术出版社, 2008.

[48] 徐鹤峰, 胡桂学. 埃博拉病毒病概述 [J]. 中国人兽共患病学

报，2020，36（10）：864-872.

［49］徐娜．追踪大食蚁兽［J］．大自然探索，2005（1）：44-47.

［50］徐为燕．兽医病毒学［M］．北京：农业出版社，1993.

［51］杨兴娄，葛行义，胡犇，等．埃博拉病毒病流行病学［J］．浙江大学学报（医学版），2014，43（6）：621-645.

［52］杨燕飞，周洁，高诚．猴B病毒研究进展［J］．动物医学进展，2015，36（7）：94-97.

［53］杨正时，李雪东．登革热的传播模式、蚊媒及防控［J］．中国微生态学杂志，2016，28（2）：225-229.

［54］叶玉江．中国实验动物资源调查与发展趋势［M］．北京：科学出版社，2017.

［55］尹峰．药用濒危物种可持续利用与保护［M］．北京：中国农业出版社，2013.

［56］殷震，刘景华．动物病毒学（第二版）［M］．北京：科学出版社，1997.

［57］袁文泽．水生哺乳动物资源［M］．北京：中国农业出版社，2015.

［58］余夫．以蚁类为食的动物——大食蚁兽［J］．环境教育，2005（4）：8-9.

［59］余克服．珊瑚礁科学概论［M］．北京：科学出版社，2018.

［60］张季，潘连德．珊瑚常见疾病及其影响因素的研究进展［J］．水产科技情报．2011，38（2）：62-64.

［61］赵广英．野生动物流行病学［M］．哈尔滨：东北林业大学出版社，2000.

［62］赵卫，曹虹，张文炳．登革病毒与登革热的起源研究［J］．中国人兽共患病学报，2006，22（2）：170-171.

［63］赵兴华．国外野生动物资源的保护措施［J］．内蒙古林业，1984，（5）：33.

［64］郑智民，姜志宽，陈安国，等．啮齿动物学［M］．上海：上海交通大学出版社，2008.

［65］中华人民共和国卫生部．埃博拉出血热等6种传染病预防控制指南和临床诊疗方案，2008.

［66］中华人民共和国国家卫生和计划生育委员会．埃博拉出血热防控方案（第二版），2014.

［67］中华人民共和国国家卫生和计划生育委员会．寨卡病毒病防控方案（第二版），2016.

［68］周小洁，佟颖，曾晓芃．寨卡病毒的病原学与流行病学研究进展［J］．国际病毒学杂志，2020，27（6）：521-524.

［69］Bhatt P，Sabeena SP，Varma M，et al. Current understanding of the pathogenesis of dengue virus infection［J］．Current Microbiology，2021，78（1）：17-32.

［70］Brito C. Zika virus：a new chapterin the history of medicine［J］．Acta Medica Portuguesa，2015，28（6）：679-680.

［71］Esselstyn J A，Oliveros C H，Swanson M T，et al. Investigating Difficult Nodes in the Placental Mammal Tree with Expanded Taxon Sampling and Thousands of Ultraconserved Elements［J］．Genome Biology and Evolution. 2017，9（9）：2308-2321.

［72］Estep R D，Messaoudi I，Wong S W. Simian herpesviruses and their risk to humans［J］．Vaccine，2010，28（2）：B78-84.

［73］Estrada A，Garber PA，Chaudhary A. Expanding global commodities trade and consumption place the world's primates at risk of extinction［J］．PeerJ，2019，7.

［74］Ferroglio E，Tolari F，Boll0 E，et al. Isolation of Brucella melitensis from alpine ibex［J］．J Wild Dis，1998，34：400-402.

［75］Forcada J，Aguilar A，Hammond P，et al. Distribution and numbers of striped dolphins in the western Mediterranean Sea after the 1990 epizootic outbreak［J］．Marine Mammal Science，1994，（10）：137-150.

［76］Frank R，Melaun C，Martins M M，et al. Tungapenetrans and further parasites in the giant anteater（Myrmecophagatridactyla）from Minas Gerais，Brazil［J］．Parasitology Research，2012，111（5）：1907-1912.

［77］Garin-Bastuji B，Oudar J，Richard Y，et al. Isolation of Brucella melitensis biovar 3 from a chamo is（Rupicapra rupicapra）in the southern French Alps［J］．Joural of Wildlife Diseases，1990，26：116-118.

［78］Gradwell DV，Schutte AP，Van Niekerk C，et al. The isolation of

Brucella abortus biotype I from African buffalo in the Kruger National Park ［J］. Journal of the South African Veterinary Association, 1977, 48: 41-43.

［79］ Li G, Davis B W, Eizirik E, et al. Phylogenomic evidence for ancient hybridization in the genomes of living cats (Felidae) ［J］. Genome Research. 2016, 26 (1): 1-11.

［80］ Martina BE, Koraka P, Osterhaus AD. Dengue virus pathogenesis: an integrated view ［J］. Clinical Microbiology Reviews, 2009, 22 (4): 564-581.

［81］ Natasha Gilbert, African elephants are two distinct species ［J］. Nature, 2010.

［82］ Rhyan JB, Aune K, Ewalt DR, et al. Survey of free-ranging elk from Wyoming and Montana for selected pathogen ［J］. J J Wildl Dis, 1997, 33: 290-298.

［83］ National Research Council (NRC) . Occupational Health and Safety in the Care and Use of Nonhuman Primates ［M］. Washington: National Academy Press, 2003.

［84］ Wang WL, Qi WJ, Liu JY, et al. First Human Infection Case of Monkey B Virus Identified in China, 2021 ［J］. China CDC weekly, 2021, 3 (29): 632-633.